SHUXUE JIAOYU FAZHAN DE
GUOJI SHIYE

数学教育发展的
国际视野

王林全◎著

暨南大學出版社
JINAN UNIVERSITY PRESS

中国·广州

图书在版编目（CIP）数据

数学教育发展的国际视野/王林全著．—广州：暨南大学出版社，2017.11
（2018.5 重印）
ISBN 978-7-5668-2095-2

Ⅰ.①数…　Ⅱ.①王…　Ⅲ.①数学教学—教学研究　Ⅳ.①O1-4

中国版本图书馆 CIP 数据核字（2017）第 071555 号

数学教育发展的国际视野
SHUXUE JIAOYU FAZHAN DE GUOJI SHIYE
著　者：王林全

出 版 人：徐义雄
责任编辑：何镇喜　崔思远
责任校对：黄志波　何利红　刘雨婷
责任印制：汤慧君　周一丹

出版发行：暨南大学出版社（510630）
电　　话：总编室（8620）85221601
营销部（8620）85225284　85228291　85228292（邮购）
传　　真：（8620）85221583（办公室）　85223774（营销部）
网　　址：http：//www.jnupress.com
排　　版：广州市天河星辰文化发展部照排中心
印　　刷：虎彩印艺股份有限公司
开　　本：787mm×1092mm　1/16
印　　张：19.5
字　　数：395 千
版　　次：2017 年 11 月第 1 版
印　　次：2018 年 5 月第 2 次
定　　价：58.00 元

自　序

一、数学课程研究的意义

本书是对现代国内外基础教育领域的数学教育的制度、目标、课程、教学与评价，以及数学教育与社会文化、经济发展之间的关系等诸方面所进行的系统研究成果的反映。对20世纪中叶以来美国、加拿大、英国、爱尔兰、新加坡、韩国、俄罗斯、德国、澳大利亚、新西兰、以色列等11个发达国家与柬埔寨、尼泊尔2个发展中国家的基础教育阶段数学教育状况进行了研究，又对中国内地与港澳台地区的数学课程进行了系统的比较研究。同时，本书将评介美国提出的数学实践、数学建模等崭新理念，以及美国对几何变换的改革与创新；点评新加坡学生把图形计算器带进考场在考试中使用的情况，以及以色列提出的数学符号感的新观念。这些新理念的实施与效果，可以为深入研究该领域的发展提供重要的思路和参考。

希望本书对我国基础教育数学课程改革的深入发展以及对广大数学教师的职业发展有一定的指导意义。我们要用国际比较的眼光关注中小学数学课程的发展，从中找出对我国数学课程改革的有益的启示。

二、我国数学教育的长足进步

当前我国正在实施“十三五”教育发展规划，义务教育数学课程标准已经正式在全国实施，高中数学课程改革正在积极进行，世界各国数学教育家和数学教师们正在为下一代规划着面向21世纪的基础教育数学新课程。

近20年来，我国数学课程改革取得什么成就？还有什么不足？未来我国数学课程向何方发展？世界各国中小学数学课程改革对我国数学课程有何启示？我国数学教育界对外国同行的理论又有怎样的思考？这是当前我国数学教育工作者关心的热点问题，也是本书讨论的主要问题。

1. 中国数学教育在进步中

在一系列国际数学教育测试，如TIMSS、PISA等重要国际数学与科学比较研究中，中国参与测试学生的成绩令人瞩目。在国际中学生数学竞赛中，中国学生屡获殊荣，多次取得优异成绩。中国有关专家和教师正在积极设计面向未来的数学课程。中国的数学教育研究非常活跃，对中国学生数学学习规律的研究尤为引人注目。我国数学教师在课堂上、在数学活动的组织中辛勤耕耘，总结出了许多行之有效的经验。例如，狠抓双基的经验，引导学生自主学习的经验，引导学生发现与创新的经验。这些研究都取得丰硕成果，也有待进一步整理发展成为理论。

2. 港大教授荣获数学教育国际大奖

2015 年，“费赖登塔尔数学教育积累成果奖”由 ICMI（国际数学教学协会）授予香港大学梁贯成教授，这是华人数学教育学者首次荣获数学教育国际大奖。梁贯成教授研究儒家文化圈对华人地区数学教育的影响，取得重要成果。

3. 数学课程建设取得显著成就

从 20 世纪末开始，我国已经为设计面向 21 世纪的数学课程而努力，义务教育数学标准以及高中新课标正在试验中，它们处于不断总结又不断修改与提高的过程中。教师以高涨的热情投入试验和改革中去。我国各级教育与教研部门，加强对学科教学的指导与管理，与教师一起，在实践中不断形成经验，发现与探索数学课程，探索教学与学习的规律。例如，义务教育数学课程标准突出了“参与数学活动的过程”，“获得基本的数学活动的经验”。我国数学家与数学课程专家史宁中（东北师范大学）、王尚志（首都师范大学）等教授对新课标的研究取得显著成绩，他们领导强有力的团队，编制了义务教育数学课程标准，对原有中小学数学课程标准的理念做了有效的补充与阐释，更新了原有内容，提出了一些精彩的想法，各地教研部门正在积极推行新课程的实验与研究。新课程的面貌焕然一新，我国数学新课程的中文版与英文版同时发行，引起各国同行的广泛关注。

4. 统一性与灵活性相结合

我国义务教育数学课程标准、高中数学课程标准能够顺利发展，其中一个原因是有国家教育部门统一领导，使课程实施过程步调一致，便于执行，既给全国数学教与学提供了方便，又能照顾地区差异。师生的个体差异得到适当引导，积极性得到充分发挥。当然，过分强调统一性也带来了一些负面影响，在一定程度上限制了数学教与学的灵活性，不利于发挥学习上的创造精神，不能反映地区差异，因而需要教研部门和教师的正面引导。我国数学课程规定了数学教师资格的认定，实现并贯彻了数学教师资格准入的质量标准，提高了数学教师资格准入的起点，使得教师的数学专业水平得到整体提高。近几年来，随着国家经济实力的加强，教师的专业水平提高得到了保证。这是我国近年数学教育实力发展的一个新标志。

5. 学段间需要协调发展

与一些发达国家相比，我国义务教育数学课程标准与高中数学课程标准尤其需要填平不同学段间的鸿沟，保证学生数学知识的连贯与协调发展。在学段的转折期间，尤其要注意衔接自然。以对数的发展认识为开始，从整数到有理数，从实数到复数，从代数到几何，前面的教学要为后续学段的教学做好铺垫，后面的教学要对前段学习做好复习与回顾。如果铺垫不足，就会使学生的认知拐不过弯来，从而使学生的学习不能连贯协调；反之，如果缺少或者削弱复习环节，学生的学习又会遇到新障碍。例如，初中生学习因式分解时，最初只要求学生学会三个公式，即$a^2-b^2=(a+b)(a-b)$，$a^2\pm 2ab+b^2=(a\pm b)^2$。作为初中数学的入门教学，为了减轻学生的负担，还讲得过去。随着学生认知能力的增强，学生就会遇到较复杂的因式分解问题，如果初中生只学过这三个公式，到了高中显然就很不够了，需要在适当的时候予以补充。在什么时候补充？如何补充？针对问题，课程的专家与教材的专家应该及早协商，力求实现课程的无缝接轨。可见，完善我国数学课程的结构，是我国数学课程与教材建设的要事。

6. 内地港澳台四地：学对方长处，查自身不足

无论是中外数学课程的比较，或者是内地、香港、澳门、台湾四地的课程比较，都要坚持用实事求是的观点看问题。多看对方的长处，多找自己的不足，这有利于虚心学习，也有利于各方自身发展，从而促进我国内地与港澳台四地数学课程的协调发展，促进我国数学教育的繁荣昌盛。近年来，内地与港澳台四地的交流日益频繁，在历届国际数学教育大会上，“华人论坛”的组织与交流引人注目。我们期望内地与港澳台四地的交流进一步实现良性互动，促进内地与港澳台四地数学课程的健康发展。大陆与台湾方面，我们注意到两地的几何课程不乏共同点，欧几里得精神都得到尊重，推理论证都得到重视，在几何作图方面，双方要求都颇为严格，两地都要求表述规范。

在内地与香港比较方面，两地都强调数学的整体性，注意不同知识、不同方法的内在联系，是内地与香港地区高中数学必修课的亮点。例如，用归纳推理、演绎推理或解析方法，用三角函数解决平面几何问题；用数值符号或从图示角度阐释较复杂的代数关系；应用简单公式来建立及解答较深奥的概率问题等，使学生能看到不同领域的数学知识和方法之间的内在联系，从而领悟数学的统一性和整体性。内地高中数学必修课曾一度强调模块教学，对数学的整体性不够重视，在这方面香港课程设计给了我们有益的启示。内地与香港比较的另一方面是，内地数学课程理念改进、提法比较全面，涵盖课程观、教学观、学习观、技术观与评价观等多个方面，有针对性，能正面对待我国数学教育传统和时弊。内地要求学生了解命题、逆命题、否命题、逆否命题，理解充分条件、必要条件、充分必要条件，认识简

2008 年应邀访问美国重点课程出版社

单的逻辑连接词、全称量词与存在量词，应当是及时的。而香港只是在阐述一个齐次三元线性方程组什么时候有非平凡解，当且仅当它的系数矩阵为降秩矩阵时介绍充分必要条件。香港引入充分必要条件，似乎比内地晚一些。

内地与澳门代数学力要求的比较也给我们带来不少启示。例如，澳门注意从两个变量相互依赖的观点引入函数概念，为进一步的学习做好铺垫，既加强了数学建模观点的渗透，又降低了对反函数形式化表述的要求，这样做有利于减轻学生的学习负担。此外，内地与澳门数学课程交流频繁，人员来往也密切。内地为学生开设内容丰富的选修课，有利于开阔学生的数学视野；澳门注意统一要求，便于学生的复习与应考，给教学处理提供了许多方便。两地各有优缺点，彼此交流学习，有利于取长补短。

7. 向国外同行学习

在中外数学课程的比较研究中，要学习发达国家数学课程的先进理念。例如，美国《州共同核心数学标准》（CCSSM）提出数学课程的一些理念，引起各国数学教育界的关注，其中“数学实践”的标准尤为突出。该标准提出了对“数学实践”的新认识，并大大扩展了其内涵。它不仅包含传统的动手操作与实践，还包含对数学智力活动的认识与体验。该标准认为，数学思考、数学问题解决也属于“数学实践”的范围。该标准扩展了对“数学实践”的认识，成为美国数学课程的核心理念。该标准结合高中生的数学与日常生活实际，列举了一系列高中数学教学的精彩范例，令国人大开眼界。

2008 年中美数学教育座谈会上与美国安娜教授（中）合照

又如，新加坡允许学生携带图形计算器进入考场，并使用计算器参加升学考试，而且保证使用技术应考的学生在考试中不会吃亏。这种做法在我国当前暂未具备实施的条件。新加坡的这条规定，能鼓励师生在数学课内外使用技术，提高数学教学中的技术含量，促进数学

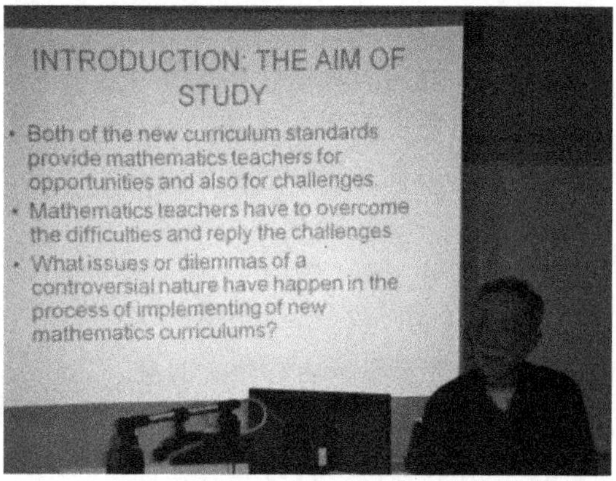

2008 年在中美数学教育交流会上发言

教学质量的全面提高。

2013 年与澳大利亚的中国留学生在一起

在澳大利亚，有关专家对本国数学课程的实施现状感到担忧。专家通过对 TIMSS（国际数学教育测试研究）视频的分析，发现本国 8 年级学生数学的学习状况不能令人满意。例如数学课习题难度要求较低，方法简单，学生参与课堂活动的机会较少，教师在数学教学中联系现实生活的数学情境不足。因此，澳大利亚的专家建议给学生更多学习数学的机会，重新提出“学习机会均等”的口号，这就是：提高课堂教学质量，增强数学课的趣味性与挑战性，让更多孩子得到更多的机会学习数学。笔者认为澳大利亚自我批评的精神是值得学习的。

在一些发展中国家，如柬埔寨王国，为了提高数学课程的质量，向国际先进水平看齐，他们实行自编与合编相结合的数学课程研制，即九年义务教育数学课程由王国政府自编，高中数学课程则由王国政府与日本文化协会合编，王国政府认为这样做有利于吸收日本数学课程的一些优点。

笔者欣赏美国数学教学的研究成果；欣赏新加坡学者创造条件，允许图形计算技术用于考试，实现“笔算、器算、心算”平等对待；也欣赏澳大利亚同行能借助视频技术，自查数学课程实施的短板，提出克服数学短板的建议。柬埔寨自觉力量有限，外请高手部分参与课程研制，这不失为实事求是的办法。笔者相信，我国人才济济，关心课程改革高手甚多，只要教育部门虚心听取教师与专家的意见，我国数学课程改革定能取得满意的成绩。

三、课程在实践中发展

当前我国正在实施“十三五”教育发展规划，义务教育数学课程标准已经正式实施，高中数学课程改革正在积极进行，世界各国数学教育家和数学教师正在为下一代规划着面向 21 世纪的数学新课程。

1. 学习各国经验，宣传我国成就

1989—1990 年，笔者受广东省高教厅委托，以高级访问学者身份赴英国伦敦泰晤士大学等校进修，笔者在英国的导师是著名的数学教育专家 Leone Burton 教授。1990 年，又受美国伊利诺伊大学教授 Peter L. Glidden 的邀请，分别到美国伊利诺伊大学等名校访问。其中应邀到英国访问的大学还有英国伦敦泰晤士大学、格拉斯哥大学、东安格利亚大学、牛津大学、诺丁汉大学、巴斯大学、伦敦大学。到美国访问的大学包括伊利诺伊大学、伊利诺伊州立大学、中田纳西州立大学、美国休斯顿大学、阿拉斯加大学。在外进修期间，同时应邀访问两国中小学，交流的项目包括：直接参与听课与评课，与教师、学生交流座谈，了解了有关美英数学教育改革的诸多信息。

在此期间，笔者还有幸受邀到英国、美国多所大学讲学，向师生介绍中国大中小学数学教育机制、中小学数学师资培训、学校数学课外活动、数学教学特点、学生数学学习的成绩与问题。笔者在国外访问期间，利用各种机会，与师生广泛交流，对美、英两国数学教育情况加深了解，也向外国友人介绍了中国数学教学的情况、经验和问题。正如张奠宙教授所说，“中国数学教育要走向世界”。笔者多次出访，打开了专业视野，看到各国数学教育正在发展，感到中外数学教育交流在逐步加强，也有机会宣传我国数学教育的进步与发展，与同行探讨当前数学教育发展的有关问题。

2. 参与国际交流，开阔课程视野

笔者有机会参加一系列国际会议。例如，受邀参加第 8 届国际数学教育大会（ICME - 8，西班牙塞维利亚，1996），这是笔者第一次受邀参加国际数学教育大会，会议规模之大令人颇为震撼；第 9 届国际数学教育大会（ICME - 9，日本东京，2000），这是笔者第一次承担国际数学教育大会的工作，张奠宙教授是该届国际数学教育大会亚洲组组长，笔者担任该组副组长，得到不少锻炼。

2004 年在丹麦哥本哈根向 ICME - 10 报到

在第 10 届国际数学教育大会（ICME - 10，丹麦哥本哈根，2004）上，笔者提交的论文是介绍数学教师职业发展的专题，引起国际数学委员会的兴趣，所以受到国际数学教育委员会（ICMI）邀请，参加该委员会的第 15 次讨论会（ICMI - 15 Studies，巴西圣保罗）。这是笔者首次应邀赴南美洲参加的小型的国际会议，参加该次国际会议的中国大陆代表就只有笔者一人。

2008 年与许世红博士（左）参加在墨西哥蒙特雷举行的 ICME - 11 大会

在第 11 届国际数学教育大会（ICME - 11，墨西哥蒙特雷，2008）上，笔者所提供的三篇论文都为大会接受，分别是《中国数学教师在职业发展中的需要》

2008 年与苏洪雨博士（左）参加在墨西哥蒙特雷举行的 ICME－11 大会

《中国高中的几何教学的特点与问题》《中国仍然重视数学推理与证明——谈中国高中几何新课程》。在 ICME－11 上，笔者应邀分别到三个小组作了发言。有时一天内跑三个点，奔赴三个不同的小组，参加三个不同的专题讨论，与不同国家的专家交流，又可了解多国发展状况，从而得到国际交流的不同经验。

在第 12 届国际数学教育大会（ICME－12，韩国首尔，2012）中，笔者与法国教授科丽特·拉波特教授同时担任了“几何的教与学，TSG 10”的联合组长，直接参与了该讨论组的全部组织工作，包括征稿、收集稿件、稿件评审、决定论文发言等次：重点发言（45 分钟），一般发言（10 分钟），海报张贴（不安排口头发言，但需要回答读者的提问）。笔者所负责的 TSG 10 组，有三次小组讨论时间，笔者参加并主持讨论，最后笔者和拉波特教授一起写出本组的讨论纪要。

1998 年，笔者还应邀参加过第一届东亚国际数学教育研讨会，该研讨会于 1998 年在韩国庆州市举行，由中、日、韩三国专家联合负责。各专题小组分别由中、日、韩三国专家负责主持。笔者受邀参加东亚国家首次国际数学教育交流会，担任其中一个分组（数学的教与学）的联合组长。该次会议的主题是东亚数学教育的共同特点。经过讨论发现，亚洲各国中小学生的数学学习的共同特点是：勤奋好学、尊师爱生、重视计算、善用口算、利用算具等。东方数学教育的共同长处是，重视算理算法，这也是东方学校数学的共同优势。笔者在研讨会上做了题为“对数学师资培训的新认识”的发言。我国参加该次研讨会的人数众多，共有 15 人，说明我国数学教育开始大踏步走向世界，中国数学教师对参与国际数学教育研讨的兴趣逐年提高。

2012 年与袁智强博士（右）参加在韩国首尔举行的 ICME－12

2012 年与巴西教授在 ICME－12 大会上讨论问题

3. 制定国家标准，投身课改实验

21 世纪以来，各国数学教育面对的问题是“如何把学校数学带进 21 世纪”。世界上各主要国家的数学教育同行正在为此而奋斗。我国数学教育的同行开始了对面向 21 世纪数学课程的设计研究。2001—2004 年，我国义务教育数学与高中数学课程标准分别启动。

笔者有幸受邀参加教育部义务教育课程标准、高中数学课程标准的设计研究工作，受邀成为高中数学课程标准核心组成员。笔者多次赴京参与讨论，包括研究课程标准的理念、结构，设计必修课与选修课的内容与大纲。课程标准核心组包括了北京师范大学、华东师范大学、东北师范大学、首都师范大学、华南师范大学等高校和部分中小学教师，还有人民教育出版社、北京师范大学出版社等有关方面的专家。经过近半年的共同努力，拟定了《普通高中数学课程标准（实验稿)》，于 2003 年由人民教育出版社出版。在这段时间，笔者负责的任务是：①确定课程标准理念以及实验内容实施；②组织课程标准实验教材及其部分实验工作；③组织第一批实验区，就是三个省级单位——广东省、北京市、新疆维吾尔自治区，以上省级单位都是承担第一批实验任务的单位，都进入我国高中数学课程的第一批实验区。

笔者与广东省教育厅教研室、广州市教育局教研室等有关专家合作，选定了实验学校与执行实验的教师，选定了高中数学实验内容，包括算法、概率统计、数学建模、导数与应用、矩阵与变换等。其中，广东省高中新课程第一批实验区有广州、深圳、珠海三市，广东省共有 11 所高中和职业中学参与试验，承担第一批参与实验试点的优秀教师共有 11 人。

为了配合新课程的实验研究，笔者受教育部的委托，主编了供教师培训的数学实验教材，同时到各有关学校听课与评课，普及高中新课程的理念和要求。笔者担任第一主编的数学教师培训教材有四本，分别为：

（1）王林全（华南师范大学)、刘美伦（北京教育局)、张安庆（新疆维吾尔自治区）主编，“高中新课程教材教师教育系列”《高中数学新课程实验与探索》(上册)，高等教育出版社 2004 年出版。

（2）王林全（华南师范大学)、刘美伦（北京教育局)、张安庆（新疆维吾尔自治区）主编，“高中新课程教材教师教育系列”《高中数学新课程实验与探索》(下册)，高等教育出版社 2004 年出版。

（3）王林全（华南师范大学）主编，谭国华（广州市教育局教研室）副主编，《高中新课程必修课教与学・数学》，北京大学出版社 2006 年出版。

（4）王林全（华南师范大学）主编，谭国华（广州市教育局教研室）副主编，《高中新课程选修课教与学・数学》，北京大学出版社 2006 年出版。

4. 重视数学思想方法的渗透

高中新课程除了保留原有高中数学的基础知识外，还参考各国的构想，考虑面向21世纪发展的需要，增设大量的新内容，如算法、概率统计、数学建模、导数与应用、矩阵与变换、空间向量等，还十分重视数学思想方法的渗透，如符号化思想、化归思想、函数与方程的思想、运动与变换的思想、整体化思想、分类讨论的思想、整体代换思想等，以及一些常用的数学方法，如换元法、待定系数法、反证法、数学归纳法等，逐步渗透到高中数学之中，它们与数学的核心内容相互交织，相互结合，展示了数学的魅力，在解决问题中显示出威力。即使在高考命题与评卷中，也注重数学思想方法的运用。

在数学教学中，特别是在数学复习课中，教师有时需要从暗处走向明处，给学生点拨数学思想方法的运用，揭示数学思想的威力。这样，帮助高中生从整体上掌握数学思想方法，就显得很有必要。以此为目的，我们试验在高中开设“中学数学思想方法”选修课。为了让未来的中学数学教师较深入地掌握数学思想方法的教学，我们又试验在若干所师范院校中开设“中学数学思想方法概论”选修课。广州、天津、重庆、武汉、南京、成都、长春七市高中联合试用“中学数学思想方法”选修课，它与高三数学复习课结合起来进行，学生在高中数学复习过程中，同时也梳理了相应的数学思想方法，实验取得较好的效果。

前者适合在高中作为选修课使用，后者适合作为师范院校数学系选修课使用，该教材翻印多次，受到热烈欢迎。

5. 承担重点课题，提炼实践经验

2013—2015年，笔者受广东省教育研究院的委托，承担了广东省数学教育研究重点课题“具有广东特色基础教育数学课程与教材体系研究”，笔者有幸担任该课题组的组长，副组长由徐勇老师担任。从2013年开题，到2015年结题，笔者和课题组全体成员一起，对广东省如何建设具有本土特色的课程教材体系做了较深入的探究。

我国义务教育和高中数学课程改革从2000年启动，已经取得不少成绩。义务教育数学课程标准于2011年公布实施，义务教育数学课程实施十年以来，教师和专家们积累了丰富的经验，对新课程更有信心。我们展望，十年后，教师们的实践成果经过整理，将会形成整套经验，集中在对一些难点的补充与完善上。例如，对于基本数学活动经验，人们将提出更加细致的阐述，包括：①概念逐步形成与深化的经验；②探索定理或公式，获得结论，对定理的表述与提炼的经验；③探索解题过程与途径，包括思路试探、发现难点、排除错误的经验；④总结解题类型，提炼数学思想方法的经验；⑤发现数学美、审视数学美、利用数学美、提炼数学美的经验；⑥论述基本活动经验的稳定性、灵活性与发展性等。

我们应努力发现与寻找我国在课程改革方面当前存在的不足，例如，小学与初中之间，初中与高中之间，学段的衔接有欠紧密，各地数学课程发展欠均衡，中考、高考处理不当，拖了教学改革的后腿。发现这些不足，将能为今后课程改革的完善提供有益的根据。

课题组成员各自承担子课题，整个课题由大组合作研讨。本课题组认为，具有广东特色的数学课程应该具有如下特点：第一，广东临近港澳，容易通过港澳吸收外国数学课程的长处，具有敢为人先的首创精神。事实上，广东数学课程改革总是走在全国前面。例如数学课程改革，广东数学教材（沿海版）在全国有一定影响；高考改革，广东首先实验独立命题；义务教育数学课程，高中数学课程实验，广东都建立了第一批实验区；数学教育技术与课程的融合，广东省发挥了先行作用。但是，在实验中，北京、上海、浙江、湖北等地的经验较丰富，值得广东学习。

“国内外中小学数学课程发展的趋向与规律”是“中小学数学课程教材改革与发展研究”研究课题的子课题，由于数学是中小学的一个主要学科，该子课题的研究对于发展中小学教育，提高师生的素质，对于数学教师的职业发展，都有重要意义。本项目强调广东实验教材要具有广东特色，故应该说明具有广东特色的中小学数学课程体系的内涵：

第一，本项目研究应该重视学习海外各国数学课程经验，重视海峡两岸、粤港澳三地数学教育界的学术交流，吸收各国数学课程先进理念，学习行之有效的实施方法，了解各国所走过的弯路、所得到的教训。例如，了解各国数学科先进的内容，研究中小学生数学学习的心理特点，学习各国行之有效的数学教法与学法等，及时总结实践经验，分析实践效果。

第二，在数学课程的设计与实施中，上要领悟国家课程标准的理念，下要吃透教材的内容，把课标作为课程设计基础。课程与教材的设计人员要研究广东教育实际，研究学生的认知特点，认真分析近年广东各地行之有效的教学经验，总结数学教学规律。力求让新课程、新教材和谐一致，相互配合。新课程要让教师易教，让学生乐学，在数学教学中，师生活动相辅相成，共同提高。

第三，新课程、新教材应该内容连贯，数学的各部分之间联系紧密；教材的各章节，各年级之间应该互相衔接，前面年级要为后继年级做铺垫，后继年级要在前面年级学习的基础上巩固提高。

四、外国数学课程研究的新特点

笔者所负责的项目是“国内外中小学数学课程发展的趋向与规律”，这是广东省中小学教学研究“十二五”规划重点课题“中小学数学课程教材改革与发展研究”（编号 J13－003）的组成部分，本课题组的成员为王林全、吴有昌、许世红、卢建川、苏洪雨、王爱珍、彭上观、刘喆、谢益民、韩裕娜、吴华东、林姬祎、吴凯斌，除笔者外，共 12 人，他们对本书的写作过程提供过各种支持。

笔者的主要研究工作为：中外数学课程的总体比较，中国内地与港澳台数学课程的比较研究；亚、欧、美、大洋洲等各国的数学课程的研究与各国、各地区数学课程的现代发展。本书涉及的中外数学课程比较内容有如下特点：

1. 内容新，材料活

笔者注意主动与各国专家、同行联系，主动调研上述各国、各地区数学教育的最新发展。书中的材料有些是来自笔者的友人与亲人，例如，爱尔兰的数学课程发展研究资料来自笔者的侄子邮件中告知的爱尔兰国家数学课程网的网址；新加坡的数学课程材料来自新加坡南洋理工大学李秉彝教授直接从新加坡发邮件寄给笔者的该国不同的数学教育网站的网址；新西兰数学课程发展现状是笔者直接与国际数学协会主席、新西兰的巴顿教授联系，由巴顿教授直接提供的资料。之所以说内容新，是因为它反映了近期笔者参与的数学教育交流活动；之所以说材料活，是因为笔者把自己置身于数学交流与应答的过程中，反映了数学活动与交流的过程。

各国数学课程的新发展状况，有些是笔者参加国际会议获得，有些是与国外有关专家直接交流取得；有些是笔者在有关国家学校考察访问，参与听课，观察实验，与师生交流所得；还有一些是根据相关网站翻译改编而来，与我国数学课程的相关部分进行横向比较，从而得到相应的研究成果。

2. 作比较，看两面

对来自国外的成果，笔者注意和我国数学课程的相关方面进行比较，从而提供给我国同行参考借鉴。例如，笔者在“中美义务教育几何标准的比较研究”(3.1)、“中美高中代数标准的比较研究”（3.3）两节中，都指出双方的长处与不足，据此提出对我国课改的建议，有些意见对双方来说都是尖锐的，但也是实事求是的。

在中外课程研究中，要注意使用两分法，既注意克服片面性，也要避免狭隘性。例如，就中美数学课程的比较而言，美国数学课程成立了小学、初中、高中统一的数学课程标准机构，较好地照顾了不同学段间的衔接性与连贯性，避免学生受困于数学认知的鸿沟。然而，美国数学课程的编委会是民办组织，缺乏权威性，造成实施涣散、管理乏力，削弱了执行效果，这又反衬出我国统一、集中的数学课程标准较美国民间课程标准具有显著的优越性。

我们所坚持的观点是，既要虚心向外国学习，又要用发展的眼光看本国的优势与发展，树立民族自信心。例如，英国数学课程与我国相比，更注重培养学生的数学应用能力，把它作为数学课程的第一目标，因而英国学生的动手能力较强；而我国数学课程比英国课程更加重视培养学生的数学（尤其是几何）的推理与证明能力。因此，中英两国数学课程各有优势，互有不足，应该互相学习，注意取长补短。

3. 亲经历，望全球

本书内容的获取，笔者自始至终亲身参与。本书内容融合了笔者参加国际数学研讨会议的经历和切身体会。例如，首届东亚国际数学教育研讨会在韩国召开，各组分别由中、日、韩三国专家主持，突出了中、日、韩三国在东亚数学教育中的主导地位与引领作用，笔者与韩国、日本专家共同主持了“数学的教与学”小组，取得了与外国专家合作主持会议的宝贵经验。笔者深入研究并发现东亚数学教育的共性与个性。又如“国际数学教育第15届专题研讨会——数学教师职业发展”，是笔者首次到南美国家巴西参与的ICMI国际会议，笔者作为中国大陆唯一被邀请参加该会议的代表，既有大量的机会与国外同行交流，又认识到中国教师教育的成就与不足。

4. 广取材，重提炼

本书涉及内容广泛，来自四海，惠及五洲。笔者注重国内外数学教育在各领域的比较，例如在代数教与学、几何教与学方面的国际比较，数据分析教与学的国际比较等。就国内比较而言，注重内地课程与港、澳、台地区课程的比较；就国家而言，注重发达国家与发展中国家课程的比较；就地域而言，注重对亚洲、欧洲、北美洲、南美洲、大洋洲各国数学课程的比较。

例如，加拿大共有13个省和地区，各省和地区都有自己的课程。“多样化的加拿大高中数学课程”一节，就是融合了加拿大各省和地区的数学课程标准写成的。加拿大各省和地区有各自的数学课程，呈现出多样化的课程特色。我们发现，加拿大对数学活动做了明确的界定，并把数学活动分为七类，对每一类活动的过程做了清晰的阐述，而且比我国对数学活动经验提出的时间更早、更清楚。加拿大课程对数学活动及其过程有十分精彩的阐述，恰恰与我国课程标准对数学活动的论述相映成趣，我们特意提炼了加拿大关于数学活动过程的精彩论述，以利于中加数学课程的比较与研究，从而吸收加拿大对数学活动的界定，学习加拿大同行对数学活动的认识，这对我国高中数学课程的修订应该有较好的参考价值。

5. 抽共性，树楷模

本书重点研究了ICME－8（第八届国际数学教育大会，其余各届大会缩写提法相同）、ICME－9、ICME－10、ICME－11、ICME－12、ICME－13届国际数学教育大会，学习历次国际数学教育大会的经验和方法。各届大会有不同的特色，又有一定的发展规律，回首1980年我国专家参加ICME－4，是我国学者首次参加大型国际数学教育大会，1984年只有5位专家与会，他们是：华罗庚（中国科学院），丁石荪（北京大学），丁尔升（北京师范大学），曹锡华（华东师范大学），曾如阜（华南师范大学）。此后各届大会，我国受邀参加大会的人数越来越多，从几个到十几个，甚至上百人受到邀请。2012年，第12届国际数学教育大会（ICME－12），我国有上百人受邀参加。可见，中国专家在国际数学教育研究中发挥着越来越积极的作用。

本书第6章简要地评介了12位数学教育大师，他们分别荣获了2003—2013年国际数学教育大奖，即以数学家克莱因冠名的数学教育终身成就奖，还有以数学教育家费赖登塔尔冠名的数学教育积累成果奖。本书通过对国际数学教育大奖得主的成就的研究，学习各国数学教育大师的共同特点，有利于读者了解数学教育大师们的成就，了解他们的研究方向，把握专家成就的某些共同规律；有利于思考数学教育科研的新方向、新课题，有利于同行寻找突破口，找出新的增长点。

6. 长积累，见成效

本书联系数学教育面广。作为国内外数学课程与教学改革成果的长期积累，本书涉及笔者本人的研究论文 100 余篇，同时也参考了笔者参与编著的其他专著，包括笔者主编或参编的教材、教学参考书共 17 本。这些都包含笔者的研究成果和数学教学的心得体会，评述 16 个国家与地区的数学课程与大纲，其中有些国家的课程是别的著作文献过去不曾涉及的。例如爱尔兰、新西兰、柬埔寨、尼泊尔等国，以及中国港澳台地区的数学课程与学校数学课程大纲等。这些都是各国、各地区数学课程的最新研究成果。总之，写成这本书，是笔者长期的愿望，也是长期的科研积累。希望本书的问世有助于读者认识数学课程发展的趋势，鼓励读者共同投身于数学课程发展的壮丽事业。

华南师范大学数学科学学院对笔者的科研工作与教学工作一贯给予关心、支持与帮助。本书的出版，就是在数学科学学院的支持与鼓励下，由华南师范大学“建设高水平大学的经费”赞助的。笔者衷心感谢华南师范大学校长刘鸣教授（博士生导师）对本书写作给予多方关心、支持与鼓励。笔者特别感谢数学科学学院院长黎稳教授（博士生导师）、副院长冯伟贞副教授，他们关心、鼓励与指导本书的写作，对笔者的教学科研一贯给予多方指导与支持，对专著提出过宝贵意见与建议，本书的出版与他们的亲切关怀与指导是分不开的！

7. 扬自信，用机会

笔者在国外访问，或参加学术会议，或应邀讲学，既把自己看成学者，也把自己看成国家派出的对外文化交流的使者，时刻铭记着个人的人格、国家的国格，利用一切可能的机会，表现出对我国数学教育、数学课程和国家发展的自信。

在伦敦泰晤士大学访问期间，笔者的导师罗尼·伯顿（Leone Burton）即将离校，前往另一所大学（伯明翰大学）任教，为了表彰她的贡献，学校召开全校教师大会，请罗尼·伯顿教授发表题为“数学教育的文化价值”的演说，在演说前，罗尼·伯顿教授把她的讲稿给笔者看了一下。笔者一看，教授在讲稿中，用浓笔重墨叙述了中国、埃及、印度、巴比伦等国古代文化丰富的数学蕴含，她从中国数学教材中析出了有价值的材料，令笔者赞赏、感动！

笔者事前征得罗尼·伯顿教授的同意，在她的演说结束前，递张纸条给大会主持人，要求在教授的演说结束后临时给笔者一个简短发言的机会。在得到主持人邀请后，笔者走上讲台，首先感谢教授对笔者的帮助与指导，深情地评述教授的演说，感谢她对我国数学文化和数学历史的了解。

罗尼·伯顿教授对中国数学史与数学文化非常熟悉，把它视为全人类的宝贵财富，没有民族的、区域的偏见。像她这样深入、公正看待中国数学与数学文化的学者，即使在中国，也不多见！她熟悉中国古代数学的源远流长，她正确对待我国数学教育的现代发展，作为中国学者，笔者向她表示由衷的感谢。伴随着热烈的掌声，笔者向这位德高望重的教授献了花束。这一简短而勇敢的发言，展示出笔者对祖国数学与文化的自信与挚爱，讲话的时机也恰到好处。试想如果教授没有预先把讲稿给笔者阅读，笔者哪有机会主动要求加插评论性发言？如果我国数学教育没有长足发展，笔者对中国数学文化缺乏足够自信，哪敢在外国、外校大会上毛遂自荐作简短发言？

8. 敢交心，讲真话

这次发言之后，笔者对参与中外数学交流更有信心，罗尼教授对我的业务能力与表达水平更加信任。两个月后，我得到伦敦大学国王学院的邀请，而且又得到泰晤士大学罗尼教授的推荐，我欣然应邀到伦敦大学国王学院作题为“中国数学课程与数学教育新发展”的演讲，听我演讲的有国王学院数百名教师。这是一对多的交流。演讲历时一个多小时，听众对中国数学教育深感兴趣。会议预留15分钟，让主讲人回答英国教师们的问题。笔者事前十分兴奋，又颇感紧张，怕听不懂英国老师们问什么。于是，笔者决定实事求是地应答。笔者首先表示欢迎英国老师们提出他们感兴趣的问题，笔者将尽力回答，为了提高应答效果，希望老师们提问时讲慢点，使用简单易懂的英语提问。

此时，伦敦大学国王学院的玛格丽特教授当着全校老师的面，大声地对笔者说：“Your English is good!”她的亲切鼓励，给笔者增强了信心，树立了勇气。由于准备充分，对于英国同行提出的诸多问题，笔者一一予以解答，并把作者个人的观点融合进去。以后的交流过程顺利，并没有出现笔者原来担心的情况。

在这次演讲中，笔者实事求是地宣传了中国数学教育的成就的特点，例如华南师范大学附属中学教师们互听公开课的制度，每周教师们集体备课的制度，教师们以老带新，相互结对帮扶的制度；一些在教学中行之有效的做法，例如组织学生数学课外活动的经验，组织学生互帮互学的经验，组织数学兴趣小组的经验等等；还向英国同行介绍了广州市、广东省数学教研会的组织，每年数学教学评优活动，教师优秀论文评选、教师说课评选等，得到英国同行的良好评价。他们说，王林全教授的演讲“以点带面，勾勒了中国数学教育的新貌”。

当然，笔者也实事求是地自评了我国数学教育当前存在的问题，例如，各地数学教育发展不平衡，落后面较大，高考中考压力大，部分学校学生负担重，学生的才智得不到充分发挥等。在这次演讲中，笔者的数学交流能力、表述能力与应答能力都得到有益的锻炼。由此可见，虚心与实事求是也是对外学术交流的要领。

笔者希望本书的问世有助于读者认识数学课程发展的趋势，并与各国同行相互交流，知己知彼，共同投身于国际数学教育的发展，促进笔者与读者的共同提高。

王林全

2017年6月

内容简介

一、新中国数学教育改革回顾

第1章阐述新中国成立以来，特别是改革开放以来，我国数学课程的发展变化，在改革中所形成的有关规律、所遇到的矛盾以及当前已经解决的问题。围绕笔者参与的国家课程标准的研制、实验教材的编写、实验成果的评价，本章既指出我国成就，也不回避矛盾，直指存在的问题。我们既要充分肯定我国数学教育的成果，也要虚心学习国外有益的、行之有效的经验，展望我国数学课程的未来前景。

二、内地与港澳台中学数学课程的比较研究

港澳比内地更早接触海外，它们的课程已经反映了各国数学课程的多元化特色，尽管我国内地的数学课程也有自身的许多优越性与发展性，但港澳台仍有不少长处值得我们借鉴。第2章着重评述港澳台教材的优点，通过比较，指出内地课程自身的不足，这是本章的主要出发点。

香港与内地的比较，将从高中数学必修课与选修课两个方面分别展示。澳门与内地的比较，着重从发展学生的数学学力方面进行探讨，并分别在代数领域与几何领域进行比较。此外，大陆与台湾都十分重视保留欧氏几何传统，台湾平面几何内容有不少地方比大陆要求还要高，值得引起我们的重视。

笔者曾应邀赴港澳辅导数学竞赛，指导教师的专业进修。在此基础上，本书提出对中国内地数学课程教学的建议。

三、中美、中加数学课程的比较研究

美国、加拿大数学课程理念先进，创意突出，在世界上有较大影响。由美国数学教师协会（NCTM）所组编的《数学课程与评价标准》提出相对比较先进的理念，由美国多个州联合组编的美国《州共同核心数学标准》在数学内容处理上也有许多值得我国学习的地方。特别是“数”与“量”的联系，使学校数学更易联系实际。美国、加拿大课程比我国更加重视数学实践经验，加拿大十分重视数学思维与数学经验的产生过程。

第3章对美国数学实践标准、高中数学建模标准分别做了全面的评介，注意分析这两个标准与其他标准的联系。美加两国尚未有全国统一的数学课程标准，妨碍了数学课程的统一实施，使得它们的数学教学产生了某些随意性，这就反过来彰显我国数学课程的实施步调一致、管理有方、评价得法，得到各国同行的好评。

本章分别评介美国几何标准与代数标准，并对中美高中数学与初中数学进行了比较研究，美国的运动变化观点、数学建模观点广泛地反映在该国新课程中，对我国新课程的研制和实施有良好的参考价值。

四、中英、中爱、欧美亚澳六国数学课程的比较研究

第 4 章是本书的核心内容。第 1 节对英国数学课程做了全面评介，并对中英两国数学课程做了较深入的比较。本书所涵盖的学习内容，包括小学、初中（4.1.2）和高中（4.1.5），数学范围包括算术、代数、几何、数据处理、概率、微积分。英国数学课程的最大亮点是：培养学生数学应用能力系统化（4.1.3），数学活动丰富多彩，与学校生活紧密联系，提出各种有效的数学教学策略（4.1.4）。注重在数学活动中渗透先进的数学思想，如无穷思想、顺序思想等（4.1.6），重视学生计算能力的全面发展，涵盖心算、笔算、器算；重视位值的意义与运用，值得我们学习。

第 2 节内容是最新从爱尔兰得来的，本节是爱尔兰国家数学课程评介材料，笔者尚未在其他刊物中发现。爱尔兰数学课程的亮点是把概率统计作为数学课程第一项分列标准，无论初中或高中，都是先统计，后概率。这是十分少见的。

第 3 节是笔者从 2012 年 ICME－12 国际数学教育大会新闻中选出来的，文章分别由六国（中、美、澳、德、法、芬兰）专家学者写成，篇幅虽短，其有很强的代表性，分别反映了各国数学教育的最新发展。本节对欧美亚澳六国数学课程做了扼要的比较研究，内容具有简明性与适切性。

五、中国与亚太六国数学课程的比较研究

第 5 章是中国与亚太六国数学课程的比较研究。其中，新加坡的最大亮点是允许图形计算器进入考试，把对技术的运用与对数学内容考查结合起来；新加坡的考试大纲与剑桥大学入学考试大纲接轨，使得新加坡数学教学有较高的起点。

尼泊尔课程是笔者最新编译出来的（2015），尼泊尔课程特点是朴素实用，贴近学生生活实际，学以致用，实用性强，适合尼泊尔本国国情。

柬埔寨课程于 2016 年 5 月在华东师范大学《数学教学》发表，该课程的初中部分由柬埔寨本国自编，高中部分则由柬埔寨与日本对外交流协会合编，意在使柬埔寨数学课程与国际接轨。然而，笔者对外请专家编制本国课程的做法并不欣赏，这样做未必适合本国国情，也未必有利于调动本国教师专家的积极性。

新西兰、澳大利亚数学课程分别反映了海洋国家特色、多民族特色，从而也使上述两国课程具有数学要求上的多样性。

六、国际数学教育大会

第6章评述了近年四届国际数学教育大会讨论研究问题的过程与特点。在ICME－11上，笔者应邀到三个小组做了发言，应大会主席的邀请，担任了ICME－12的TSG 10组长，本章还分别对ICME－12的几个重要方面做了重点评介，希望对教师与研究生有较大的参考价值。

本章的亮点是系统而简要地评介了多次数学教育大会的过程，既评述了大会活动，又描述了一些重要的分组活动，包括论文的收集、各类活动的组织，不同类型的专题会议、地区专题活动的评介等。例如，ICME－10期间，北欧五国瑞典、挪威、丹麦、芬兰和冰岛，召集了北欧之路——数学教育研讨会，专门研究北欧国家数学教育的共同问题。我国教育部前部长陈至立曾访问北欧国家，北欧国家教育给我国代表留下深刻印象。例如，芬兰数学教师从美国借鉴了一些有益的想法，而且在教学中用得很好。在数学课中，学生自主学习，自我管理；教师寓数学于游戏中。此外，多次数学教育大会都开设了华人数学教育专场讨论，华人如何学数学、如何教数学成为近年历届数学教育大会的热门话题。

七、数学思想方法的鉴赏与应用

第7章前6节结合各国（中国、美国、以色列）课程标准的精彩范例，分别论述在课程与教材中，在数学教学中，如何渗透并活用数学思想方法，各国数学教师，都注意把数学思想方法反映在教学过程中，渗透在数学活动中，甚至隐喻在数学游戏中。各国的数学活动有目的地提升了学生的数学兴趣，指导他们欣赏数学的威力与数学美。这正是数学教育的主要目的。第7章阐述了在数学教育中的许多哲理问题。第7节谈数学教育中对形式化的处理，第8节谈及数学试题及其分析中隐喻了数学美的蕴含。

中、美、以色列等国课程都重视发展学生的数感、符号感、空间感、数学计算能力、数学推理论证能力，第7节阐述引导学生欣赏数学形式化魅力，正确认识高中数学的形式化。

教师也应该认识到，即使在数学试题中也存在美的暗示。第8节用我国一份高考试题，揭示即使在高考试题中也存在数学美的丰富蕴含，这将给读者带来优雅的感受。

目录

1 新中国数学教育改革回顾

本书第1章阐述新中国成立以来，特别是改革开放以来，我国数学课程的发展变化，在改革中所形成的有关规律、所遇到的矛盾以及当前已经解决的问题。

1.1 新中国数学教育改革的回顾与思考

我国数学教育有着光荣的传统。新中国成立以来，尤其是1978年实行改革开放以来，我国从动乱走向稳定，从禁锢走向解放，新的教学秩序得以建立，数学学科教育的新体系逐步形成。本节简要回顾1949年以来我国数学教育改革的历程，并试图从中摸索出一些有益的规律。

1.1.1 数学课程改革稳步发展，具有中国特色的课程体系初步建成

建设独立自主的、面向新世纪的、有中国特色的数学课程，是我国数学教育工作者数十年以来追求的目标，经过1949年以来的摸索，我们从数学教育的已有发展中获得不少启迪。

1. 确立了独立自主的数学课程发展方向

新中国数学教育应该有自己的特色，走自己的道路。中华人民共和国成立以来，经过广大师生的共同努力，我国数学课程改革取得重大成就，即摆脱了中华人民共和国成立以前照抄英美、成立之初过于仿效苏俄的模式，初步建成了独立自主的中国数学课程体系。

我国克服了课程改革初期的不确定性和片面性，稳健扎实地向前发展。由偏重理论研究向理论与应用并重、理论联系实际发展；由单纯重视知识向知识与能力并重发展；由偏重应试教育向既重应试又重素质发展。

1949年以来，我国对数学课程的目的、体系结构、内容选取、教法原则的研究逐步深入，一批数学课程理论专著已经出版，数学课程理论体系初步形成。

2. 形成了数学课程研究的骨干队伍

数学课程设计人员、参与课程实验和实施的教师、从事课程审定与评价的专业工作者、高等学校教授、数学课程论的教师等，他们共同构成数学课程研究的骨干队伍。1949年以来，广大数学教师在实践中积累了丰富的教学经验，如20

世纪60年代狠抓基础知识的经验、70年代理论联系实际的尝试、80年代问题解决的教学实践、90年代素质教育的探索等。这些经验是世界数学教育经验的重要组成部分。

3. 制定了面向新世纪的数学课程标准

经过各方共同努力，我国教育部于2001年公布了《全日制义务教育数学课程标准（实验）》，2003年公布了《普通高中数学课程标准（实验稿）》。与原有中学数学教学大纲相比，上述两个标准有许多新特色，体现了新理念，提出了新要求。当前，新课程的实验正以稳健步伐向前推进。高中数学新课程实验区正在逐步扩大，义务教育课程标准正在修改完善。在广大教师的大力支持下，新课程的实验取得了丰硕的成果，同时也发现了一些矛盾和问题。这为新课程的修改完善提供了实践依据，创造了有利条件。

1.1.2 评价理念正在更新，高考走向科学规范

1977年恢复高考以来，高考数学科越来越受到广大师生和家长的关注。作为中学主要学科的数学，是对考生最严峻的挑战之一。高考数学科的试题设计、评卷结果与答卷分析，边尝试边改革，逐步走向完善，对数学教育产生了积极的影响。

1. 选择题的比例趋于合理

20世纪80年代初，受到美国的影响，以崇尚选择题为特征的数学科标准化考试流行一时。在高考数学试题中，选择题一度在全卷中所占比例偏多，所占总分比例也偏大，如表1－1所示。受到这种因素的影响，师生曾一度加大对数学选择题的训练。

表1－1　20世纪80年代以来部分年份填空题、选择题在部分高考数学卷中所占的比重

年份	全卷题数	全卷总分	填空题数	填空题占总分比重（%）	选择题数	选择题占总分比重（%）	备注
1985	35	120	10	17	20	45	粤
1988	24	120	4	17	15	38	
1992	26	120	4	17	18	45	粤
1998	25	150	4	11	15	43	
2001	22	150	4	11	12	40	
2007	21	150	6	20	8	27	粤，理

选择题在评卷中兼具客观性与直接性的特点，能排除主观因素的干扰，有助于评卷高效准确，因而受到欢迎。然而，选择题容易受到随机因素的干扰，未必

能够准确地反映学生数学学习的真正水平，过多地演练选择题，可能会削弱学生的推理论证能力。近年来，人们在实践中逐渐认识到选择题的利与弊，通过对经验的反思，选择题在考卷中的比重也得到了适当的控制，如表1－1所示。

2. 全卷的难度得到控制

近年高考数学试题设计力求降低难度，合理评价，提高学生的学习信心。近年来，广东省在提高区分度，保证评价的准确性和合理性方面，做出了不懈的努力，这种做法受到广大教师和考生的充分肯定。通过实践，形成了降低试题难度的三种设计办法。

（1）加强分步设问，增加得分机会。

文理科数学卷的解答题大部分实行分步设问，使得各种能力的考生都有可能找到展示才能的机会，这是近年广东高考试题的设计特点。过去填空题只有一题设计了一条以上的填空线，2007年有多道填空题超过一条填空线，如理科填空题第13、14、15题分别设计了两条填空线，理科填空题第12题甚至设计了三条填空线。这就使不少考生增加了得分的机会，既提高了全卷得分率，也增强了考试的公平性。

（2）入口朴素平实，出口可深可浅。

近年高考广东数学卷注重以高中数学常见的问题作为命题的背景，使大部分考生比较容易入手解决，而要深入完整地做出解答，就要看考生的数学功底了。

（3）做出适当暗示，提供适当铺垫。

前一问是对解答后一问的提示，为下一问做了重要的铺垫。这样一环扣一环，共同构建了解决问题的思维链，使得不同能力、不同水平的考生能够找到适当的出口。培养学生的数学应用意识，是新课程的基本理念。这是需要长期联系实际才能养成的，不能够靠短期突击。历年高考，学生在应用题的失分甚多，源于数学应用的多样性、数学问题情境的复杂性，以及学生生活环境的单一性。应用题是学生运用数学知识解决实际问题的拦路虎。为了减缓上述因素对学生的压力，近年高考对数学应用题进行了精心设计，力求使试题背景靠近学生的生活，力求使试题的阐述简明清晰，避免引起歧义。

表1－2　2004—2007年高考广东考生数学卷成绩比较

年度	2004	2005	2006	2007文	2007理
平均分	61.08	67.66	78.10	77.85	84.73
满分	150	150	150	150	150
难度	0.41	0.45	0.52	0.52	0.56

由表1－2可见，通过一系列措施，近年高考广东数学卷的难度已经控制在0.55左右。这对于稳定考生的情绪，提高考生学好数学的信心，肯定教师的教

学成果，都有积极的作用。

3. 试题设计科学化，评卷过程规范化

经过多年努力，高考数学卷试题的设计进一步实现科学化，较好地反映了对教学的指导功能，有利于对人才的选拔。广东引入了电子评卷手段，提高了评卷的科学性与准确性，有利于公正、高效地录取新生。

（1）狠抓双基原则。即突出课程主干，重视课程新增内容。作为高中数学的四条主干：函数与基本初等函数、几何与空间、概率与统计、运算与算法，它们在考试中处于突出地位，高中数学的新增内容得以重点考查。

（2）能力立意原则。即在试题设计中，突出对新课程所规定的高中具备的数学能力的考查。这五大能力就是：空间想象能力、抽象概括能力、推理论证能力、运算求解能力、数据处理能力。

（3）相辅相成原则。即高考的两个功能全面兼顾，既要有利于人才选拔，也要有利于突出新课程教学新重点。例如，对于选修 4 的新专题即几何证明选讲、矩阵与变换、坐标系与参数方程、不等式选讲等，既要注意适当的考查，从而体现对新课程的支持，又要注意控制选考题的比重，使得选考不同专题的考生的成绩不致因为选考题不同而产生波动。

1.1.3 师资培训成果丰硕，专业发展途径宽广

在新课程的实施中，教师遇到了一系列新课题。对于课程中的新增内容，需要学习与理解；对于课程中的新理念，需要认识与贯彻。新课程既为数学教师的职业发展提供了新平台，也对教师的职业发展提出了新挑战。1949 年以来，教育部门和师范院校紧密配合，数学师资培训工作向新课程实行了重点转移。

1. 形成多级培训系统，采取多样进修形式

从 1997 年起，我国启动了教育硕士专业学位培训，成为数学教师职业发展科学化的里程碑。华南师范大学数学科学学院从 1998 年开始了教育硕士（数学学科教育）的培养工作，2001 年有了该专业第一届毕业生，从 1998 年到 2008 年，共培养教育硕士学员 168 人，并授予教育硕士学位学员共 168 人。

2. 投身改革实验，促进专业发展

我们根据课程发展的需要，在调查研究的基础上，确定数学教师进修的内容，既要补充新课程所需的数学专业知识，又要学习数学教育研究的方法，帮助学员们迅速成长为研究型的教师，成为新课程的骨干。课程改革的洪流，对学员们是巨大的挑战，也给他们的专业发展提供了良好的机遇。华南师范大学接受了教育部的委托，引导教育硕士学员参加了珠江三角洲地区等地高中数学学习状况的调查研究，学员们设计了问卷，分别到广州、深圳、佛山、汕头、珠海、阳春等地，对原高中数学课程的实施状况和效果进行了调查研究，收集了问卷九百余份，为 2003 年《高中数学课程标准》的制定提供了有益的参考。通过广泛的调

查研究，学员初步掌握了数学教育调查研究的基本方法。

我们也引导了1998届、1999届教育硕士部分学员参加了“高中数学课程标准”先行性实验研究，对于某些专题和内容是否适合进入高中数学课程进行了实验探索，例如谭国华（1998届）主持了“高中数学建模选修课”的实验研究，付院花（1999届）参与了“矩阵与变换”的实验研究，钟红常（1999届）和陈丹（2002届）参与了“信息技术与数学课程整合”的实验研究，陈民（1999届）参与了“研究性学习活动开展”的实验研究，都取得了良好的效果，上述研究成果已经分别发表在《高中数学新课程的实验与探索》一书上。通过课程改革实践，学员们更新了观念，增长了才干。多届学员已经在各自岗位上发挥了骨干作用，不少学员已经走上各级领导岗位。

3. 相互取经学习，促进共同事业

历届学员都珍惜在校集中学习的宝贵机会，他们努力克服了学校工作、家庭生活中的诸多困难，充分把握机会，提高自己。例如，在重点中学任教的学员，邀请同班学员到所在的学校访问交流，主动举行公开课、实验课让其他学员分析点评。同时，华南师范大学数学科学学院也组织学员到其他示范区的重点学校参观学习，从而丰富了学习生活，提高了科研水平，从中学到比课本更生动、更丰富的知识。

1.1.4　正视当前矛盾，在创新中发展

新课程实施中遇到一系列矛盾和问题。正确处理矛盾，找出对策，解决问题，将会使我国数学教育走向更美好的未来，但前进中也遇到一些矛盾和问题。

1. 内容多与时间短的矛盾

据2003年高中课标（实验）必修课五个模块要在1.25学年内完成，高中数学内容明显增加，但教学时间严重不足。为了缓解这个矛盾，大部分学校与班级增加了教学时数，师生加班加点，负担反而加重。为了省下时间用于高考复习，许多内容匆匆教完，造成学生数学知识漏洞较多。有些探索性课题限于课时不足，实践活动不能够有效地开展。一些学生基础知识不够扎实，解决问题的能力薄弱，教师和家长对此深感忧虑。

2. 选修专题多与师资力量不足的矛盾

按照高中新课程的精神，数学选修3有六个专题，选修4有十个专题，供学校与师生选择。其中一些专题，教师们尚未学过，因而许多学校未具备开设这些专题的条件。即使学校能够开设，也存在如何教、如何考的问题。事实上，在上述十六个专题中，仅有其中三个专题被列入的高考范围。大部分专题尚未具备自由选学的条件。

3. 教学步调一致与体现学科特征的矛盾

高中数学必修课分为五个模块，按照模块组织内容，每个学期需要学完两个

模块。这种设计的初衷是体现各科同步发展，有利于教学管理。然而，数学也要顾及数学内容结构和学科自身的内在联系。过多地强调模块与专题的划分，不利于认识数学各分支间的紧密联系，不利于体现数学的整体性。

4. 课程大众性与期望单一性的矛盾

学生的知识背景、兴趣、爱好、学习数学的能力与习惯千差万别，要求他们达到同一个标准，既不公正，也不可能。因材施教是我国的教学传统，它体现了课程的大众性与平等性。在教学中应该尊重学生的个性发展，相信他们在力所能及的范围内能够学好数学。当前人们对高考与升学关注过高，大部分学校的数学教学聚焦在高考的要求上，数学课程的大众性得不到充分体现，这不符合我国当前的需要。

5. 循环上升与连贯性的矛盾

知识呈现既要服从循环上升的认识规律，又要注意数学知识衔接性和连贯性的特点。然而在课程的安排上，这些关系未能得到正确处理。某些主干内容呈现时间相距较远，不利于学生认识上的衔接和联系。

1.2 中小学数学课程发展趋向与规律

通过对1949年以来我国数学课程发展经验与教训的分析，考虑到数学教与学在当前的进展，笔者认为，我们要从实际出发，为今后的发展摸索方向。本节从1949年以来数学课程发展的经验出发，试图探索我国数学课程发展的规律和未来数学课程发展的方向。

1. 分析中小学数学课程的发展趋向

笔者分析了国内外数学课程发展的经验与教训，认为我国数学课程发展的六条规律是：

（1）课程的分合互动是矛盾统一的过程；国家课程的统一性与地方实施的积极性相辅相成。

（2）理念先行，带动实践，是数学课程发展的规律。一些发达国家在课程理念的建设方面提出了许多新观点，可以给我国数学课程建设带来有益启示。

（3）既重视实践与应用，又注重夯实数学基础，数学课程要提高学生的理解力，从而发展学生的智力。

（4）数学知识体系的更新过程，既要符合学生的认知规律，也要适应数学自身的发展。

（5）数学课程与现代科学技术同步发展，在课程实施中应适当渗透近现代数学思想。

（6）以数论形，以形论数，数量形结合，相得益彰，有利于感悟数学的本质。

2. 为全国课程改革做贡献

上述规律的提出，丰富了我国数学教育的理论，将成为世界数学教育宝库不可分割的部分，受到国际数学教育同仁的关注。在我国近年的数学课程改革中，数学教师和专家们做出了重要贡献。例如，深圳中学正高级教师郭慧清加入了数学课程与教育技术结合的国家核心队伍，成绩突出；吴有昌副教授在数学学业评价理论与实践研究中成果丰富；许世红研究员参加了国际数学教育的 PISA 测试研究，为我国数学走出世界做出了贡献；徐勇、曾令鹏、吴有昌等研究员对中小学数学教研做出了突出贡献。上述成绩是建设具有中国特色的数学课程教材体系的坚实基础。

3. 对未来数学教育的设想

为了适应数学教育现状，反映学生的认知特点，做到因材施教，实现教育大众化，新课程要给学生提供平等机会，学校师资力量应逐步趋向均衡。除了个别学校保持重点学校建制外，各教学班发展应趋向平稳有序。

我们关于 2020 年后小学、初中、高中阶段数学教育的设想是：

（1）小学数学培养学生动手实践、观察发现，强调数学的趣味性与实践性，寓数学学习于游戏与活动中，蕴含后继数学思想与方法，如逆运算思想、反向思想、相反数思想、顺序思想等。力求螺旋上升，逐步培养运算的熟练性。

（2）初中数学注意做好各学段数学课程的相互衔接，如小学与初中、初中与高中的衔接。在整数到有理数、有理数到实数的教学中，让学生认识数系扩张的原理与方法，帮助学生感悟算理与算法。在几何教学中，逐步培养学生的公理化思想，发展学生的推理论证能力，指导学生正确运用数学语言，注意运用数学语言的规范。

（3）高中数学培养高中生理解并熟悉中小学数学的内容和基本线索，包括数的扩张与运算、代数式（三角式）的恒等变形、方程与函数、不等式、图形的特征与图形变换、概率与统计等，发展高中生的数学计算能力、判断推理能力、参与数学活动并在其中发挥积极作用的能力。在复习回顾基础知识的同时，要帮助学生全面整理重要的数学思想方法。

1.3 对义务教育数学课程及中国数学教育的展望

我国数学课程近年取得长足进步，《义务教育数学课程标准（2011 年版）》于 2012 年正式颁布实施，人们对我国数学课程未来十年的发展十分关注。本节根据我国当前义务教育与高中课程的情况，我们试提出对 2020 年我国义务教育数学课程发展的展望。对与义务教育数学课程相关的问题，也提出相应的展望。

1. 义务教育课程标准在实施中逐步完善

2010 年以来，教师和专家们积累了丰富的经验，对新课程更有信心。2020

年后，教师们的实践成果经过整理，形成了整套经验，这些经验集中在一些难点的补充与完善上。例如，对于基本活动经验，将提出更加细致的阐述，包括：

（1）概念逐步形成与深化的经验。

（2）探索定理或公式，获得结论，对定理的表述与提炼的经验。

（3）探索解题过程与途径，包括思路试探、发现难点、排除错误的经验。

（4）总结解题类型、提炼数学思想方法的经验。

（5）发现数学美、审视数学美、利用数学美、提炼数学美的经验。

（6）认识基本活动经验的稳定性、灵活性与发展性等。

这些经验的提出与补充，将丰富我国数学教育的财富，它们将成为世界数学教育宝库不可分割的部分，将受到国际数学教育同仁的关注。

2. 义务教育数学教材多样化

为适应我国人口众多、幅员广大、情况不一的需要，未来的义务教育数学教材应该多种版本并存。教材经过国家教材委员会审定，得到省、市、自治区教育部门的支持。教材审定委员会具有权威性与代表性，它应由具有威望的教师与专家组成。教材的审定与评价机制将会建立，教师们可自由提出对教材的选择意见。当前人教版、北京师大版、上海版、广东版、西南版等教材都有较大的影响力，重点教材更加精益求精。2020 年之后，又将有一批义务教育数学教材，得到教育部的批准，在全国发行。它们在广大师生的支持下，各显特色，既贯彻新课标的精神，又体现地区的特点，从而进一步彰显新课程的理念。例如：

（1）人教版：编辑经验丰富，保留原人教版教材的许多优点，许多新栏目有利于调动学生思考，许多重要史料有教育意义。

（2）北京师大版：改革精神好，较好体现新课标理念，注意与信息技术与教材整合，反映我国改革开放新鲜事物。

（3）上海版：改革力度大，思路新，有独特见解，与国际数学课程改革精神接轨。例如，几何变换的内容有新构思。

（4）广东版：注意符合学生认知特点，易教易学；注意按“节”编写，容易操作；对原教材适当进行加工与改进。

（5）西南版：反映淡化形式，注重实质的数学教学思想，符合初中生的认知特点；鼓励学生动手操作，探索发现的积极性。

3. 义务教育数学三个水平并存

为了反映数学教育的现状，实现因材施教的目的，实现教育的大众化以及机会平等，逐步使学校师资力量趋向均衡。除了个别学校保持重点学校建制外，各教学班的发展基本趋向平稳。学生水平的划分在班内进行，大部分学校在 8 年级将学生的学习划分为三个水平：

（1）达标水平。班内大部分学生将属达标水平。

（2）先进水平。经过测试，成绩优良，将达到先进水平。

（3）优秀水平。学习能力高于班内绝大多数学生，将达到优秀水平。

三个水平数学进度大体一致，但要求有差异。根据测试成绩与自愿报名相结合考虑分班。在家长和教师建议的基础上，学生可以在不同水平间流动。达到标准水平的学生，如果经过自学，掌握了较高年级的数学内容，将可以不经考试，直接转入班级中的先进水平攻读相关学习内容。

4. 建立教材统一编委会，填平鸿沟与漏洞

初高中两套数学教材内容连贯，衔接自然，既分别编写，又利于学生发展。义务教育与高中数学教材相互联系，螺旋上升。避免当前初高中教材相互分割、另起炉灶的现象。学习当前一些发达国家初高中教材的连贯性、衔接性。过去我国在实施中分成两个编委会，使得教材出现某些两不管的漏洞，这种漏洞的出现，有失教材的严谨性与统一性，给教学带来不便，也不利于学生学习。几个需要填补的漏洞如：

（1）多项式除法：余式定理。

（2）多项式除法：被除式、除式、商式与余式的一般关系。

（3）二项式立方和与立方差公式；两数和（差）的立方公式。

（4）几何：共点线与共线点问题。

（5）几何：共圆点与共点圆问题。

（6）几何：证明题的结构，证明的一般思路与方法。

统一的教材编委会可使这些问题得到妥善处理，有利于学生自学，便于教师授课。还给学生们一个连贯完整、自然流畅与分工合理的教材。

5. 加强对外交流合作，数学课标英文注释问世

课程标准的形成，反映了1949年以来，特别是21世纪以来，我国数学教学改革的优秀实践经验与理论成果。课标经过修改，克服了原有的一些缺点，亮点将会更加突出，形成中国自身的数学课程理论。今后我国将更多地参与国际交流，注重学习外国长处，使我国数学教育更适合学生的学习，从而让下一代受益。

我国数学课程的特色包括：①培养数感与符号意识的经验。②发展运算能力与推理能力的经验。③形成空间观念与几何直观的经验。④建立随机思想，进行数据分析的经验。⑤开展七类数学活动（数学交流、数学联系、心智数学、数学技术、数学想象、数学问题解决、数学推理）的经验和问题。⑥对数学活动进行反思与评价的经验。

在把握课程新理念、新思想的基础上，新课标的英文注释（以及法、俄、德、西班牙文注释）将问世，利用各种渠道，与外国同行广泛交流，以扩大我国新课程的国际影响力。争取我国华人数学教育专家参与新课标外文注释的部分构建工作。

6. 数学思想方法整合到教材中，渗透到教学过程中

几何变换是重要的数学思想，在世界上越来越多受到重视，在一些国家，几

何变换甚至成为几何的核心概念，把图形的全等作为平移、旋转、反射这三类刚性变换的结果，把图形的相似作为刚性变换与放缩变换的合成变换的结果。中华人民共和国成立以来，几何变换在义务教育课程中的分量逐步加大。如何使几何变换的表述更规范，说理更清楚，学生使用更方便？部分师生仍然感到不易掌握。我们展望，在2020年之后，在几何变换的教学中与教材编写上，将有新的突破。

7. 中国学生在国际数学与科学比较研究测试中成绩优秀

中华人民共和国成立以来，我国参加国际教育比较测试研究不多，但是只要参与，都获得好成绩。近年我国学生在国际数学教育测试中屡创佳绩，例如，1992年，在第二次国际教育成就评价课题中，我国学生在初中数学与科学教育水平测试结果中，居21个总体之首；2012年，我国上海在该年以数学613分、阅读570分、科学580分位居世界第一，远高于该次测试的平均分。知己知彼，有利于提高信心，提高我国的数学教育水平。我们展望，今后我国将有更多省市参加国际测试，北京、江苏、浙江、广东也将有能力取得优秀成绩，跃居国际PISA测试的前列。参与国际比较研究要十分注意实事求是。我们展望，我国考生参与测试的结果应该反映我国受试者的实际年级水平。

8. 对我国数学教育家获得大奖寄予厚望

由于我国基础教育研究专家辈出，我国数学教育专家逐步在国际数学教育阵地上崭露头角。例如，我国香港梁贯成教授获得2013年费赖登塔尔奖。还有几位中国数学教育家在基础数学教育研究中成绩突出，我们希望他们成为国际大奖众望所归的专家。

9. 科学素养全面发展，奥数成课外活动的一部分

近年来，不少学生课外攻读奥数。在社会上引起广泛评论，闹得沸沸扬扬。有人横加指责，也有人趋之若鹜。参加攻读奥数的学生，大多是义务教育阶段的在读学生，家长让其小孩攻读奥数，目的不一。有人想让子女多学一点数学知识，提高思维能力，这完全是无可厚非的。是否个个都应该学奥数？是否个个都可以学得好？就不一定了。我们展望，2020年，在教育部门、学校、教师、家长的正确引导下，学科竞赛将得到社会上的正确对待，学生的数学课外活动将得到健康发展：

（1）参加学科竞赛的我国代表队成员，各级学科竞赛教练，为培养人才，也为自身发展做出重要贡献。他们的敬业精神应该受到尊重，他们的成就应该得到表彰与鼓励。

（2）承认奥数对发展学生的数学思维能力是有益的，允许学生以自愿为原则，参加奥数学习，不要指责，也不必盲目攀比、追赶。

（3）引导中小学生积极开展多样、广泛的数学活动和其他课外活动。

（4）数学竞赛的得奖者，不要过多地与升学、面试、保送挂钩。

10. 陶哲轩数学成就对未来义务教育数学的启示

陶哲轩被誉为数学界的莫扎特。1975年生于澳大利亚，十几岁就开始学习

微积分，13 岁获得国际数学奥赛的金牌，而且这个记录至今也没有被打破。他21 岁取得博士学位，24 岁被评为终身教授。2002 年，世界数学家大会首次在中国召开，陶哲轩被邀请做大会报告，当时，他仅有 27 岁。四年之后，世界数学家大会再次召开，31 岁的陶哲轩获得了菲尔兹奖。陶哲轩的成就给我国数学教育如下启示：

（1）给儿童更多的机会，保持他们的兴趣和积极性。

（2）尊重特长儿童的特殊数学才能。

（3）打破通常的升留级制度，允许跳级与留级（陶哲轩七岁时，中学校长破例让他到中学听课，到中学时，大学教授破例给陶哲轩辅导）。

（4）对待超常儿童，要有超常的灵活性；对待慢生也要有特殊的耐心与关爱。

总之，要给儿童平等发展的机会，让处于义务教育阶段的儿童更爱数学，从数学和其他学科学习中得到乐趣，得到发展。这样我国未来的数学教育将更加充满阳光。

1.4 高中数学新课程的实验及相关问题

高中数学课程标准的理念（以下称课标理念）是该标准的灵魂，它继承了我国数学教学的优秀传统，切中了当前数学教学的要害问题，反映了对数学课程的新认识，既受到一定程度的欢迎，也遇到挑战。对于如何在数学教学中落实课标理念的问题，不少教师感到难以把握。本节根据新课程当前的实验情况，阐述课程理念在教学中的落实及其问题。

1. 哪些是共同基础需要进一步讨论

我国设置高中数学课程的出发点，是为广大的高中生提供进一步学习的数学基础，使之能适应现代生活，为进一步学习做好准备。

（1）大众性。既然高中数学要满足高中生的共同的数学需求，高中数学课程就要体现大众数学的理念，学校和教师应该平等地对待所有的学生，对他们学习数学应该给予高期望，相信他们在力所能及的范围内能够学好数学，这种期望应该体现在教学过程中，体现在师生的交流中。教师还应该对学生的数学学习给予切实的帮助。

（2）区别性。学生的背景、兴趣、爱好、学习数学的能力与习惯千差万别。要求他们达到同一个标准，那是不公正的，也是不可能的。因材施教是我国的教学传统，它体现了《课程》的大众性与平等性，对学生数学基础应该有不同要求。例如，以函数为例，对于学习数学有困难的学生，只需要通过具体的函数，了解函数的单调性、奇偶性及其几何意义即可；而对于理解能力较强的学生，可以要求他们理解函数的单调性、奇偶性的一般意义，并且用数学语言予以刻画。至于哪些是最基本的要求，哪些是较高的要求，尚待继续研究和界定。

（3）发展性。随着国家的发展和技术的进步，高中数学的基础正在发生变化。以前熟悉的某些基础知识的重要性有所降低（对数计算、复杂的三角恒等变换等）。一些新的数学内容正在实验加进高中，加多少，加哪些才恰当，还需要认真讨论。

2. 课程的多样性与考试的统一性应该取得平衡

学生之间存在着个体差异，我们应当尊重他们的个性发展。高中新课程为不同志向、不同数学需要的学生设置了五种不同的选择，这五种选择是：

选择1：读完高中即进入社会就业的学生，只需读数学必修课部分，共得10个学分。

选择2：偏重于社会科学的学生，除必修课10个学分外，其数学系列课程还需要读选修1的两个专题（4个学分）和选修3的两个专题（2个学分），共16个学分。

选择3：偏重于社会科学的学生，如果要求较高数学素养，其数学系列课程可以在选择2共有16个学分的基础上，再读选修4的四个专题（4个学分），共20个学分。

选择4：志向偏重于自然科学的学生，其数学系列课程可以除必修课10个学分外，再读选修2的三个专题（6个学分），选修3、选修4各两个专题（4个学分），共20个学分。

选择5：偏重于自然科学的学生，如果要求较高的数学素养，其数学系列课程可以在选择4共有20个学分的基础上，再读选修4的四个专题（4个学分），共24个学分。

当前绝大多数高中生都有志于考上大学深造，新课程所提供的选择与高考的要求是否协调发展？当前教师们最担心的是：考试部门与课程部门对于高中数学教学的要求能否取得共识？这一点对中学数学教学是至关重要的。

3. 探索性的学习方式需要时间的保证

新世纪呼唤新的学习方式，为了培养学生在力所能及范围内进行“创新”性的学习，还需要创造条件，让学生有机会尝试这种学习方式。

（1）提倡探究学习方式。学生应该有机会经历数学知识的发现、发生、发展的过程。为此，高中数学课程标准设置了“数学建模”“数学探究”的学习活动。这些活动为学生形成积极主动的学习方式创造了有利的条件，有利于发展学生的创新意识。

（2）改进传统学习方式。学生在数学课上主要是学习间接的数学知识，因此，传统的听课理解、模仿记忆、练习作业等仍然是主要的学习方式。对传统的学习方式需要适当改造，让它渗透研究性学习的因素。在许可的情况下，要指导学生通过调查研究，发现数学的某些规律。

（3）减轻负担，保障活动的开展。学生的探究活动需要得到教师的支持。自主探索、动手实践、合作交流、阅读自学等学习数学的方式，需要充分的时间保证。当前试验区的学校普遍反映高中数学新课程教学内容多，教学时数少。每个学期要学完两大本书，相当于过去一年的内容；而每周数学课时却由 5 节减为 4 节。即使是水平高、经验丰富的教师，也觉得教学时间不足，这就不能给学生进行数学探究活动提供时间保证。建议从总体上削减课程的容量，适当增加数学课的学时数，放慢教学进度，给研究性学习提供良好的外部环境。

4. 对学生的数学能力的要求应该简明清晰

自 20 世纪 60 年代初以来，我国逐步形成了以发展计算能力、逻辑思维能力、空间想象能力三大能力为代表的数学教学传统。

（1）丰富思维能力的内涵。我国把发展三大能力作为数学教学的主要目标，三大能力的含义也随着时间的推移不断明确，不断丰富。《普通高中数学课程标准（2003 年版）》指出，人们在学习数学和运用数学解决问题时，不断地经历直观感知、观察发现、归纳类比、空间想象、抽象概括、符号表示、运算求解、数据处理、演绎证明、反思、建构等思维过程。这些提法虽好，但是繁多难记。笔者认为，三大能力的提法，简明清晰，有丰富的传统底蕴，又有与时俱进的新内涵，应该作为我国数学教学的宝贵理念予以坚持。

（2）以问题为培养的途径。学习数学知识是培养思维能力的载体，解决数学问题是发展思维能力的途径。教师在数学教学中，要善于设计适当的问题情境，通过问题解决过程，培养学生的思维能力，发展分析和解决数学问题的能力，提高数学表达和交流的能力。在教学中也要培养学生的阅读理解能力，从而逐步形成独立获取数学知识的能力。以上各种数学能力的培养，都是以培养思维能力为基础的。

5. 化解数学应用意识的制约因素

重视实用性本是我国古代数学教学的优秀传统。西方数学传入中国后，我国数学教育界逐渐偏重数学的思维训练价值，而忽视了数学的应用价值，这就把我国数学的优秀传统冷落了。

（1）发展应用意识的途径。我们认为，发展数学应用意识的途径主要有五条：①鼓励学生运用所学的数学知识解决数学自身的问题；②引导学生解决日常生活中与数学相关的问题；③启发学生思考其他学科与数学相关的问题；④鼓励学生用数学的眼光审视周围的世界，学会用数学思维进行思考；⑤让学生从传媒上的大量信息中找出明显的或隐含的数学问题。例如，从天气的变化、环境的保护、生活的改善到经济的增长等，都可以找到与数学相关的题材。

（2）发展应用意识的方法。《普通高中数学课程标准（2003 年版）》把培养学生的数学应用意识作为数学教育的主要目标，因而应该贯彻于数学教学的全过程之中。《普通高中数学课程标准（2003 年版）》规定在高中数学普遍开展“数学建模”“实习作业”等活动，要切实予以实施。一些教师怕时间不够，用自己的讲解代替学生的实践和建模活动。这就剥夺了学生的实践机会，不利于数学应用意识的健康发展。

（3）制约应用意识的因素。在教学中要适当探索数学知识发生发展的过程，帮助学生体验数学在解决实际问题中的作用，加强数学与日常生活及其他学科的联系。在高考和其他考试与测验中，把数学应用能力作为考核的重要目标，从而促进师生对数学应用的重视。

6. 确保双基得到落实

“双基”，通常是指基础知识的教学、基本技能和能力的培养。在新中国多年的数学教学中，逐步形成了重视“双基”的传统，高中数学课程应发扬这种传统。随着时代的发展，需要重新审视基础知识、基本技能和能力的内涵，形成符合时代要求的新“双基”。

（1）保留原有高中数学的主干内容。当前高中数学课程中的“基础”，既应该适应当代科学与数学的发展水平，也需要考虑师生的接受能力。原有高中数学课程所具有的、进一步学习所必需的、有利于学生形成正确数学观的数学知识和方法，仍然是高中新课程的基础。例如，函数与方程、立体几何、平面解析几何的主干内容等，仍然是高中数学的基础知识；化归法、坐标法、数学归纳法等，仍然是高中数学的基本方法。

（2）反映数学的发展。高中数学应当反映科学技术的进步，应当吸纳有重要应用价值的数学知识与方法。例如，算法、数据处理、概率统计、向量、导数及其应用等，是近现代数学的重要知识，应当视为当代高中数学基础；用计算机或计算器解方程、求函数值、绘函数图像等，反映了运用现代信息技术的需要，应当视为当代高中数学的基本技能。

（3）有增有减，合理负担。当前遇到的问题是如何保证双基的落实。在考虑增加内容的同时，要删减与进一步学习关系不大的内容，如解三角方程的技巧和讨论，求函数的定义域和值域的复杂计算，求数列中各相关量的基本关系的烦琐计算等。

7. 消除信息技术与数学课程整合的障碍

现代信息技术的运用，对数学课程、数学教学和数学学习产生深刻的影响。我国教育信息化进程的加速，为信息技术在数学教学中的运用创造了更有利的条件。

（1）选好整合的内容。首先要确定高中数学哪些内容适宜与信息技术整合，即要选好整合点。例如，为了加深学生对数学的理解，有时需要借助直观感知。平面几何图形的显示，立体几何图形的观察，复杂计算过程的展现，函数图像的动态变化，几何证明的解释，都需要以直观为基础。因此，有关函数性态的研究，平面图形与空间图形的研究，都可以考虑与信息技术整合。教师要根据不同的内容，选择适当的技术，进行课件设计。

算法是计算机科学的理论核心。赋值语句、条件语句、循环语句等计算机语言，实际上是数学语言的“机器化”，算法应该成为信息技术与数学课程整合的典型题材。其他专题，只要运用技术有助于促进学生认识数学的本质，都应该考虑与技术整合。

（2）掌握整合的技术。首先教师要学习运用信息技术，在条件许可的情况下，还要让学生有动手操作的机会。例如，分析数据特征，探究图形的规律，做出近似与估算等，都可以通过上机操作实现。利用适当的软件，有利于开展建模与探究，有利于实现数学的应用，有利于促进学生掌握技术，有利于提高运用技术的能力。

（3）研究整合的方法。在运用信息技术进行教学的过程中，教师要留有足够的时间，引导学生细心观察，积极思考。只顾展示课件，匆忙追赶进度；偏重视觉华美，技术流于形式；忽视分析启发，无暇顾及学生；这些都是“注入式教学”在信息技术条件下的变种。

8. 突破评价的难点，走出评价的误区

评价问题涉及教师的利益，也关系到学生的前途。在广东高中数学新课程培训中，教师所提的问题，70%与评价问题相关。可见它受到教师的密切关注。

（1）构建评价的标准体系。数学教育评价的内容是广泛的，对于数学课程、教学管理、教研活动、教学设计、教学过程，都需要进行全面合理的评价，因而建立科学的评价体系十分有必要。关于评价，国际上有许多好的经验。例如，美国数学教师协会已经规定了数学教师的职业标准、数学学习评价标准、数学教学评价标准等。我国教育部门和各学校也积累了不少数学教学评价的经验，而全国性多元化的数学教学评价目标体系尚待建立。

（2）突破评价的难点。教师们在数学教学评价中，遇到不少棘手的问题。例如，我国学生人数多、教学班规模较大，如何追踪学生的学习过程？如何了解学生在学习中感情、态度、价值观的变化？为了解决这个问题，教师需要深入置身于学生的活动中，积极开展师生间的数学交流，也创造条件让学生相互交流与研讨，从中了解每个人的数学学习状况，这是进行公正评价的基础。

高考是教育评价的重要方面，为了合理利用高考对数学教与学的指挥棒作用，高考命题必须服从《普通高中数学课程标准（2003 年版）》的精神，反映其理念，与其相辅相成，共同发展。

（3）走出评价的误区。当前的情况是：人们对总结性评价比对过程性评价更加关注，对学生知识水平的关注多于对数学能力的关注，对数学能力的关注多于对感情、态度、价值观的关注，对高考的关注多于对学生正常学习的关注，对学生存在问题的关注又多于对他们的成长和进步的关注。因此，及时发现和纠正数学教育评价的误区，也是实施新课程的重要环节。

落实《普通高中数学课程标准（2003 年版）》的理念，需要全体数学教师的共同努力。课程研制人员、教学研究人员，应该给予教师更大的支持，为落实《普通高中数学课程标准（2003 年版）》的理念，创造良好的环境。

1.5 国内外数学课程发展规律与趋向

我们在对各有关国家分析比较的基础上，整理出数学课程发展规律与趋向，作为我国数学课程研究的参考。

1.5.1 国内外中小学数学课程的发展趋向

各国国情不一，数学课程发展大不一样。有的由国家教育部门统一管理，有的由地方教育部门自行领导。前者有利于统一课程发展步调，便于各地的教学交流；后者有利于发挥地方的积极性，适应本地课程教学的实际情况。

1. 两种教育管理模式的并存交错

总的说来，各国数学课程管理合多于分，联合趋势明显。中国、日本、俄罗斯、芬兰、法国、新加坡、韩国等国，中小学数学课程一直由国家教育部门统一管理。国家统管体现了课程要求一致，方便各地教学交流，有利于人才流动，方便对学生的考核与选拔。下面介绍部分国家的数学教育管理模式：

（1）英国、澳大利亚等国的数学课程原来是分州（郡）管理。为了减少教学随意性，缩小地方差异，节约教育资源，排除交流障碍，英国从 1989 年起，澳大利亚从 2013 年起，分别实行国家统一的数学课程。

（2）美国数学教师协会（NCTM）制定全美学校课程标准。该标准对我国研制新课标产生过积极影响。然而，美国各州教育政策以及课程结构大有差异。虽然各州执行“不让一个儿童在数学上掉队”的政策，实际上各行其是。各校根据标准对高中生进行测试，考查学生数学达标状况。该数学标准设计思想先进，但实际执行遇到困难。这是美国课程的特点和缺点。笔者认为，美国课程标准对各国打开课改思路有良好的参考价值。

（3）中国课程由国家教育部管理。我国教育由教育部统一管理，与一些国家分州管理教育相比，各有优势与不足。像中国这样的大国，地域、学情大不一样，应该允许各地方教育有其灵活性。课程应反映地方特色，反映各地方不同的发展水平。我国中小学课程整体上由教育部统一管理，而在小范围内进行实验，从来没有停止过。例如，我国义务教育数学课程标准和高中数学课程标准，分别由两个研制组负责，在全国范围内实施。为适应经济文化发达地区的数学教学，教育部委托上海市研制《上海市普通中小学数学课程方案》和十二年一贯制的

《上海市中小学课程标准（施行稿）》，相应的数学实验教材已经出版发行。上海实验方案引起全国数学教育同行的密切关注。上海自订课程计划，学校自订教学方案，有利于小范围的统一管理，上海实验正在顺利进行，并为全国课程改革积累经验。可见，中国数学课程是大范围统一与小范围实验相结合。

综上所述，各国数学课程在“合”与“分”这一对矛盾与互动中发展前进。分中有合，合中有分，分合互补，课程得以发展，师生能力得以提高。就国家而言，比较强调统一管理；对学生而言，则比较强调独立性、自主性与创造性。

各国数学课程，有分州管理，如德国；有全国统一管理如英国、新西兰、爱尔兰；有的分合并存，如加拿大，我国是大范围统一与小范围实验相结合；有的正处于由分到合的过程中，如美国。总之，分与合结合，由分到合，由合到分，分与合互动，展示了课程发展的多样式。

规律1：数学课程发展处于分合分互动的矛盾统一的过程。

2. 数学课程理念逐步更新

在数学课程改革中，美国提出一系列观点和措施，引起各国数学教育工作者的密切关注。我们曾对20世纪90年代以来美国数学课程及其指导思想的发展做出概括性评介。2009年，美国各州教育专家和数学课程专家共同制定了《州共同核心数学标准》（CCSSM），该标准提出了数学课程的一系列新理念与新概念，引起各国同行的广泛关注。

我国义务教育课标与高中数学课标也分别提出一套理念。与原数学教学大纲相比，新课标的理念具有鲜明的时代特色与浓厚的民族特色，反映了新中国成立以来我国数学课程改革的优秀成果。

3. 美国确定了数学课程的目标、内容与重点

为了建设面向21世纪的、先进的数学课程，使美国数学教育站在世界前列，美国数学教师协会（以下称NCTM）于20世纪80—90年代推出了有关数学课程的三个重要文件——1989年的《学校数学课程及评估标准》、1991年的《数学教学专业标准》、1995年的《学校数学教育的评估标准》，试图为数学教育改革指明方向。

《学校数学课程及评估标准》提出了美国数学课程的五个目标：①了解数学的价值；②学生对自己的数学能力要有信心；③把学生培养成为数学问题的解决者；④指导学生学会数学交流；⑤指导学生学会数学推理。《学校数学课程及评估标准》对过去学校数学只为少数人学习提出了挑战，该标准指出，所有学生都应从学校的数学课程中获得数学能力，也就是探索、猜想、逻辑推理等能力，从而形成有效地利用各种数学方法去解决非常规问题的能力。为了适应科学技术的发展，学校数学课程的内容必须拓宽与更新。《学校数学课程及评估标准》指出了学校数学课程内容和重点的变化，并明确地提出未来的数学课程，哪些课题应该强调，哪些课题应该削弱。上述目标理念对我国数学课程建设产生过积极的影响。

上述美国教师协会提出的课程理念，对我国义务教育课程标准的制定有不少积极的启示。在此基础上，我国高中课程标准进一步强调了我国自身的数学课程与教学理念。

1.5.2 各国分别提出对数学课程的思考

随着科学技术与文化的发展，各国数学课程分别反映了数学的进步，以及人们对培养下一代的新认识。

1. 我国两个课程标准对数学课程的思考

（1）2013 年我国《义务教育数学课程标准》提出课程的基本理念是：

①数学课程应致力于实现义务教育阶段的培养目标。

②课程内容要反映社会的需要、数学的特点，要符合学生的认识规律。

③数学活动是师生积极参与、交往互动、共同发展的过程。

④学习评价的主要目的是全面了解学生学习的过程与结果，激励学生学习，改进教师教学。

⑤信息技术的发展对数学教育的价值、目标、内容以及教学方式产生了很大的影响。

（2）2003 年我国高中数学课程标准提出的理念后五条是：

①与时俱进地认识“双基”，即基础知识教学、基本技能训练和能力培养。

②强调本质，注重适度形式化，强调对数学本质的认识。

③体现数学的文化价值，适当反映数学的历史、应用和发展趋势。

④注重信息技术与数学课程的整合，提倡利用技术，呈现以往教学中难以呈现的课程内容。

⑤建立科学合理的评价体系，包括评价理念、评价内容、评价形式与体制。

“双基”是我国教学改革的优秀成果，把“双基”改为“四基”，即“基础知识、基本技能、基本思想、基本活动经验”是我国对传统数学教学经验的创新。其他各国数学课程也分别提出了对数学课程的新思考。

规律 2：理念先行，带动实践。

美国在课程理念的建设中，提出过许多新观点，给我国数学课程建设带来许多有益的启示。同样，我国新课标所提出的“四基”，也得到国际数学教育同行的接受与认可。

2. 2010 年美国《州共同核心数学标准》对数学课程的思考

美国《州共同核心数学标准》强调数学实践，并对“数学实践”赋予新含义，它包括数学联系实际的实践，以及解决数学自身问题的实践。同时，把数学建模列为数学课程的核心内容，把数学建模和数学课程的具体内容结合起来。凸显数学实践与数学建模的重要性，这是美国数学课程理念的新发展。

（1）学科水平显著提高。

《州共同核心数学标准》重视学科内容的组织，注重构建科学的标准体系。对学生的推理论证、操作实践、数学建模等能力全面加强。《州共同核心数学标准》绝不是对过去标准冠以新名，新标准注意充实数学内容，务求提高科学水平，奉献给后人，服务未来。以几何为例，新标准对学生的识图、作图、推理、论证能力的要求显著提升。

（2）加固薄弱环节，夯实基础知识。

新标准与原有标准相互衔接，它们能够通过时间考验，形成专题和实施的序列。序列训练内容具有连续性、层次性。教师不仅要教好专题中的数学内容，还要指出蕴含在数学内容中的基本技能、思想与方法，并帮助学生领悟。

3. 英国《国家数学课程》对数学课程的思考

英国强调数学学习的流畅性，包括对数学概念与规律的理解与感悟，包括运用数学知识的熟练性、灵活性与综合性。国家课程在数学上的目标是，使所有学生都熟练掌握数学基础知识，通过丰富多彩的实践活动，熟练地处理复杂性日益加强的问题，使学生的理解力不断深化，能迅速回忆并应用学过的知识，提高解决问题的精确性。

数学地推理。通过对一连串问题的调查，获得对某些数学对象相互关系的猜想，形成初步的概括能力，得到相应的结论。发展推理、判断或证明能力，用数学语言正确地表述判断与推理过程。在数学课程发展中，过去片面强调课程的实用性，现在注意纠正片面的认识。

规律3：既重视实践与应用，更注意夯实数学基础，提高学生的理解力。

4. 澳大利亚《国家数学课程》对学校数学的思考

数学各部分之间，数学与其他学科之间，构成紧密关联的知识体系。学生运用数学技能，超越数学课本身。例如，在科学实验中，理解产生误差的根源，它对学习信心的影响；在地理学科中，借助数学模型解释数据，说明自然环境对人口增长的影响；在历史课上，学生可以设想时间与某些事件的和谐性；在英语课上，认识时间信息与空间信息是理解课文意义的关键。学校教育使学生从数学推理和应用中体会数学的威力，理解数学的创造性与有效性。

数学课程给学生提供经过细致安排，有一定深度的、关键性的数学概念与技能。通过数学学习的经历，学生变得奋发有为，充满自信，敢于质疑，积极参与，应对挑战，积累丰富的经验。数学提供美的感受，数学课程的基本目标是培养学生成为积极的、能理性思考的公民，能够解释社会现象，善用数学处理个人财务。在其他学科中，在实践中善于思考，进行预测，做出决策。

5. 俄罗斯《数学课程标准》提出数学的教学目标

学生应该掌握具体的数学知识，在实际生活中，在其余相关科目中，以及在进一步学习中，熟练运用所学过的数学基础知识。

智力水平得以健康发展，与学生年龄相当，也与其数学学习经验相称。通过数学学习，学生的数学思维能力得以健康发展，能满足日常社交需要，具有适当的逻辑推理能力。

掌握基础知识，特别是为后继数学内容所需要的基础知识，能运用基本的数学思想方法解决日常生活中与数学相关的问题，以及数学自身的问题。

认识数学是人类文化的重要组成部分，是各学科重要的基础与必不可少的科学素养。

1.5.3 各国数学课程内容的革新与发展

近20年来，各国注重更新数学课程的内容，使之适应科学技术的进步，符合学生的认知规律，与时代的发展同步。下面笔者以世界上几个主要国家数学课程内容的变化做说明。

1. 中国：帮助学生认识数学的本质

中国义务教育数学课程标准提出，要注意发展学生的数感、符号意识、空间观念、几何直观、数据分析观念、运算能力、推理能力和模型思想，要发展学生的应用意识与创新意识。比起过去只强调知识、技能、能力，新课标对学生的观念与能力要求有显著提高。立体几何与平面几何的界限已经被打破，空间图形与数据分析方法悄然进入了义务教育中小学数学课程中。

另一方面，为了让高中生有机会选学反映现代科学技术的基础知识，我国高中数学开设了4个选修系列，16个选修专题，对传统的高中数学内容做了大幅补充，扩展了师生的数学视野。如果真能实施上述16个选修专题，那么对于学生的后继学习或就业会有较大帮助。由于各种原因，选修3、4在具体实施中受阻。教育部门把选修3、4从16个专题削减为4个专题，即几何证明选讲，不等式选讲，坐标系与参数方程、矩阵与变换，从而及时减轻了考试负担，适应了高中师生的实际情况。

2. 英国：对数学推理的要求显著提高

过去强调从观察实验得到结论，现在强调包括演绎推理在内的多种推理方法。发展演绎推理，正确利用各种推理方法，如代数法、几何法；在合适的时候，选择和使用其他推理方法，如统计法、概率表示法、逻辑推理法、反证法等。必要时需要根据定义说理，用构造法推理、通过比例推理等。

（1）形成推理链，对数学关系进行推测，用数学语言表述所得结论，进行论理与证明。

（2）用代数以及图示法，识别并表述变量间的关系，利用函数观点进行说理。

（3）建立数与数的联系，用代数法表示与图示之间的联系，用数学知识进行分析。

（4）认识变量以及它们之间的关系，用各种方法表示函数；通过学习度量与几何，扩展比与比例知识，并用公式表示。

（5）做出某些模式与关系的猜想，验证与证明猜想，或举反例驳倒猜想。

（6）探索能否做出某个概率或统计的推断。表述、验证，或驳倒所得推断。

规律4：更新课程的知识体系，使之符合学生的认知规律。

3. 俄罗斯：在几何教学中渗透高等数学思想

俄罗斯数学教育有深厚的积淀和独立的见解，20世纪50—60年代曾经对我国大中小学数学课程改革产生过深刻的影响。当前俄罗斯数学课程改革有许多新举措，令世界数学同仁耳目一新。

（1）学制的改变：由十年一贯制转变为十一年制。

（2）结构的改变：合科教学与分科教学并存。

（3）数学视野的转变：高级数学思想赫然进入高中数学。

规律5：数学课程与现代科学技术同步发展，在课程中适当渗透近现代数学数学思想。

1.5.4　重视信息技术与课程的整合

1. 中国重视信息技术在数学课程中的应用

义务教育课程标准与高中数学课程标准都把信息技术与课程的整合放在重要位置。例如，高中数学课标指出，现代信息技术的广泛应用正在对数学课程内容、数学教学、数学学习等方面产生深刻影响。高中数学课程标准应提倡实现现代信息技术与课程内容的有机整合，如把算法融入数学课程的各个相关部分，整合的基本原则是有利于学生认识数学的本质。利用现代信息技术，揭示过去用传统方法难以呈现的内容。例如，空间图形的内部结构、动态图形的有关运动规律等，在保证常规描图、草图训练有充分时间的基础上，尽可能使用图形计算器和其他手持技术。

我国在数学教材的编制中，广泛使用现代技术功能。美国TI公司的手持技术、澳大利亚HP公司数学技术功能等，对我国教育技术与数学课程的整合产生了积极的推动作用。最近，澳大利亚HP公司的计算器通过了我国教育部教育装备研究与发展中心的技术鉴定，认为具有可行性与推广价值，美国TI公司与我国教育部门也有广泛的合作。

2. 学习发达国家先进的课程理念

例如，美国的《州共同核心数学标准》把数与量并列起来，及早向学生打开了认识现实世界的窗户。在数学课中提倡学生动手实践，进行测量，让学生及早认识近似数，渗透了近似计算思想，关注计算的精度，关注近似的界限等。

英国数学课程注重数学思维的流畅性，这与我国“熟能生巧”的教学理念是不谋而合的，英国课程鼓励螺旋上升的教学思想，逐步为后继数学学习做好铺垫。从初中到高中，潜移默化地渗透变化率、微积分的数学思想。

2　内地与港澳台中学数学课程的比较研究

我国内地、香港、澳门、台湾四地在政治制度与经济发展上，存在巨大差别。而在数学教育方面，四地共同点不少，联系也较广泛，本章将从不同角度对四地的数学教育、课程发展做一些比较。这里的内地高中数学必修课采用的是2003年内地颁布的《普通高中数学课程标准》。

2.1　内地与香港数学课程的比较研究

2.1.1　内地与香港高中数学必修课比较

香港课程发展议会与考试评核局于2006年制定了《新高中课程及评估指引》(简称《指引》)，提出高中数学课程内容及评价的意见，从2009年9月起实行"六三三"新学制。本章对香港高中数学新课程进行评述，并对内地《普通高中数学课程标准（实验)》与香港高中数学必修课做若干比较。

1. 香港与内地高中数学课程理念的比较

香港数学课程的理念简明而清晰，指出了数学课程对学生当前学习和终身发展的意义。

内地与香港课程都关注学生数学能力的发展，内地课程对数学思维能力提出了新见解，香港课程把数学能力与智力锻炼联系起来。

2. 高中数学课程目标的比较

两地课程涉及诸项数学能力，重视感情、态度、价值观，发展对数学学科的正面态度。

表2-1　香港与内地高中数学课程目标比较

香港高中数学课程目标	内地高中数学课程目标	两地课程目标的比较
发展学生的数学知识技能和概念	获得数学基础知识和基本技能，理解数学概念与结论的本质	两地课程目标接近，都包含知识、技能、能力、感情、态度等成分

（续上表）

<table>
<tr><th>香港高中数学课程目标</th><th>内地高中数学课程目标</th><th>两地课程目标的比较</th></tr>
<tr><td>为学生提供日后个人发展的数学工具，为进一步深造打下基础</td><td>提高空间想象、抽象概括、推理论证、运算求解和数据处理的能力</td><td rowspan="3">内地对数学能力的界定比较全面，扣紧数学自身特征。香港对于共通能力做了明确的解释，包括协作、沟通、创造、批判、运用信息、运算、解决问题、自我管理、研习九大成分。事实上这是学好数学所需的能力</td></tr>
<tr><td>培养数感、符号感、空间感、度量感、鉴别结构和规律的能力</td><td>提高数学的提出、分析和解决问题的能力，数学表达与数学交流能力</td></tr>
<tr><td>培养学生的交流能力、用数学解决问题的能力、推理及传意能力</td><td>发展学生的数学应用意识和创新意识</td></tr>
<tr><td>培养学生对数学学习的正面态度以及对数学的兴趣</td><td>提高学习数学的兴趣、信心，培养钻研精神和科学态度</td><td rowspan="2">内地对数学的价值观要求较明确，香港重视培养多种数学感，发挥学生的数学才华</td></tr>
<tr><td>培养学生运用数学的能力和信心，发挥数学才华</td><td>具有一定数学视野，逐步认识数学的科学、应用和文化价值</td></tr>
</table>

以上课程目标融合了中、美、英三国数学课程目标的正确成分，提法扼要明确，不乏新观点，例如发展度量感及鉴别结构和规律的能力等。

3. 香港中小学数学课程的基本框架

香港从 2009 年 9 月起实行“六三三”学制，有利于香港与内地在数学教育方面的交流联系。脉络分明，衔接紧密，这是香港新课程的一大特色。

（1）轮廓清晰，联系紧密。

内地高中数学课程由必修课的五个模块、选修课的四个系列构成。香港中小学数学课程则突出四条主线，从小一到高三贯穿到底。这四条主线就是数与代数、度量、图形与空间、数据处理。这样做有利于小学、初中与高中三个学段数学教学的衔接与连贯性。把度量作为基础教育数学的主要成分，有利于数学和现实生活的联系，这也是香港与内地数学课程的不同点。

表 2－2　香港中小学数学课程的基本框架

<table>
<tr><td rowspan="5">交流与表达能力</td><td>小一至小六
（小学）</td><td>数与代数</td><td>度量，图形与空间</td><td>数据处理</td><td>小一至小六
（小学）</td><td rowspan="5">价值观及态度</td></tr>
<tr><td>中一至中三
（初中）</td><td>数与代数</td><td>度量，图形与空间</td><td>数据处理</td><td>中一至中三
（初中）</td></tr>
<tr><td>选修单元 1</td><td colspan="3">必修部分</td><td>选修单元 2</td></tr>
<tr><td>中四至中六
（高中）</td><td>数与代数</td><td>度量，图形与空间</td><td>数据处理</td><td>中四至中六
（高中）</td></tr>
<tr><td>微积分与统计</td><td>数与代数</td><td>度量，图形与空间</td><td>数据处理</td><td>代数与微积分</td></tr>
</table>

（2）统一协调，便于实施。

内地数学课程标准由中学数学课程教材研究开发中心研制，省级以上统考则由省考试院负责，由地方教育部门执行。内地课标的制定和统考的实施都由教育部领导，如何使课程与考试部门相互协调尚有许多需要改进的地方。香港新课程是课程发展议会与考试评核局联合制定的法定文件，具有执行上的权威性与实施上的一致性。

4. 强调数学的关联性，注重知识综合运用

表 2－3　香港高中数学必修课教学目标

数与代数	度量，图形与空间	数据处理
通过高中数学学习，期望学生能够理解数系	应用归纳推理、演绎推理或解析方法来学习二维空间图形的性质	理解有关方差的度量
利用代数符号探究及描述数量间的规律	以适当的符号、术语及理由建立及写出与平面图形有关的几何证明	选择及使用集中趋势及方差的度量来比较数据
以代数符号概括及描述数列的规律，并应用有关结果解决问题	应用代数关系来探究与描述二维空间几何知识，并应用有关知识解答各种相关问题	研究及判断由数据所得出的推论的可信性
从数值符号及图示角度阐释较复杂的代数关系	应用三角函数探究、描述及表达二维和三维空间的几何知识，并应用有关知识解题	掌握计数的基本技能

（续上表）

数与代数	度量，图形与空间	数据处理
处理较复杂的代数式及关系式，应用有关知识与技能建立及解答各种实际应用问题，并证明所得结果的正确性	联系“度量，图形与空间”及其他范畴内的知识和技能	应用简单公式来建立及解答较深入的概率问题
应用“数与代数”范畴内的知识与技能来概括、描述和传递各学习范畴的数学意念及解答进一步问题	运用各种策略将其应用于建立和解答二维和三维空间的问题	综合统计与概率的知识以解决有关日常生活的问题

（1）突出数学的整体性。

强调数学的整体性，注意不同知识、不同方法的内在联系，是香港高中数学必修课的亮点。例如，用归纳推理、演绎推理或解析方法，用三角函数解决平面几何问题，从数值符号及图示角度阐释较复杂的代数关系，应用简单公式来建立及解答较深入的概率问题等，使学生能看到不同领域的数学知识和方法之间的内在联系，从而感悟数学的统一性和整体性。内地高中数学必修课强调模块教学，对数学的整体性注意不多。香港课程给了我们有益的启示。

（2）注重数学的应用。

香港高中必修课的教学目标把综合运用能力作为重点，例如，应用“数与代数”范畴内的知识与技能来概括、描述和传递各学习范畴的数学意念及解答进一步问题；运用综合统计与概率的知识以解决有关日常生活的问题等。我国内地高中数学必修课也重视应用，但是对日常生活的数学问题需要做更广、更深入的探索。

5. 香港与内地高中数学必修内容比较

内地高中数学课程对传统内容做了不少精简，试图把时间腾出来，用于引入与近代、现代数学思想方法相关的新专题。例如开设选修系列 3，或者介绍某些与数学应用相关的专题，例如开设选修系列 4。香港新课程对待新专题较稳重，以继承传统、加强基础为特色。

表 2－4　香港与内地高中数学必修内容比较

范畴	香港比内地多学或不同处理的内容	香港加强的内容	香港少学或不同处理的内容
数与代数	分式方程，指数方程，对数方程，简单的三角方程如 $a\sin\theta=b$，$a\cos\theta=b$，$a\tan\theta=b$，其解限于 $0°\sim360°$，以及其他可以化为一元二次方程的方程	二次方程根与系数的关系，由已知根建立方程	内地把集合及其基本运算作为研究函数的基础
	多项式的因式分解、多项式除法（包括长除法）、余式定理、因式定理、最高公因式、最低公倍式等概念与应用	正变、反变和联变及其在现实生活中的应用	逻辑框图、基本算法语句、算法案例
	等差数列性质，包括 $T_n=\frac{1}{2}(T_{n-1}+T_{n+1})$；等比数列性质，包括 $T_n^2=T_{n-1}\times T_{n+1}$，无穷递缩等比数列求和公式	若 T_1，T_2，T_3，…为等差数列，则 kT_1，kT_2，kT_3，…也为等差数列；等比数列有类似性质（当 $k\neq0$ 时）	函数模型及其应用。定理：如果连续函数在闭区间两端异号，则该函数在该区间内存在零点
度量几何与空间	有关圆与弧的一系列有关性质，包括等弧（弦）对等弦（弧）；圆、弧、圆心角、弦心距、圆心角的有关性质；圆周角的性质；四点共圆的判别法及圆的内接四边形的性质；圆的切线的定义、切线的判别定理与性质定理；弦切角及其性质；使用圆的性质做简单的几何证明	内地初中没有学这些内容，相关的部分内容安排在高中选修系列 4－1	空间几何体的三视图与直观图；空间几何体的表面积和体积；空间直角坐标系
	理解轨迹的概念；描述及描绘满足某些已知条件的点的轨迹。用代数方程描述点的轨迹。六类重要的基本轨迹问题，如：与定点的距离等于定长的点的轨迹，与一直线保持固定距离的点的轨迹等	内地课标没有系统研究轨迹概念；圆锥曲线方程作为选修课学习	点、直线、平面之间的位置关系，如线线平行、线面平行、面面平行、两直线互垂、异面直线等
数据处理、概率统计	排列与组合，包括加法原理与乘法原理、排列与组合的定义、符号与计数公式；介绍了各种不同的记号，把集合及其运算作为学习概率的基础	排列组合的不同记法符号；认识与使用 P_r^n，P_r，^nP_r；C_r^n，$_nC_r$，^nC_r，$\binom{n}{r}$	会用样本的频率分布估计总体的分布；能通过对数据的分析为合理决策提供一些依据，并用茎叶图处理数据
	对概率统计的处理是先概率，后统计		先统计，后概率

（续上表）

范畴	香港比内地多学或不同处理的内容	香港加强的内容	香港少学或不同处理的内容
数据处理、概率统计	理解概率加法定律和互斥事件、互补事件概念，理解概率乘法定律及独立事件概念。 $P(A\cap B)=P(A)\times P(B)$。 A，B 为互相独立事件； 认识条件概率的概念和记法。 $P(A\cap B)=P(A)\times P(B/A)$； 使用排列与组合解决有关概率问题	内地的必修课只要求用列举法计算一些随机事件所含基本事件数及发生的概率	内地必修课学习用模拟方法估计概率，初步体会几何概型的意义。进一步了解概率的意义，以及概率与频率的区别
	探索下列情况对一组数据方差的影响：在数据中加入一项数据；在数据中剔除一项数据；在数据的每一项中加入一个共同的常数；在数据的每一项中乘上一个共同的常数		会用随机抽样的基本方法和用样本估计总体的思想解决一些简单的实际问题
	讨论及认识各种日常活动中及调查中，统计方法的应用和误用	评估从新闻媒介不同来源所得的统计调查报告	用不同方法描述两个变量线性相关；知道最小二乘法思想
数学进一步应用	解较复杂的现实生活和数学应用题，并在解题过程中寻找能提供接替线索的资料。探究不同策略或综合不同数学环节的知识。例如，财务上的简单应用题；交税、分期付款；分析和阐释由调查所得到的数据；探究及阐释与现实生活情境有关的图像；研究三次数学危机的成因及其影响	探究托勒密定理及其应用；探究塞瓦定理以及用该定理证明有关的几何题；分析数学游戏（例如注水问题的通解）	通过对一些典型案例的处理，经历较为系统的数据处理的过程；能根据给出的线性回归方程系数公式建立线性回归方程

（1）必修课的灵活性。

内地高中数学必修课分为五个模块，每个模块占 36 个课时，共占 180 个课时；而香港高中必修课安排了 270～338 个课时，可见香港高中数学必修课的时间比较充分。必修课又分为基础课题和非基础课题，学生可根据实际需要，选择如下三种修读方案之一：只修读必修课中的基础课题；修读必修课中的基础课题和一些非基础课题；修读必修课中的所有课题。由此可见，香港高中数学必修课在课时安排上与学习内容的选择上，都具有灵活性。

对于必修课中的非基础课题，香港大纲做了明确规定。例如，在概率部分，有关排列组合计算、互斥事件、互补事件概念及其概率计算等被列为非基础课题。

（2）必修课的和谐性。

香港高中数学课程在内容的组织上，注意由浅入深、由易到难，重视学段间的衔接。例如，从学生所熟悉的一元二次方程的复习开始，对根的判别式做研究，从而引入复数概念，进一步引导学生欣赏数系的发展。从方程的根的几何意义入手，进一步研究一元二次函数的图像特点和性质，并探讨二次函数的极大值和极小值。通过对一系列具体的初等函数的研究，使学生逐步体会函数的单调性、奇偶性和周期性。

香港高中数学课程的和谐性还体现为对课题的难易和复杂性做了适当控制，从而使学生的课业负担不致太重。在对课题的阐述中，使用了某些限定性的语句。例如规定“只读基础课题的学生，不需以 $a \pm bi$ 的形式表示一元二次方程非实数根”，又如“在进行有理函数的加减乘除运算时，不包括多于两个变数的有理函数的运算”等。

（3）必修课的递进性。

香港高中数学课程适度重视数学的应用，注意引导学生使用数学知识和方法解决现实生活的问题，但是没有要求把数学应用上升到数学建模的高度。香港高中数学课程已经吸收了内地课程的某些积极的成分，也采取了一些措施，避免在实施中可能遇到的某些矛盾。

2.1.2 内地与香港高中数学选修课比较研究

本小节对内地与香港高中数学选修课做出若干比较，并在此基础上谈若干启示。

1. 内地与香港高中数学课程选修课的比较

内地与香港高中数学课程都开设选修课，作为必修课程的延续，满足学生对数学学习的不同需要。内地高中数学课程分为四个系列，香港高中数学课程只限定分为两个选修单元。香港高中数学的两个选修单元与内地高中数学的前两个选修系列既有某些相近，也有较大差异。本节将从设置目的、内容架构以及某些共同关心的问题进行比较。

（1）开设选修课的目的。

内地让学生根据未来专业发展方向选择。系列 1 是为希望在人文、社会科学等方面发展的学生的数学需要而设；系列 2 是为志在理工科、经济方面发展的学生的数学需要而设。

香港让学生根据自身对数学的掌握程度以及他们对数学应用的需要而选读。选修部分是为日后进修及工作中需要更多数学知识和技能的学生而设，也为对数学有兴趣和具有足够程度的学生而设，旨在拓展学生的数学视野。在选修课中，需要处理比必修课更复杂的数学问题。

（2）香港开设两个选修单元课的目的。

两个选修单元开设的目的有所不同，单元 1 强调培养学生开阔的数学视野，单元 2 强调让学生打下扎实的数学基础，加深对数学的理解。

表 2-5 两个选修单元课的开设目的

单元 1：微积分与统计	单元 2：代数与微积分
是为那些将来在学科或职业上对数学有更多认知要求，并希望在高中阶段多学习一些数学应用知识的学生而设	是为那些将来选修或从事与数学有关领域，并希望在高中阶段学习更高深的数学知识的学生而设
提供必修部分以外的技能与概念	提供必修部分以外的技能与概念
强调数学的应用性多于严谨性，从而开阔学生的数学视野	强调对数学的理解，以便学生将来学习涉及较多数学知识的学科
提供微积分与统计的直观概念、基本技能及有效工具，为学生将来就业和深造做准备	帮助学生建立稳固的代数与微积分的基础，为将来就业和深造做准备

2. 内地与香港高中选修课概率统计内容比较

内地与香港都重视概率与统计的教学。两地在必修课中已经有不少概率与统计的内容，两地的必修课都重视从对试验数据的统计中引入概率概念。

（1）两地高中必修课概率统计内容的简要比较。

内地从随机事件发生的不确定性和频率的稳定性引入概率概念，重视用实验枚举的方法解决古典概型问题，能用模拟方法估计概率，并要求学生初步体会几何概型的意义。

香港先讲加法原理与乘法原理，注重用排列组合的方法计算概率问题。要求学生认识互斥事件、互补事件、相互独立事件、条件概率等概念，以及与上述概念相关的记法和有关的概率计算公式，如条件概率的计算公式。由此可见，香港高中数学必修课已经包含内地高中选修系列 2 的部分内容。

（2）两地选修课概率统计内容的比较。

表 2-6 两地选修课概率统计的相近内容

内地选修系列 1-2（社科类）	香港选修单元 2（基础类）
没有概率内容。要求学习四类常见的统计案例：①独立性检验；②统计推断与假设检验；③聚类分析；④回归分析	没有概率与统计的内容，但是学生在必修课中已经学习了较多的概率与统计的知识
内地选修系列 2-3（理工类）	香港选修单元 1（应用类）
在对具体问题的分析中，理解取有限值的离散型随机变量及其分布列的概念，认识分布列对于刻画随机现象的重要性	透过二项式定理学习概率与统计。理解概率、随机变量、离散型随机变量。能以列表、图像及相关数学公式解决问题

（续上表）

内地选修系列2－3（理工类）	香港选修单元1（应用类）
通过实例，理解超几何分布及其导出过程，并能进行简单的应用。四类常见的统计案例，例如选修系列1～2所列	理解连续型随机变量及其概率分布的概念，理解概率分布，数学期望E（X）及方差Var（X）的概念、记号及有关表示公式
在具体情境中，了解条件概率和两个事件相互独立的概念，理解n次独立重复试验的模型及二项分布，并能解决一些相关的实际问题	认识二项分布的概念和性质，二项分布的均值与方差，能根据公式计算二项分布的概率。认识泊松分布的意义和性质，能用公式计算泊松分布的概率
通过实例，理解取有限值的离散型随机变量均值与方差的概念，能计算简单离散型随机变量的均值与方差，并能解决一些实际问题	理解超几何分布及正态分布的意义，利用它们描述和分析某些随机现象，并利用有关公式解决简单的实际问题
通过实际问题，借助直观（如实际问题的直方图），认识正态分布曲线的特点及曲线所表示的意义	发展对不确定现象的数学思维能力，并能应用相关知识及技巧解决有关问题，以概率思想进行思考，从而做出推论

（3）两地选修课概率统计内容的差异。

两地选修课概率部分有些内容接近，也有些存在着相当大的差异。香港高中选修单元2列入了泊松分布的概念、性质与计算公式，而内地选修系列1－2（社科类）、选修系列2－3（理工类）都没有列入泊松分布。

在统计方面，两地选修课程也存在较大差异。其中内地两个选修系列都列入了四种典型的统计案例，即：①独立性检验；②统计推断与假设检验；③聚类分析；④回归分析。这些内容在香港选修单元1没有列入。值得注意的是，这些内容在内地也尚未真正执行。

然而，香港选修单元1有关概率统计的一些重要内容，内地高中的选修课并未提及，如样本分布与点估计、估计量、无偏估计量、中心极限定理、样本分布、置信区间、置信区间的确定、临界值、置信水平等。例如，在区间估计方面，香港选修单元包括认识点估计的意义，引入“估计量”的术语，确定总体平均数的置信区间：已知方差的正态总体，其置信区间为$\left(\bar{x}-z_{\frac{\alpha}{2}}\frac{\sigma}{\sqrt{n}},\ \bar{x}+z_{\frac{\alpha}{2}}\frac{\sigma}{\sqrt{n}}\right)$；不知方差的正态总体，其置信区间为$\left(\bar{x}-Z_{\frac{\alpha}{2}}\frac{S}{\sqrt{n}},\ \bar{x}+Z_{\frac{\alpha}{2}}\frac{S}{\sqrt{n}}\right)$。总之，香港高中数学选修系列对概率统计的安排，内容集中，涉及面广，展开较为深入。

3. 内地与香港高中选修课微积分内容比较

微积分是两地高中数学选修的核心内容，在内地的两个选修专题、香港的两个选修单元中，都同时被列入了，然而在内容安排上却存在差异。这里仅就两地对微积分要求较高的内容，即内地的选修系列2－2（理工类）和香港选修单元2（基础类）进行比较。

表2－7 高中选修课微积分内容比较

内容	内地选修系列2－2（理工类）	香港选修单元2（基础类）	比较说明
根式	通过大量的实例，由平均变化率过渡到瞬时变化率的过程，了解导数概念的实际背景。使用极限的符号引入导数，避免极限概念的形式化论述 $f'(x_0)=\lim\limits_{\Delta x\to 0}\frac{(x_0+\Delta x)-(x_0)}{\Delta x}$	理解函数极限，求函数的极限，由图像区分连续函数及不连续函数，认识数e及自然对数，分别用下面方法引入 $e=\lim\limits_{n\to\infty}\left(1+\frac{1}{n}\right)^n$，$e=1+x+\frac{x^2}{2!}+\frac{x^3}{3!}+\cdots$，引入绝对值函数、符号函数、取整函数等	内地实例多，淡化概念。香港基本保留由极限引入导数的方式
数学归纳法	能根据导数定义求常函数 $y=c$，最简单的幂函数（幂指数为 -1、1、2、3、0.5）的导数，能利用给出的基本初等函数的导数公式与导数的四则运算法则，求形如 $f(ax+b)$ 复合函数的导数	理解极限为微分学的基础； 理解导数的概念和特性； 能求简单函数的导数； 以及隐函数的求导法求导数； 求显函数的二阶导数； 幂函数 $y=x^{\alpha}$，α 为有理数，复合函数求导法，链式法则。引入对数函数求导法	内地的幂函数、复合函数求导，比香港要求简单，香港比内地多学函数的二阶导数
矩阵及线性方程组	借助几何直观探索并了解函数的单调性与导数的关系；能利用导数研究函数的单调性，会用导数求不超过三次的函数多项式函数的最大值、最小值。 通过使利润最大、用料最省、效率最高等优化问题，体会导数在实际问题中的作用。 导数应用，包括定积分在内，共24个课时	利用导数的几何意义，求曲线的切线方程和法线方程。以解析法求函数的极大值和极小值，需引入某区间和局部的极大值和极小值。 描绘多项式函数及有理函数的曲线，包括描绘曲线的渐近线及拐点，推算出渐近线方程。 解有关变化率、极大值和极小值的应用题。极限、导数、导函数共计34个课时	内地着重从实例引入概念，重视实际应用；香港课时多，内容丰富，导数应用重点在函数性态及几何方面

（续上表）

内容	内地选修系列2－2（理工类）	香港选修单元2（基础类）	比较说明
积分法	通过实例（如曲边梯形面积、变力所做的功等）从实际情境中，了解定积分的实际背景，借助几何直观，体会定积分的基本思想。通过实例直观了解微积分基本定理的含义	把不定积分看成求导的逆运算；理解不定积分的性质利用代数函数、三角函数、指数函数的求导公式求不定积分。使用换元积分法和分步积分法求不定积分。理解定积分的意义性质和微积分基本定理。 理解奇函数、偶函数和周期函数定积分的性质。 理解不定积分在现实生活或数学方面的应用，引入不定积分在几何，物理方面的应用。利用定积分求平面图形的面积、旋转体的体积	内地方面仅要求认识微积分基本定理的意义和实际背景；香港方面对不定积分，定积分的意义、性质及有关应用做了较全面的研究

4. 内地与香港高中选修课代数内容比较

传统的高中数学代数内容包括数系扩充、解方程、排列组合、二项式定理、矩阵变换与行列式变换及相关计算等。内地与香港两地高中代数选修内容的分布呈现交错状态，如表2－8所示：

表2－8　高中选修课代数内容比较

内容	内地选修系列2－1、2、3（理工类）	香港选修单元2（微积分与代数）	比较说明
根式数系扩充	初中引入实数，高中选修2－2引入复数（4个学时）	使用有理化技巧把形如$\frac{k}{\sqrt{a}+\sqrt{b}}$的代数式分母有理化，联系求导法的技巧时引入	内地淡化根式的代数变形
常用逻辑用语	了解命题、逆命题、否命题、逆否命题；理解充分条件、必要条件、充分必要条件；认识简单的逻辑连接词、全称量词与存在量词（8个学时）	香港只是在阐述一个齐次三元线性方程组有非平凡解，当且仅当它的系数矩阵为降秩矩阵。同时也在此时介绍充分必要条件	内地要求对于逻辑用语有较全面的认识
数学推理	较全面地学习合情推理与演绎推理；直接证明与间接证明；数学归纳法，包括用数学归纳法证明一些较简单的数学问题（8个学时）	引入数学归纳法的基本原理，需证明包括有限数列及代数式整除性的问题；不需证明与不等式有关的命题	内地学习数学证明概念与方法比香港全面

（续上表）

内容	内地选修系列2－1、2、3（理工类）	香港选修单元2（微积分与代数）	比较说明
计数原理	加法原理与乘法原理，排列与组合的定义，计算公式，二项式定理及其证明，会用二项式定理解决与二项展开式有关的计算问题（14个学时）	加法原理、乘法原理、排列与组合定义及其计算公式作为必修课学习。 高中选修单元2学习二项式定理，限定指数为正整数，研究二项式系数性质以及最大项	内地与香港要求基本相同，安排上有差异
空间向量与立体几何	了解空间向量概念、基本定理及其意义；掌握空间向量的正交分解及其坐标表示；空间向量线性运算及其坐标表示；空间向量数量积及其坐标表示；判断空间向量的共线与垂直；利用空间向量解决有关的几何问题	理解纯量与向量概念；引入模、零向量、单位向量；理解向量运算及其性质，引入向量的加减法、向量与纯量乘法；理解向量在直角坐标系统中的坐标表示，理解向量的向量积概念，理解向量在研究线段的分割平行性和正交性方面的应用	内地重视把向量应用于解决几何问题，香港较全面地研究了向量及其运算性质
行列式矩阵与线性方程组	内地把矩阵与变换安排在选修系列4作为任意选修课学习，而只对具体的二阶行列式与二阶矩阵加以讨论。通过平面图形的变换讨论二阶方阵的乘法及性质、逆矩阵及矩阵的特征向量等。 由于多数省区尚未列把矩阵与变换列入高考，实际上多数学校尚未实施此项内容	认识二阶、三阶行列式的运算及其性质；理解矩阵的概念、性质及运算，引入矩阵加法、纯量乘法和矩阵乘法；理解二阶及三阶方阵的逆矩阵的概念、运算及性质，线性方程组。以克莱姆法则、逆矩阵及高斯消去法解二元和三元线性联立方程组	是内地高中选修单元2的重点内容，香港比内地学得较深入全面，内地较重视矩阵变换的几何意义

5. 内地与香港高中选修课的总体特色比较

内地与香港高中数学选修课有不少相同与相近之处，它们都是适应高中生对未来就业或进一步学习的不同需要而设立的。

（1）同中有异，异中有同——两地选修课的共有特色。

内地的两个选修系列之间，香港的两个选修单元之间，都有某些相同之处。例如，解析几何、逻辑用语、推理与证明、导数及其应用等，是内地选修系列1、2的共有内容；微积分是香港选修单元1、2的共有内容。内地的两个选修系列之间、香港的两个选修单元之间也有一些完全不同的内容。例如计数原理、空间向量、微积分基本定理是为选修系列2设立的，选修系列1不要求学习这些内容；又如概率统计是单独为香港选修单元1设立的，代数是单独为香港选修单元2设立的。

（2）系列众多，视野广阔——内地选修课的特色。

内地共有 16 个选修专题，专题太多，让学生眼花缭乱，高考时实际上只列出 3 个左右作为选考。

（3）专题集中，论述深入——香港选修课的特色。

香港只有两个选修专题，相对比较集中。

2.2 内地与澳门数学课程基本要求的比较研究

2.2.1 内地与澳门高中代数学力基本要求的比较研究

2014 年，澳门教育暨青年局公布了《澳门高中数学学力基本要求》，这是面向 21 世纪澳门数学课程的重要文件，该文件将于 2017—2018 学年实行。下文对内地与澳门高中代数的内容和要求做一些思考与比较。这里的代数学力，是指学生在代数方面进一步学习的能力，包括对代数知识的理解能力、代数技能的掌握能力、代数问题的解决能力。

1. 集合

两地都要求了解集合的含义，理解元素与集合的“属于”关系。能用语言、图形和符号表示集合，理解集合间的包含、相等、子集等概念，了解空集和全集的含义，理解两集合的交、并、补的含义，能进行相关的混合运算。用 Venn 图表达集合间的关系。

2. 复数

两地分别从宏观与微观两个视角引入复数。①内地的出发点是：通过问题情境了解数系的扩充过程。②澳门的出发点是：从复平面的构造出发，指出实数轴上的点集与实数集一一对应。虚轴上的点集，除去坐标原点，是纯虚数集。③两地的共同点：都要求学生理解复数概念，认识复数相等的充要条件；都要求学生认识复数的代数表示方法，能进行复数代数形式的四则运算，认识两个复数如果不全是实数，就不能比较它们的大小。④澳门还要求学生认识复数的三角表示形式以及复数乘、除法、乘方、开方运算。

例 1　复数除法的代数形式

实际操作方法是利用共轭复数，把除数化为实数，即：$\frac{a+bi}{c+di}=\frac{a+bi}{c+di}\times\frac{c-di}{c-di}=$

$$\frac{(ac+bd)\ +\ (bc-ad)\ i}{c^2+d^2}=\frac{ac+bd}{c^2+d^2}+\frac{bc-ad}{c^2+d^2}i\ \ (c+di\neq0)$$

因为 $c+di\neq0$，因此，$c^2+d^2\neq0$，$\frac{a+bi}{c+di}$是唯一确定的复数。

3. 余式定理与综合除法

澳门高中重视代数式的运算，要求掌握因式定理与综合除法。从1999年到2014年，上述定理一直是澳门高中代数的核心内容。澳门2014年的大纲中规定：理解多项式的概念，了解多项式的综合除法，理解因式定理。如整系数多项式$f(x)$有一个因式为（$x-a$），它的充要条件为$f(a)=0$，则$f(x)=Q(x)(x-a)$。用如下竖式表示综合除法的一般过程：

例2　综合除法竖式

设被除式为$f(x)=a_3x^3+a_2x^2+a_1x+a_0$，除式为$x-b$，

商式为$q(x)=b_2x^2+b_1x+b_0$

则商式、余式与被除式、除式系数的关系是：

$b_2=a_3b+a_2$，

$b_1=a_1+(a_2+a_3b)b$，

$b_0=a_0+[a_1+(a_2+a_3b)b]b$，

如果$b_0+a_0=0$，则$R(x)=0$，

则综合除法的竖式形如：

$$b\ \sqrt{a_3\cdots a_2\cdots a_1\cdots a_0}$$

$$\cdots b_2\cdots b_1\cdots b_0$$

$$\cdots$$

例3　设$f(x)=x^3-5x^2+2x+8$，…，$q(x)=x+1$，求$\dfrac{f(x)}{q(x)}$。

解：利用综合除法竖式得：$-1\ \sqrt{1-5+2+8}$

$$\begin{array}{r}\cdots-1+6-8\\\hline 1-6+8+0\end{array}$$

式子$1-6+8+0$中的$1-6+8$为商式系数，0表示余式为0的情况。

答：$\dfrac{f(x)}{q(x)}=\dfrac{x^3-5x^2+2x+8}{x+1}=x^2-6x+8$。

注意：①被除式是x的一元多项式，按x的降幂排列，如果有缺项，则须用0补足。②开始进行运算时，移下第一个系数，乘以b，加上第二个系数，如例3，$1\times(-1)+(-5)$，以下依次进行运算，得到8和-8的和为0，则得商式为x^2-6x+8，余式为0。

例4　当m为何值时，多项式$f(x)=x^5-3x^4+8x^3+11x+m$能被$x-1$整除？

解：多项式$f(x)=x^5-3x^4+8x^3+11x+m$能被$x-1$整除，即多项式$f(x)$有因式$x-1$，根据余式定理，得到$f(1)=0$，利用综合除法时，如果某项系数为0，则用0补上。即$1-3+8+0+11+m=0$，从而得$m=-17$。

澳门在高中一年级补学了余式定理与综合除法，而多项式除法在我国内地初、高中则是两不管的知识空白。澳门在初高中数学衔接方面值得内地学习。

4. 两地对根式与指数处理的比较

根式与指数是中学数学的重要内容。澳门把这些内容独立列为一章，安排在高一级第六章“根式、指数与无理方程”。要求学生：①认识根式的定义，认识无理数与无理式的联系与区别；②能顺利进行根式运算与化简，能进行因式有理化；③认识分指数和无理方程；④掌握有理数与无理数的区别；⑤掌握正整指数、零指数、负整指数、分指数及指数运算律。学生应能体会多项式知识在求解方程中的应用，能够用公式进行指数幂的运算。

内地在高一级学习指数幂的扩展问题方面与澳门相同的处理方法是：①从方根的意义进而阐述指数幂的扩张，即从正整指数进一步拓展为认识零指数、负整指数及分数指数的意义。澳门以对根式的探讨作为出发点，而内地则为对指数函数的学习做准备。②澳门要求掌握含两项（字母，如 $a+\sqrt{b}$）根式的有理化因式，掌握指数方程、对数方程和无理方程的解法。③澳门对代数恒等变换较重视，而内地对指数函数图像的发展态势较重视，能结合探讨当前的现实问题，例如人口增长与指数爆炸问题。但是，内地初高中都缺了根式运算，这是一个漏洞。

5. 两地对不等式处理的比较

两地要求理解基本不等式（$\frac{a+b}{2}\geqslant\sqrt{ab}$，其中 $a\geqslant0$，$b\geqslant0$）的代数证明过程。能将基本不等式应用到其他问题中，了解算术平均数与几何平均数的关系：

$$\frac{a_1+a_2+a_3+\cdots+a_n}{n}\geqslant\sqrt[n]{a_1a_2a_3\cdots a_n}，其中\ a_k\geqslant0，k=1，2，3，\cdots，n.$$

澳门要求学生了解含有绝对值的不等式的概念，会解简单的含有绝对值的不等式；了解一元二次不等式的概念，能用一元二次不等式表示不等关系问题；了解一元二次不等式与相应方程及函数的联系，能用判别式法、因式分解法等求解一元二次不等式；了解一元高次不等式的概念，能借用“数轴”图示法解已进行因式分解的一元高次不等式；了解指数不等式与对数不等式的概念，能用“化同底法”解简单的指数不等式与对数不等式。

澳门安排不等式在高一第二学期一次性学完，整齐而集中；内地把不等式分为必修和选修两个部分，必修课要求了解不等关系，掌握一元二次不等式的解法，解决线性不等式组与平面区域问题。选修课学习不等式的证明，几个重要的不等式的证明与应用，如柯西不等式、排序不等式等。在不等式方面，内地比澳门内容丰富，可惜安排分散而断续，分别在不同学期进行，不便学生连贯学习。

6. 两地有关函数处理的比较

（1）两地都分别从运动变化观点、集合与对应观点引入函数概念，把函数看作认识描述变数之间的依赖关系的重要数学模型，要求体会对应关系在刻画函数概念中的作用；内地特别强调函数建模的观点，更加重视函数在现实生活中的应用，要求学生收集函数建模的实例。

（2）两地都要求学生重点认识二次函数、指数函数、对数函数、幂函数，认识以上各类函数的定义、性质及图像。

（3）关于反函数。澳门要求学生理解反函数的概念，能求反函数的定义域、值域及表达式。而内地只要求学生知道指数函数 $y=a^x$ 和对数函数 $y=\log_a x$（$a>0$，$a\neq1$），互为反函数。澳门更加强调反函数的定义域与值域正好是原函数的值域与定义域，认识这种互易性是互反函数重要特征，否则不能算是原来函数的反函数。内地不要求讨论反函数的形式化定义。

（4）函数是澳门和内地高中代数的主要内容。内地五个必修系列中的三个系列都用函数观点予以阐述。要求了解简单的分段函数，认识常见函数的单调性、奇偶性及其图像特征。

（5）澳门注意从两个变量的对应关系引入函数，而内地则用集合与对应的观点引入函数；内地方面加强了基本初等函数的观点，为进一步的学习做好铺垫，既加强了数学建模观点的渗透，又降低了对反函数定义形式化表述的要求。

7. 两地对三角函数处理的比较

澳门把三角作为独立科目，注意保持它的完整性。各章内容分别展开如下：第一章，任意角三角函数；第二章，三角函数公式；第三章，斜三角形解法及其应用；第四章，三角方程；第五章，反三角函数；第六章，面积及体积计算。澳门的这一安排，突出了三角学自身的内在联系，系统阐述了三角学的性质。澳门的特点：①突出了三角函数的周期性，把角与变数联系起来，加强了对三角恒等变换的探究；②突出了反三角函数与三角方程的联系，使学生能更深入地认识三角函数的单调区间和单调性；③把三角与在几何中的应用联系起来，展示了数学应用的宽广途径；④重视诱导公式的学习：用口诀“纵变横不变，符号看象限”来帮助学生记忆内容纷繁的诱导公式。

内地对三角函数的处理特点：①2003 年课标用函数观点处理三角函数。以正弦、余弦、正切等三角函数图像为例，着重研究了三角函数的单调性与单调区间，认识三角函数的奇偶性与周期性，简化了对三角恒等变换的要求。②对三角知识做了精简，力求减轻学生负担；删去反三角函数与三角方程，降低了对三角恒等变换的要求。③注意推导公式，但对公式的记忆与梳理强调不足，学生感到易乱与困惑，这对他们未来学习高等数学不利。

例 5　关于诱导公式（a）$\sin(90°+\alpha)=\cos\alpha$

分析：90°角终边在纵轴，所以 $\sin\alpha$ 要变为余函数 $\cos\alpha$，又角 $90°+\alpha$ 终边在第二象限，而终边在第二象限角的正弦值为正，故 $\sin(90°+\alpha)=\cos\alpha$。（b）$\sin(180°+\alpha)=-\sin(\alpha+180)°$ 终边在横轴上，所以取同名函数 $\sin\alpha$，又 $180°+\alpha$ 终边为第三象限，而第三象限正弦值为负，故 $\sin(180°+\alpha)=-\sin\alpha$（内地只讨

论 α 角的终边在横轴上的形如 $\pi \pm \alpha$ 的诱导公式，不多讨论终边在纵轴上的诱导公式，虽然公式减少了，但反过来也增加了学生处理上的困难)。

8. 两地关于数列处理的比较

①两地都注意用函数观点处理数列问题，内地特别注意在数列教学中渗透数学建模思想方法。②两地都注意重点探讨等差数列与等比数列，以及注意这两种数列的通项公式与前 n 项和公式的探索过程。③澳门要求学生进一步认识数列如 Σi，Σi^2，Σi^3 等的求和公式，采用分项对消法求数列前 n 项和，并注意在 a、b 两数之间插入若干算术中项、几何中项类型的例题。这有助于学生掌握等差数列、等比数列的加插项及其灵活运用。④内地还要求学生认识等差数列与一次函数，以及等比数列与指数函数的关系。

例 6　已知等比数列$\{a_n\}$的通项公式是 $a_n = n^2 - n - 20$，当 $a_n = 0$ 时，求实数 n 的值。

解：当 $a_n = 0$ 时，$n^2 - n - 20 = 0$，即 $(n-5)(n+4) = 0$。

解上述方程得 $n = 5$ 或 $n = -4$，但 n 是等比数列的项数，不能为负数，所以 $n = 5$。

9. 两地排列组合和二项式定理的比较

(1) 澳门把排列、组合和二项式定理作高中数学的共同要求，而在内地仅把这一内容作为选修 2 的学习要求，即仅为希望在理工、经济方面发展的学生而开设。

(2) 如果把澳门高中的要求与内地选修系列 2 相比，澳门还补充了三项展开式的通项公式，解决含有条件组合的问题，以及排列组合的混合问题。

(3) 澳门高中和内地选修系列 2 都要求理解组合、组合数的概念，理解组合与排列之间的联系与区别，澳门要求了解并运用组合数的两个性质。

(4) 掌握解决组合应用题的常用方法。

(5) 要求理解二项式定理及其证明过程；理解二项式定理的通项公式，并能用通项公式求指定项或者指定项系数；了解二项展开式的某一项的二项式系数 C_n^k 与这一项系数之间的区别；了解用字母赋值方法求二项展开式中各项系数和的问题。这说明澳门高中的有关排列组合二项式定理的学习内容要丰富一些。

例 7　求二项式$(\sqrt{x}+1)^{15}$的展开式中二项式系数最大的项。

分析：因为二项式的幂指数 15 是奇数，所以其中间两项第 8、9 两项系数相等。$T_8 = C_{15}^7(\sqrt{x})^{15-7} = 6\,435x^4$，$T_9 = C_{15}^8(\sqrt{x})^{15-8} = 6\,435x^3\sqrt{x}$，故以上两项系数相等，而且最大。

10. 对澳门与内地高中代数的思考

(1) 关于余式定理与综合除法。从 1999 年到 2014 年，这一直是澳门高中代数的核心内容；而该定理从 1985 年到 2015 年一直未被列入内地高中数学课程，这是内地数学课程的一个漏洞。

（2）关于幂与方根的运算。澳门一直保留 n 次方根概念，既用分指数幂又用 n 次方根表示根式运算；而内地初中课程只限于让学生认识二次根式，到了高中又不再全面介绍 n 次根式概念，有可能造成学生知识的缺漏。

（3）对于不等式，内地选修课要求高于澳门，而必修内容比澳门弱。总的说来，两地各有优势，各有不足，应该互相学习。希望内地即将改编的高中数学课程在衔接性与连贯性方面有明显的进步，能受到师生的广泛欢迎。

2.2.2　内地与澳门中学对几何学力的基本要求

澳门数学课程具有多元化特色，澳门同行积极吸收来自中国内地、香港、台湾地区等数学课程的经验，其课程文件分别用中、英、葡三种文字编制。澳门数学课程由教育暨青年局研制。上节阐述了澳门对高中生代数学力的基本要求，本节则主要阐述教育暨青年局对中学生几何学力的基本要求。

1. 了解点、线、面、角等基本概念

澳门与内地都采用描述性方法引入基本概念，以画图、度量、实践等方法加深印象。

2. 认识相交线与平行线

两地都要求学生学会使用圆规、三角板等学具与量尺，把测量与实验结合起来，促进学生几何学力的协同发展。

3. 理解三角形及其性质

内地与澳门都重视几何推理与证明的教学，内地特别重视让学生理解命题与逆命题，分清条件与结论，了解反例在数学证明中的作用。澳门注意数学证明的意义。

4. 理清各类四边形及其相互关系

几何证明是初中数学的难点。两地采取多种方法帮助学生掌握几何证明的要领。

澳门注意尽量利用符号和简写方法，使推理过程清楚明了，在证题时注意将每一个已知条件记在图上。分别用不同颜色表示图中不同部分，便于学生在证题过程中思考。

内地在分析几何题的证明时，每一个步骤都要求学生作判断、明根据、查思路、理服人。几何证明的教学从浅入深，从简及繁。

5. 认识圆、圆与直线、圆与圆的位置关系

理解圆、弧、弦、圆心角、圆周角等概念。理解三点定圆定理、垂径定理，能利用所学定理证明有关命题；知道圆周角、圆心角与所对弧的关系，了解并能证明圆周角定理及其推论（圆周角的度数等于它所对弧上的圆心角度数的一半；直径所对的圆周角是直角；90°的圆周角所对的弦是直径；圆内接四边形的对角互补）；掌握圆内角、圆外角的判定和计算；了解直线和圆的位置关系，掌握切线、弦切角等概念，会用三角尺过圆上一点画该圆的切线；掌握切线的性质与判

定定理（切线垂直于过切点的半径；反之，过半径外端且垂直于半径的直线是圆的切线），掌握切线长定理（过圆外一点所画的圆的两条切线的长相等），能利用定理进行有关计算和证明；会计算圆的弧长，能求扇形的面积；通过逻辑推理训练，养成实事求是的科学态度。

两地关于圆、圆与直线、圆与圆学力要求比较：澳门初三注意打破维数的局限，把对圆的探讨与对空间图形的认知结合起来，如圆与圆柱、圆与圆锥的联系，它们的侧面积、全面积、体积以及球体积。适时复习旧知识，开拓新视野。

内地初三着重联系初中各年级内容，理清知识间的联系，助力复习提高，加强综合运用。

6. 对立体图形的认识

利用实物或模型、电脑软件，观察大量空间图形。认识柱、锥、台、球及其简单组合体的结构特征，利用这些特征描述现实生活中的简单物体结构。探索长方体模型及其剖切面的形状，在直观认识和理解的基础上，抽象出空间点、线、面的位置关系和性质。

澳门较注意发展学生的数学审美能力，如图案设计、平面图形的镶嵌与作图等。

内地关注对点、线、面位置关系的探讨，注意渗透变换观点；通过画直观图、三视图，认识立体图形的特征；通过直观感知，操作确认，思辨论证，认识空间线线、线面、面面平行与垂直的性质；以典型立体图形——长方体模型为基础，探索用一个平面剖切长方体的各种剖切面的角度，相应剖切面形状与面积。

7. 锐角三角函数的运用

理解锐角三角函数（$\sin\alpha$，$\cos\alpha$，$\tan\alpha$），熟悉30°、45°、60°角的三角函数值；能用电子计算器求出0°～90°角的三角函数值；能用锐角三角函数解直角三角形；了解仰角和俯角的概念，并解决一些简单实际问题，能顺利克服解直角三角形问题中所遇到的困难。

澳门提倡用锐角三角函数解决探讨直角三角形的边角关系，把锐角三角函数与解直角三角形联系起来。

内地重视渗透变量与函数思想，引导学生探索锐角三角函数的性质，认识同角三角函数的某些关系。

8. 用坐标表示变换

了解笛卡儿坐标平面、直角坐标系、原点、坐标轴、横坐标、纵坐标和象限的概念；会根据给定坐标确定点的位置，能由点的位置写出其坐标；通过具体实例认识轴对称的基本性质：连接对称点的线段被对称轴垂直平分；引导学生认识等腰三角形、矩形、菱形、正方形，认识圆的轴对称性质；能作一些简单的轴对称图形，认识和欣赏自然界和现实生活中的轴对称图形；通过具体实例认识中心对称图形，分别探究平行四边形、矩形、菱形、正方形、圆的中心对称性质。

澳门要求学生能作简单的中心对称图形，认识和欣赏自然界和现实生活中的中心对称现象，能感受自然界中的几何变换，体会数学美，能发挥想象力和创造力进行图案设计。

内地较重视渗透几何变换的思想，系统地阐述平移、旋转、轴对称、位似等变换的几何特征认识相应的不变量，并用坐标的变化刻画几何变换。

9. 尺规作图与几何证明

尺规作图能力是几何学力一个重要方面：作一条线段等于已知线段；作线段的垂直平分线；作一角等于已知角；平分已知角等。作图的难点是理解作法的语言，先不要求学生写出画法，通过举实例，让学生根据给定语句画图，逐渐学会常用作图语句。例如，已知三边、已知两边及其夹角、已知两角及夹边分别按条件作三角形；已知底边及底边上的高线，作等腰三角形等。会按给定条件作圆。例如，过不在同一直线上的三点作圆。在上述尺规作图中，要深入了解作图原理和步骤。了解定义、命题、定理、推论的意义。认识证明的意义和必要性，证明的步骤与格式。能根据学过的定义、公理、定理进行推理，能按规定完成证明过程。知道利用反例的意义与作用。体会反证法的含义，养成言必有据的科学习惯。

澳门和内地分别规定了尺规作图的范围，要求学生能根据条件与要求，画出简单的几何图形。实际上，内地比澳门对几何作图的要求更多一些。

澳门大纲对几何证明的要求欠明确，把尺规作图与几何证明放在一块，容易引起误解。这里的“几何证明”是指一般的几何证明，还是指作图后还要证明所作的图形符合题目的要求？应界定清楚，以免产生混淆。

内地要求学生能“过一点作已知直线的垂线”，这就包括应讨论这个点是否在已知直线上或者这个点在已知道线外，而澳门大纲没有这个规定。为了减轻学生的负担，内地还要求学生“了解作图的道理，保留作图的痕迹，不要求写出作法”，这是符合当前学生实际情况的。

10. 领悟平面解析几何的方法（高中）

结合图形，确定直线的位置。理解直线的倾斜角、斜率和截距的概念，并能进行相关计算，能根据斜率判定两条直线平行或垂直；反之，能根据两条直线平行或垂直，判定这两直线的斜率的关系。探索并掌握直线方程的几种形式（点斜式、两点式及一般式），体会直线方程斜截式与一次函数的关系。能用解方程组的方法求两直线的交点坐标。探索并掌握两点间的距离公式、点到直线的距离公式，定比分点公式，会求两条平行直线间的距离。理解某点关于直线的对称点的意义，掌握对称点的求法，能解决简单的应用问题。回顾确定圆的几何要素，在平面直角坐标系中，探索并掌握圆的标准方程与一般式方程。能根据给定直线与圆的方程，判断直线与圆、圆与圆的位置关系，能求出圆的切线方程（分三种情况：已知斜率、切点及圆外一点）能用直线和圆的方程解决一些简单的问题。

内地与澳门在初中都已引入了平面直角坐标系，并用坐标系探讨直线的性质。澳门要求学生利用直线的斜率与倾斜角，据此探讨两条直线间的关系，把直线与一次函数联系起来。

内地进一步引导学生探索平移、轴对称、旋转、位似四种几何变换，它们在变换下图形特征及坐标变化。

11. 认识曲线与方程的联系（高中）

了解圆锥曲线的实际背景，感受圆锥曲线在刻画现实世界和解决实际问题中的作用；经历从具体情境中抽象出椭圆模型的过程，掌握圆锥曲线的定义、标准方程及简单几何性质；了解抛物线、双曲线的定义及其几何图形和标准方程，知道它们的简单几何性质；了解标准型圆锥曲线的切线求法，并由此求出法线方程；结合已学过的曲线及其方程的实例，了解曲线与方程的对应关系，进一步感受数形结合的基本思想；了解圆锥曲线的简单应用；能用坐标法解决一些与圆锥曲线有关的简单几何问题（直线与圆锥曲线的位置关系）和实际问题。能用圆锥曲线的知识刻画曲线与方程的深刻联系，能体现数形结合的思想方法。

两地在此专题的处理上有一定差异。澳门把椭圆、抛物线和双曲线作为对全体高中生几何学力的要求。

内地要求全体高中生掌握椭圆、抛物线和双曲线的定义，认识上述曲线的图形和标准方程。而对志在往理工方向发展的学生，还要求他们对曲线和方程的关系有更深入的理解，并认识这三类曲线的差异性与统一性。

圆锥曲线（椭圆、抛物线、双曲线）可以统一定义为：动点 M 到定点 F 的距离 MF 以及它到定直线 l 的距离 MF 之比是一个常数 e（称为离心率），则该动点的轨迹是：$\frac{|\mathrm{MF}|}{\mathrm{MH}}=e$，当 $0<e<1$ 时，轨迹是椭圆；当 $e=1$ 时动点的轨迹是抛物线；当 $e>1$ 时，动点的轨迹是双曲线。定点 F 称为焦点，定直线 l 称为准线，比值 e 称为离心率。椭圆的参数方程如图 2－1 所示：

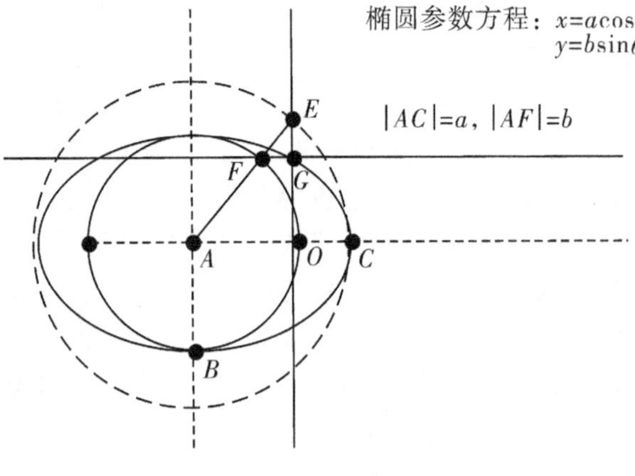

图 2－1　椭圆的参数方程

12. 认识与运用平面向量（高中）

了解平面向量的实际背景及基本概念，能区别向量与向量的模，并能求出给定的平面向量的模；能写出向量的有向线段标记法及坐标标记法；通过实例，掌握向量加法的运算，并利用加法的逆运算求向量的差；能用三角形法则和平行四边形法则求两向量的和；能用多边形法和坐标法求 n 个向量的和；在向量乘法中，能分清向量数乘与向量内积的不同，并能解释其几何意义；能运用数乘向量的三条基本运算律进行计算：

$$m(n\vec{a})=(mn)\vec{a}$$

$$m\vec{a}+n\vec{a}=(m+n)\vec{a}$$

$$m(\vec{a}+\vec{b})=m\vec{a}+m\vec{b}$$

两地要求学生能应用向量内积公式进行计算、证明两向量垂直或平行，能用向量解一些平面几何、复数等问题。

澳门要求全体高中生能认识和运用平面向量；内地要求有志于往理工方向发展的学生能认识和理解空间向量，并用于解决有关问题。

13. 内地与澳门几何学力要求的比较

（1）内地与澳门两地都重视学生几何作图能力的培养，在几何学习的起始阶段，就训练学生利用学具绘制几何图形的能力，作为几何学力的基本要求。

（2）两地都十分重视对推理论证能力的培养。澳门特别要求学生推理过程应该言必有据；内地要求学生掌握使用综合法证题的格式，从第一章开始，就给学生简单的推理入门训练，力求使学生掌握几何推理证明的步骤和数学推理的三段论。

（3）为了提高学生的推理能力，内地在高中还设立了“几何证明选讲”作为高中选修专题，并在高考中设立相应的选项；内地还设立了“矩阵与变换”的选修专题，帮助学生感悟数形结合的思想方法。可惜由于教学时间紧迫，实际上选读该专题的学生不多。

为了发展学生的识错纠错能力，澳门教育暨青年局建议教师注重从学生作业中选列一些常见错误，与学生共同分析点评，帮助学生走出推理的误区。

（4）两地高中几何内容相比，内地的选修专题比澳门更为丰富。例如《空间向量与立体几何》（选修2－1）、《坐标系与参数方程》（选修3），这是澳门高中当前尚未开设的。在内容的阐述深度上，内地教材要求比澳门教材略高。例如，在圆锥曲线一节，澳门分别论述椭圆、抛物线、双曲线方程的定义、标准方程及简单几何性质。而内地还要求理工科的学生掌握这三类曲线统一的直角坐标方程，并用轨迹方程的观点予以理解。

（5）内地高中几何选修专题安排较分散，如《立体几何与平面解析几何》安排在必修2，平面向量安排在必修4，两个专题相隔了半个学期；《圆锥曲线与方程》（面向文科）安排在选修 1－1，《圆锥曲线与方程》（面向理工科）安排在选修 2－1，《空间向量与立体几何》（面向理工科）安排在选修 2－2，教材内容安排断续零散，缺乏连贯性，给数学的教与学带来了一些不便。

反观澳门课程，高中数学只按文理取向分班，面向高考升大学的学生，不另分必修与选修。澳门教材面向全体学生，内容清晰，课题集中，便教利学。内地与澳门的几何课程，各有优点，各有不足。我们相信今后两地能加强交流，取长补短，使学生的几何学力更加扎实。

2.3 大陆与台湾初中平面几何课程的比较与点评

1. 台湾初中几何教学目标与要求

台湾初中平面几何的教学目标为：①发展对几何图形的直观感知，认识图形的性质，正确作出图形；②掌握图形的度量关系，理解几何图形特征，熟悉演算规则，正确进行有关图形的度量与计算；③按步骤规范进行尺规作图，正确表述作图过程，图形能反映实物大小、位置和方向；④具有对图形性质的推理与论证的能力，正确地表述推理过程与结果。

2. 台湾 8 年级涉及的几何知识

8 年级上学期，学生学习平方根、无理数与勾股定理，其中勾股定理用面积方法引入。8 年级下学期学习：2－1 生活中的平面图形（6 节）；2－2 线段的垂直平分与轴对称图形（6 节）；2－3 尺规作图（6 节）；3－1 三角形的内角与外角（6 节）；3－2 三角形的判别与性质（6 节）；3－3 角平分线与线段的垂直平分线（6 节）；三角形的边角关系（6 节）；4－1 平行线（8 节）；平行四边形（6 节）；特殊平行四边形（6 节）。每学期排课 20 周。评量周仍安排正式课程。

3. 台湾 9 年级几何教学目标

①相似三角形的对应边成比例，对应角相等；②理解与证明三角形相似的性质，并应用平行截比例线段定理进行实体测量；③探讨点、直线与圆的关系以及两圆的位置关系；④了解圆心角、圆周角、弦切角、圆内角、圆外角及其与所对的弧的关系；⑤知道与圆相关的线段乘幂性质；⑥能利用已知的几何性质写出几何证明的过程；⑦能对简单的“数与量”及“代数”做出推理与证明；⑧了解三角形外心、内心与重心的性质；⑨能找出多边形的外心与内心。

4. 两地平面几何核心内容与思想方法点评

对应的能力指标	教学目标	教学活动重点
•理解平行线截比例线段性质定理及其逆叙述。察觉生活中与数学相关的情境 •评：首次提出以数学语言表达数量形的关系；认识互逆命题及其编制	•理解平行线截比例线段的性质 •评：理解三角形中位线定理及其逆表述	•理解“如果两个三角形的高相等，则这两个三角形面积比等于对应底边的比” •能利用“平行线截比例线段性质”进行计算
•理解平行线截比例线段性质定理及其逆命题 •能察觉生活中与数学相关的情境，把情境中数量形关系用数学语言表达出来 •了解数学语言（符号用语、图表、非形式演绎等）的内涵 •用数学语言表达解题过程 •能由解题的结果重新审视情境，提出新思考或新问题	•利用尺规作图作出成比例线段 •知道如何表示线段中点的坐标 •评：左边各项依次说明对数学思想方法运用的要求，与相应学习内容对应	•利用尺规作图及整数比，等分已知线段 •能计算坐标平面上线段的中点坐标 •评：指出有关平行线截比例线段的概念与作图要求。把平行线等分线段定理作为平行线截比例线段定理的特例
•能理解多边形相似的意义 •能把情境中数量形之关系用数学语言表达出来 •评：认识图形相似的概念，为相似变换做铺垫，也为相似法作图打基础。有关缩放变换，大陆抓住位似中心与位似比，便于作图	•理解缩放图形的意义 •能将给定的图形进行缩放 •评：首次提出放缩变换概念，渗透几何变换的思想方法。把几何论理与作图结合起来	•理解线段经过缩放之后，与原线段的关系 •理解多边形经过缩放之后，与原图形位似 •评：为相似法作图打基础。大陆比台湾阐述几何变换全面一些，要求认识平移、反射、旋转、位似等变换
•认识与运用解题的各种方法：分类、归纳、演绎、推理、推论、类化、分析、变形、一般化、特殊化、模型化、系统化、监控等 •了解一个数学问题可有不同的解法，要求尝试不同的解法 •了解数学语言（符号用语、图表、非形式演绎等）的内涵。能用数学语言呈现解题过程	•认识相似多边形定义 •评：台湾对数学语言的运用提出正式要求。说明相似符号的意义与用法 •对数量形结合的思想方法与对相似形的有关计算提出正式要求 •评：注意理清可能的疑点，走出可能的误区	•能明了“相似多边形”的定义 •认识$\triangle ABC \backsim \triangle A'B'C'$的意义 •评：能通过认识相似多边形“对应边成比例，对应角相等”的性质，进行与长度、角度有关的计算 •理解“正n边形皆相似” •理解如果两个多边形只有对应边成比例或只有对应角相等，这两个多边形未必相似 •评：能把认识、理解转化为能力

（续上表）

对应的能力指标	教学目标	教学活动重点
• 能把情境中数量形之关系以数学语言表述，认识解题的各种方法：分类、归纳、演绎、推理、推论、类化、分析、变形、一般化、特殊化、模型化、系统化、监控等	• 探索三角形 SSS、SAS、AAA（或 AA）相似性质 • 对图形性质的认识逐步增多，数学思想方法要求逐步增强 • 评：正式阐明数量形结合的思想方法的运用要求	• 相似三角形的判别：AAA（AA）相似：如果两个三角形中有三（两）组角对应相等，那么这两个三角形相似 SAS 相似：如果两个三角形中有一组角对应相等，且夹这个等角的两组边长对应成比例，则这两个三角形相似
• 了解一数学问题可有不同的解法，尝试不同的解法，了解数学语言（符号用语、图表、非形式演绎等）的内涵。用数学语言呈现解题过程 • 评：能利用相似三角形对对应边成比例的性质解应用题	• 评：指出数学问题解法的多样性、灵活性与实践性 • 指出相似三角形的判别，对三角形的计算提出要求 • 评：区分“类化”与“分类”的异同	SSS 相似：若两三角形三组边长度对应成比例，则这两个三角形相似 • 能根据已知条件，证明两三角形相似，并据此得知这两个三角形对应边长的比例关系 • 能进行相似三角形周长与边长的运算
• 对情境中数量形的关系能用数学语言表达。了解数学语言（符号用语、图表、非形式演绎等）的内涵。用数学语言呈现解题过程 • 评：首次提出解题后验证、反思等，体现理论与实践的统一	• 能利用相似性质进行简易测量 • 两个相似三角形，其内部对应线段成比例 • 评：把相似形性质与测量、作图、计算能力结合起来。注意指出学生认识可能存在的疏漏。提出解题后验证与反思等要领	• 能理解相似三角形对应高、对应角平分线、对应中线的比都等于原来三角形对应边的比 • 能理解两个相似三角形的面积比为对应边长平方的比 • 了解一数学问题可有不同的解法，并尝试不同的解法 • 评：能由解题的结果重新审视情境，提出新思考发现新问题
• 能察觉生活中与数学相关的情境。把情境中数量形关系以数学语言表述。了解数学语言（符号用语、图表、非形式演绎等）的内涵。用数学语言呈现解题过程（评量周 1） • 能由解题的结果重新审视情境，提出新观点、新问题 • 评：台湾在相似形中的成比例线段方面比大陆更加详细	• 了解直角三角形内部的相似关系与比例线段 • 了解连接三角形与四边形各边中点后，新图形与原图形周长与面积的关系 • 评：本项右边的系列问题对学生的学习与思考有良好的启发作用	• 理解直角三角形内部三角形的相似关系 • 能明白直角三角形内部的比例线段，并进行相关计算 • 理解三角形各边中点连线所形成的新三角形与原三角形的关系：① 与原三角形相似；②周长为原来三角形周长的 1/2；③面积为原三角形面积的 1/4 • 能利用相似三角形对应边成比例的性质解应用题

（续上表）

对应的能力指标	教学目标	教学活动重点
•理解圆的几何性质 •理解直线与圆及两圆的关系，了解一数学问题可有不同的解法，并尝试不同解法 •用回应情境、设想特例的方法解决问题 •估计或从不同角度等方式说明或反思原解答的合理性	•理解点、直线与圆的位置关系 •理解切线的意义及其性质 •评：所学图形的性质逐步增多，学生认识的数学思想方法不断扩展 •提出了特殊化和举反例驳倒等重要思想方法	•能利用点与圆心的距离来判断点与圆的位置关系 •能利用直线与圆的交点数来区分直线与圆的位置关系 •了解切线的意义及其性质 •了解切线段长的意义 •评：两地要求基本相同，台湾比大陆详细

5. 两地平面几何课程比较

（1）几何与代数是台湾初中数学的主干内容，7 年级学习有理数及其运算，8 年级上学期、9 年级下学期学代数，8 年级下学期、9 年级上学期学几何，每年分别开几何或代数一学期；而内地是代数与几何同时并进，相互交错。两岸学勾股定理都从图形的面积入手证明。

（2）台湾的几何课包含：圆的相关的角，即圆心角、圆周角、弦切角、圆内角、圆外角等；分别指出其图形的性质与图形的度量关系、切线的判别与性质、切线长定理、相交弦定理、切割线定理等，阐述较详细，对推理、论证、基本作图等都有系统要求。在台湾，圆幂定理是必学的，对三角形的心（包括内心、外心、重心及其性质）有系统论述。

（3）大陆在初等几何变换、平面图形的镶嵌等内容的要求比台湾丰富一些，并注重联系实际情境。大陆对于图形的判断与图形的性质分别界定清楚，而几何推理训练则大陆比台湾弱。

（4）总的来说，台湾与大陆两地都较注意保留欧氏几何的传统精神，保留了中国重视数量形结合的特色；对于几何作图，既讲明原理，也讲清楚作法，做到理论与实践相结合。

（5）台湾课程内容丰富，阐述的数学思想方法较密集，对于 8 年级和 9 年级学生而言，这样的安排是否能让学生听懂，学生是否掌握，练习的分量是否恰当，尚待实践检验。

3　中美、中加数学课程的比较研究

美国和加拿大都是发达国家，两国对数学课程的研制与实施都采取多样化与宽松的态度，它们的数学课程的理念与内容，在世界上有着广泛的影响力。美国数学课程的亮点是：提出了数学实践的新理念，扩大了数学实践的内涵。加拿大数学课程的亮点是：在数学课程的形式、内容和结构上都展示了多样化，有利于学生的个性发展。本章分别阐述中美、中加数学课程标准的若干比较。

3.1　中美义务教育几何标准的比较研究

美国各州教育当局与专家合作，于 2010 年颁布《州共同核心数学标准》（简称《数学标准》），提出了数学实践的新理念，阐明数学课程的新观点、新要求，与我国义务教育数学课程标准既有相近之处，也有明显差异。本节仅对义务教育中美几何标准做若干比较，由此可以看到几何教与学的新趋势。

1. 标准理念的比较

中国义务教育数学课程标准提出五个理念，指出数学课程对学生学习和终身发展的意义。美国《数学标准》没有正式提出课程理念，但非常强调数学实践，每个年级、每个专题都把数学实践放在首位。同其他发达国家一样，美国十分重视数学的理解。《数学标准》对数学理解的意义、对如何发展学生数学理解能力，都做了简明扼要说明。

表 3－1　中美数学标准理念比较

中国数学课程理念	美国数学实践标准	美国数学理解标准
数学课程：体现基础性、普及性和发展性	弄清问题，在解决过程中，具有坚忍不拔的精神	要求学生去理解某东西，即有能力评估学生是否理解它
课程内容：反映数学特征，符合学生认知规律	逐步领悟，积极应对，数学推理的抽象性与数量化	学生要有能力说明为什么某个判断是正确的
数学活动：是师生参与共同发展的过程	在数学活动中，建构可行论据，对他人推理进行评论	教师要有恰当的方法，帮助学生在数学上成熟起来

（续上表）

中国数学课程理念	美国数学实践标准	美国数学理解标准
学习评价：激励学生学习，改进教师的教学	建立模型，运用所掌握的数学知识与技能解决问题	能说明一个数学的命题是真命题，并说明它的来源和依据
信息技术：作为学习和解决问题的有力工具	讲究策略，利用合理的工具，提高动手操作和探究能力	学生应能解释记忆编码来自何处，了解知识的来龙去脉
	灵活运用所学模式与结构，解决现实生活问题和数学问题	数学理解与获得程序化技巧同样重要，有利于解决问题
	关注精确性，与他人恰当地交流，准确、清晰地运用定义	课程有全面可行的铺垫与准备，在数学实践中增强理解
	寻找和表述重复的推理过程，重视数学的探索与发现	提供给学生机会应该不断继续，注意多样化，满足需要

2. 义务教育数学标准各有特色

两国标准的目标都是提高学生数学水平，练好扎实的数学基本功，发展学生的数学能力。

（1）标准研制特色：国统管与州联管。

我国数学标准由教育部组织研制，2001 年颁布实验稿，由教育部门和学校实施执行，2005 年组织专家修订，实验稿和实验修订稿几经修改，广泛征求意见，有了显著进步。我国数学标准由国家统管，保证实施的集中性、统一性和广泛的群众基础。

美国《学校数学的原则与标准》由美国数学教师协会（NCTM）研制，2000 年公布。NCTM 是民间组织，对各州缺乏约束力。各州教育当局分别设立各自课程标准，这给人员流动和子女教育带来不便。美国各州联合研制的数学标准，提出数学实践新理念，建构理论新框架，力求适应时代发展。标准尊重各州教育自主权，适应学术交流和测量评价的需要。各州以自愿为原则接纳该标准，“州共同核心数学标准”的名称，反映各州课程求同存异的思想。当前，全美 51 个州和特区中，已经有 44 个表示对新标准的支持，其他各州也提出有益的建议。数学标准从民办到州联办，增强了权威性。中美两国数学标准彼此影响，相互靠拢。

（2）标准的结构特色：分学段与分年级。

①我国义务教育数学标准结构。2001 年颁布的义务教育数学课程标准实验稿，按照两个维度进行安排：a. 从数学内容来说，分为四个方面，即数与代数、图形与几何、统计与概率、综合与实践；b. 从学习顺序来说，我国分为三个学段：第一学段（1～3 年级）、第二学段（4～6 年级）、第三学段（7～9 年级）。学段划分注意考虑学生年龄特征，增强数学教学对学生的针对性。

②美国《数学标准》结构。标准经历了从分段安排到按年级安排的过程，

随着年级的升高，内容的安排也逐步细化。根据 NCTM《学校数学的原则与标准》，学校数学分为四个学段：第一学段（学前～2 年级）、第二学段（3～5 年级）、第三学段（6～8 年级）、第四学段（9～12 年级，属于高中阶段）。而《州共同核心数学标准》，其学段的划分与《学校数学的原则与标准》相当，《数学标准》还把义务教育的数学内容从学前到 8 年级分级予以阐述，加强了执行上的确定性，按年龄特征组织学习。对美国数学标准的内容安排，本章以 1 年级和 8 年级为例说明。

1 年级：a. 运算与代数思想；b. 10 以内的整数运算；c. 度量与数据；d. 几何，包括与形体及其性质相关的推理。

8 年级：a. 数系，数概念发展与近似计算；b. 表达式与方程；c. 函数：定义，估值和比较，函数模型；d. 几何：图形全等与相似，利用物理模型、幻灯片和几何软件说明。

③两国课程结构比较。与中国数学课程标准相比，美国标准的优点为：a. 分年级叙述，利于结合学生特点；b. 细致地反映数学内容、特点与思想方法；c. 具有连贯性与衔接性，从学前到 12 年级都有丰富的几何内容，标志着几何的地位在美国大大提高，认真考虑数学内容的组织与铺垫；d. 各学段数学标准由一套班子统一考虑，从而较好反映数学的整体性与统一性。

3. 两国几何内容差异明显

两国义务教育几何内容比较接近，在标准制定之初，几何推理论证曾有减弱趋势。当前，两国数学新标准显著加重了几何教与学的分量，都重视推理证明能力的发展。中国把几何变换放在重要位置，美国进一步把平移、反射、旋转和放缩变换作为核心概念提出，各国同行广泛关注这样的理论体系能否为学生理解与掌握。

（1）核心概念处理的迥然不同。

图形的全等和相似，是几何中的核心概念，也是数学学习的难点。中美两国处理图形的全等和图形的变换所使用的顺序迥然不同，引人注目。

中国：图形全等在 8 年级学习，图形变换在 9 年级上学期学习。用图形的重合定义全等，用图形的全等刻画几何变换（包括反射、旋转、平移）的性质。通过举例研究上述变换的属性。中国标准探讨了图形的相似和位似，尚未全面研究相似与几何变换的关系。

美国：利用实物模型、幻灯片以及几何软件理解全等与相似。通过实验，分别建立反射、旋转、平移等几何变换的概念，再把全等图形作为刚性几何变换的结果。根据《数学标准》，图形的全等完全作为几何变换的结果来定义。

理解一个二维图形全等于另一个二维图形，如果所得到的二维图形由第一个二维图形经过一系列旋转、反射和平移而得到，则称这两个图形全等。美国新标准描述生成第二个图形的变换序列（注意：8 年级不要求研究旋转的性质）。

理解两个二维图形的相似，第二个图形可以从第一个图形经过一系列旋转、反射、平移和放缩变换而得到。给出两个二维图形的相似，描述和展示两个二维图形的相似得以产生的过程，写出生成相似图形的变换序列。

从上述比较中可见，几何变换在美国标准中的地位进一步提高，图形的全等、相似与各类变换的相互关系得到比较充分的讨论。几何变换是初中数学的难点，学生不善于利用变换解决几何问题，困难在于对变换的条件认识不清，表述混乱。笔者认为，如果按照美国现行标准处理，困难还会进一步增加。如何处理恰当，还有待进一步通过实践检验。

（2）两国初小几何内容比较（中国 1 ~3 年级，美国学前至 2 年级）。

①两国初小几何标准特色。

中国特色：内容明确，领域全面，有利于学生发展。四个领域是图形的认识、图形的测量、图形的运动、图形的位置。中国比美国较早重视几何测量问题。

美国特色：起步早，坡度缓，内容宽，感官全。帮助扫除学习障碍，有利于调动学生的积极性。各年级教学目标清晰，体现循序渐进的特色。美国比中国更注重度量单位与方法。

②中美几何入门阶段学习要求的比较。

表 3 –2　入门阶段两国几何学习内容比较

<table>
<tr><th>学段</th><th>中国（按学习内容划分要求）</th><th>年级</th><th>美国（按学习年级划分水平）</th></tr>
<tr><td rowspan="2">1至3年级</td><td rowspan="2">● 图形的识别：认识一些简单的几何图形，包括长方体、正方体、圆柱体、球体；注意从不同角度观察到简单物体的形状；能够对一些几何体和图形进行分类
● 图形的测量：在实践活动中认识度量单位，测量图形的周长与面积；认识周长公式、面积公式及相应的度量单位；经历估算、测量实物的过程
● 图形的运动：结合实例，感知平移、旋转、轴对称等现象；与美国相比，中国注意较早在对实例认识的基础上，让学生建立了对具体的几何变换的初步感知</td><td>学前</td><td>● 识别形体：正方形、圆、三角形、矩形、六边形、立方体、圆锥、圆柱体、球体
● 描述周边物体，使用介词术语描述物体的相对位置，如在上、在下、在旁、在前、在后、下一个
● 说出名称，识别二维图形（躺在平面上的）和三维图形（立体的），图形的分析、比较，组合形体
● 分析与比较二维图形与三维图形，说明维度、定向、部分、构成差异</td></tr>
<tr><td>1年级</td><td>● 描述、分析、比较、画出二维图形，对它们进行分类；把圆周和矩形一分为二，或一分为三，或一分为四；使用一半、平分、三等分、四等分等术语，描述整体与部分的关系；识别各部分是否相等；识别整体是否具有相等的部分</td></tr>
</table>

（续上表）

学段	中国（按学习内容划分要求）	年级	美国（按学习年级划分水平）
1至3年级	•图形与位置：认识表示方向的术语：东、西、南、北；前、后、左、右、上、下；描述图形与实物之间的位置关系	2年级	区分本质属性和非本质属性，如三角形是封闭的直线图形，有三条边；对比非本质属性，如三角形的颜色、方向。识别三角形、四边形、五边形、六边形和立方体。把一个矩形分为长与宽相同的小正方形，数出所得的小正方形数

（3）两国高小几何标准比较（中国4～6年级，美国3～5年级）。

认识各种几何图形，引导学生利用简单图形拼接更大、更复杂的图形。

中国特色：重视图形特征性质，注意观察方向。阐明基本图形的特征性质，引导学生从多方向观察结果的多样性。开始接触立体图形展开图，为图形的维数的转换做好铺垫。

美国特色：注意拼接条件，叙述力求科学。要求学生注意拼接图形的条件，做到既要填满，不留空隙，又不能重叠，为以后学习图形的镶嵌做铺垫。总的来说，美国3～5年级的几何标准略高于中国同学段标准。例如，对于面积和体积，美国重视阐明其可加性，轴对称的定义较严谨，平面直角坐标系的建立较中国同年级更为规范。

表3－3　两国高小几何标准分析

学段	中国（按学习内容划分要求）	年级	美国（按学习年级划分水平）
4至6年级	•图形的识别：认识角、线段、射线、直线 认识角（包括平角、周角），了解周角、平角、钝角、直角、锐角之间的大小关系 认识各类三角形，包括直角三角形、锐角三角形、等腰三角形、等边三角形等 •测量：结合实例，测量物体的长度，认识周长与面积，认识长度单位和面积单位；经历测量长度和测量面积的过程 用量角器测量指定度数的角，用三角板画特殊角 认识面积单位和体积单位，会进行换算	3年级	•增强对矩形阵列和面积的理解；建立单位正方形和面积单位概念，如果一个平面图形能够被 n 个单位正方形覆盖，而且没有空隙也没有重叠，则称它具有 n 个面积单位的面积 •通过数单位正方形的个数来度量面积（使用面积单位：cm^2、m^2、平方英尺，或更大的面积单位）。几何度量：理解面积的概念，并与加法和乘法联系起来
		4年级	•画出与识别直线与角，通过图形的线与角的性质，对图形进行分类。画出点、直线、线段、射线、角 •基于是否在某种性质，对二维图形进行分类，如直角三角形、钝角三角形等

（续上表）

学段	中国（按学习内容划分要求）	年级	美国（按学习年级划分水平）
4至6年级	• 图形的运动： 利用方格纸画出轴对称图形，画出、补全轴对称图形，认识图形的平移、旋转等现象 利用方格纸画出图形，旋转 90°角。注意在实例的基础上让学生建立对具体的几何变换的实践与经验 • 图形与位置： 了解比例尺，利用比例尺，按给定比例进行图上距离与实际距离的换算 能在方格纸上利用数对表示并寻找点的位置，这是对坐标法的初步感知	4年级	认识轴对称图形的定义与性质。指出轴对称图形的对称轴。识别某个图形是否为轴对称图形。如果是，画出该图形的对称轴
		5年级	• 求边长为整数的长方体体积公式，可以把它化为若干个单位立方体的堆砌，要求不重叠，无空隙 • 定义平面直角坐标系，其图中两数轴的交点称为坐标原点，它恰与两轴的起始点重合，用一组有序数偶规定平面上点的坐标，认识点的坐标几何意义 直棱柱体积公式 $V = l \times w \times h$ 和 $V = b \times h$，其中 $b = lw$，求棱长为整数的直棱柱的体积，要求它的棱长是整数 认识体积具有可加性质，求立体图形的体积，可转化为两个互不重叠部分的小立方体体积相加

（4）两国初中几何标准比较（中国 7 ~ 9 年级，美国 6 ~ 8 年级）。

初中是学生智力成长的重要阶段，是学生对几何图形的认识从感性上升为理性的阶段。该学段两国标准、内容有显著变化，处理上存在较大差异。

中国：强调图形定义性质，开始系统推理训练。为了促进理性的思考，初中几何教学集中在三个方面：a. 图形的性质，建立对图形性质的理性认识；b. 图形的变化；c. 图形与坐标。在此基础上，形成初步演绎推理能力，能够用坐标方法反映图形的运动与变化。为了引导学生欣赏数学证明的魅力，我国标准采用扩大公理体系做法，一些重要性质证明时难度较大，可以作为基本事实处理。基本事实可以作为证明的依据，部分可留到以后证明。

美国：重视图形运动变化，尝试更新概念体系。学生对旋转、平移、反射、位似的认识，是他们对图形相互关系认识的基础，图形的全等、图形的相似都建立在旋转、平移、反射、位似的基础上。要求学生找出实现图形全等或图形相似的变换系列。这样的要求等于更新原有的概念系统，对初中生是严峻的挑战（高中生也会感到困难）。这是大胆的尝试，需要实验验证，积累经验，科学评价，在实验的基础上展开。

表 3－4　初中几何内容分析

学段	中国（按学习内容划分要求）	年级	美国（按学习年级划分水平）
7至9年级	●图形的性质： ·列举了 10 条基本事实，作为推理与证明的基本依据 ·说明与点、线、面、角有关的基本概念 ·阐述了相交线与平行线、三角形、四边形、圆等基本图形有关的一系列概念、判别与性质 ·尺规作图，包括用尺规完成基本作图，利用基本作图完成符合一定条件的作图 ●阐明定义、命题、定理，以及推理论证的基本格式与要求 ●图形的变化：要求学生了解和运用旋转（含中心对称）、平移、位似的意义和性质，图形的相似的意义和判定定理和性质，位似变换的放缩效果，认识和运用上述变换的实际应用 ●图形与坐标复习、理解与应用：平面直角坐标系在图形定位、图形绘制、图形变换中的应用	6年级	●建立单位分数立方体，求边长为分数的矩形面积，长方体体积；根据顶点坐标绘制多边形 ●求连接顶点的棱长。其中全部顶点都在第一象限，或全部顶点都在第二象限。利用网络计算图形的表面积
		7年级	●利用比例尺进行二维图形相互关系的论理，利用比例尺非正式地建构几何图形 ●利用立体图形的平面截面研究三维图形，检查它们与平面交截所得的不同截面 ●利用比例尺构作几何图形，度量图形的实际长度与计算面积。按给定的条件作图
		8年级	●检验图形经过旋转，轴对称、平移的性质：把线段变换为等长线段；把角变换为同样大小的角；把平行线变换为平行线 ●利用非正式论理，建立有关三角形的外角和的事实，以及平行线被第三条直线截所产生的角的事实；利用对应角相等，判断三角形相似 ●解释勾股定理及其逆定理的一个证明

（5）空间能力训练各有特点。

中国：重视推理能力训练。让初中生认识基本几何图形一系列的性质，作为推理能力训练的来源与依据。阐明概念的定义、命题、定理，帮助学生认识推理论证的基本格式与要求，从而夯实推理论证的基础。在安排上由浅入深，从简到繁，逐步扫除推理的困难与障碍。

美国：探究几何变换的不变性。几何变换成为中学几何的核心内容，初中建立对变换的初步认识，到高中认识还要深化。动手操作是数学能力的重要方面。注重几何作图的多样性，包括徒手，用圆规、直尺、量角器，利用数学软件绘制图形。按给定的条件作图。重点是根据角与边的三个度量绘制三角形。认识哪些条件可以唯一确定三角形，确定多于一个三角形，或者不能确定三角形。这样，动手操作与思维训练就做到相辅相成了。

3.2 从美国高中几何标准看数学教学改革趋势

21 世纪以来，各国加强了几何教学。运动变化思想、推理论证的方法，在高中数学课程中的地位显著提高。本节以高中几何为例，论述美国高中几何课程的发展趋向。

1. 几何标准概观

2000 年，美国数学教师协会编制出版《学校数学的原则与标准》(Principles and Standards for School Mathematics，简称 PSSM)；2010 年，由美国全国州长协会（NGA）和各州教育长官委员会（CCSSO）联合颁布了《州共同核心数学标准》(Common Core State Standards for Mathematics，简称 CCSSM)；2011 年，由美国马萨诸塞州教育部门研发了《麻省数学课程框架》（Massachusetts Curriculum Framwork for Mathematics，简称 MCFM），以上标准对几何课程提出一系列新见解。

PSSM 把几何与数学应用联系起来，恢复了推理论证在几何中的地位；CCSSM 重视变换对形成核心概念的作用，把新理念带入几何学；MCFM 加强了建模在几何中的地位，把建模与数学应用结合起来，该标准内容精练，创意突出，以运动为纲，超越传统。与 PSSM 相比，MCFM 大大提高了对推理论证的要求。与 CCSSM 相比，MCFM 重视建立相对严密的概念和理论体系。与我国高中几何标准相比，MCFM 加强了数学建模的教学要求。

MCFM 在初中几何的基础上，注意拓展加深。其内容包括平面几何、立体几何、解析几何等，涉及推理、证明、度量、构图、探索等方面。

2. 以运动为纲，以核心概念引领

根据 MCFM，三类初等几何变换是平移、旋转、反射，它们具有的共同性质是保距性和保角性。设线段 AB 经过上述变换后的象是 $A'B'$，则 $AB=A'B'$；设角 α 经过变换后的象是 α'，$\alpha \xrightarrow{f} \alpha'$，则 $\alpha=\alpha'$。全等和相似是平面几何的核心概念，传统数学课程用图形的边、角对应相等定义三角形全等，研究过程呈现静止状态。新课程把图形的全等作为几何变换的结果；用刚体运动与放缩变换的合成，定义图形的相似。这样，运动进入了数学，辩证法进入了数学，数形结合的思想也进入了数学。

（1）用几何变换观点认识全等、相似和对称性。

刚体运动是几何变换的基础。平移、旋转、反射和它们的组合都是刚体变换。上述变换都具有保距性和保角性，因而上述变换是保形变换。用平移、反射和旋转变换分别解释一种特定类型的对称性。例如，等腰三角形的底角相等，它反映图形关于其中轴线的反射对称性。

说明两个几何图形全等的途径是：如果有一种按顺序进行的刚体运动，把某个图形变换到新位置上，则称这个原图形和变换到新位置上的图形全等。这样，利用刚体变换，分别阐明了三角形、四边形和其他几何图形全等概念，如三角形全等的公理和定理（边角边、角边角、边边边）。

（2）用刚体运动与放缩变换的合成定义相似。

放缩变换是保形变换乘以一个“比例因子”，原象及其变换后的象就构成相似图形。两个相似图形具有的性质是：对应角相等，对应边成比例。

（3）指出变换序列，认识变换过程。

高中数学要求学生利用初等几何变换的性质说明图形的特征与性质，用变换序列描述全等图形或相似图形的形成过程。

（4）明确运动中的关键因素，注意变与不变的辩证关系。

学生要识别变换中的关键因素，掌握静与动的辩证关系。

①在平移变换中，驾驭变换的主要因素是距离与方向，用 t 表示支配平移的向量。平移变换用记号 $T(t)$ 表示，T 表示平移变换，t 表示支配该变换的向量，图形的所有动点都按照向量 t 进行运动。

②在旋转变换中，支配因素是旋转中心 O 与旋转角 θ，动点在变换中都要绕旋转中心 O 旋转角 θ，记旋转变换为 R；$R(O, \theta)$ 表示支配旋转的不变因素。所有动点都绕旋转中心 O 旋转一个定角 θ。

③在反射变换中，支配反射的因素是反射轴。设 L 是平面上的一条定直线，如果点 P 是动点，L 是反射轴，则点 $P\xrightarrow{S(L)}P'$，$F\xrightarrow{S(L)}F'$（点 P 的反射像是点 P'，图形 F 的反射像是全等的图形 F'。）记 $S(L)$ 为反射运动，L 表示其中的反射轴，它是反射运动中的不变量。

④在位似变换中，支配变换的因素是位似中心 O 与位似比 K。用 $H(O, K)$ 表示位似变换及其支配因素，它们是位似变换中的不变量，经过位似变换，图形得以放缩。

《州共同核心数学标准》要求学生用坐标描述二维图形的平面变换，包括描述图形的平移、旋转、反射和放缩。要求学生理解二维图形的相似，如果第二个图形能够从第一个图形经过旋转、反射、平移和放缩等变换序列而得到，则第二个图形与原图形相似。学生应能够用坐标表示两个二维图形相似，描述从原象到象的变换的序列，从而得到相似图形。学生应能利用直线、线段、角、圆、垂线、平行线等术语，阐述平移、旋转、反射、放缩等变换的定义，认识以上运动中的不变量。

（5）初等几何变换的实践。

把变换作为平面上点的函数，点 P 作为输入，点 P' 作为输出，用 $P\xrightarrow{f}P'$ 表示在平面上变换的过程。对给定的几何图形，要求学生运用平移、旋转、反射和放缩变换描述变换过程。学生会用绘图纸、方格纸、几何软件作为工具，确定各种变换的变量与不变量，能详细说明变换后的图形，依次做出变换序列，使之按步实现变换目标，对于给定的刚体运动和给定的图形，能用变换序列预告变换的效果。

3. 更新推理体系，发展学生能力

美国重视推理能力的培养，在初中生对几何概念具有初步认识的基础上，帮助学生扩展数学概念，使学生对变换从感性认识上升到理性认识。

（1）锐角三角函数的扩张。

锐角的正弦、余弦、正切的定义是从对直角三角形的研究开始的。勾股定理是锐角三角函数的基础，也是现实世界许多问题情境的依据。把勾股定理推广到非直角三角形，就是余弦定理，正弦定理与余弦定理结合起来，可以完全解决说明三角形全等问题。然而“边边角”情况具有不确定性，可能导致两解、一解，或无解。

（2）三角形内角和与外角和。

两条平行线被第三条直线所截，产生相等的角与互补的角。学生要认识三角形相似的判定定理和性质定理。重新安排三角形三内角的位置，使它们依次两两共边，从而出现共线反向图形，形成平角，这是证明三角形内角和定理的一个方法。可类似地研究三角形外角和。

（3）曲线与方程、解集的几何意义。

解析几何把几何与代数联系起来，成为分析问题、解决问题的重要工具。代数操作可转换成对几何的理解，图形几何变换对应代数方程的变化。动态几何环境提供了实验工具，利用其能调研几何现象，计算机代数系统也能对代数现象进行试验。

学生能根据动点的条件，建立直线和圆锥曲线的方程。例如，根据一个已知点及直线的斜率，求该直线的方程；求线段上的一点，把某线段分成两段，使它们的比等于定比。

用勾股定理推导圆的方程。根据动点的轨迹条件，推导椭圆、双曲线、抛物线方程，用方程和圆锥曲线图像，建立现实世界问题的模型，认识圆锥曲线方程的一般形式。

例1　已知某圆圆心是坐标原点，且点（0，2）在圆上，则点（1，$\sqrt{3}$）在圆周上。

判断以上命题是否正确？如果正确，请证明，如不正确，请反驳。

例2　给出四个已知点，求证它们恰为某矩形的四个顶点。

例3　用坐标计算多边形、矩形、三角形的周长和面积，包括使用两点间距离公式。

（4）建立相对独立、较为完善的推理系统。

高中与初中几何紧密联系，相互衔接，螺旋上升。高中几何注意在初中几何的基础上建立相对独立、相对完善的推理系统。初中生认识勾股定理，它反映直角三角形边的度量关系。高中生应能独立证明该定理，进一步认识该定理的逆定理也成立。要求证明的定理，包括平行于三角形一边的直线，分另外两边成比例，反之亦真。高中生还要认识定理的构造，知道定理与逆定理，判定定理与性质定理；把直角三角形推广到一般三角形，勾股定理就变成余弦定理；从角的关系思考三角形的边角关系，就得到正弦定理。从应用的方向去思考，就得到两点间的距离公式；从维度进行思考，就得到三维空间中的勾股定理，等等。

高中几何重视夯实基础。例如，认识未定义的概念如点、直线、平面等，要掌握的概念，如线段、射线、角、垂线、平行线、直线上两点间的距离、圆弧上两点间的弧长。能证明有关直线与角的定理包括：对顶角相等；两直线平行且与第三条直线相交，则内错角相等、同位角相等；线段的垂直平分线上任一点到该线段两端距离相等。

（5）证明有关三角形和四边形的定理。

证明有关三角形的定理，包括三角形内角和定理、等腰三角形两底角相等、三角形中位线定理；三角形中的共点线问题，如重心、垂心、内心、外心有关概念和定理。

证明平行四边形性质定理：平行四边形对边相等，对角相等，相邻两角互补，对角线互相平分；反之，可以建立相应的平行四边形的判定定理；类似地，可以探索和证明矩形的性质定理。探索平行线等分线段定理、平行线分线段成比例线段定理，等等。

（6）理解和运用圆的定理与公式。

证明所有的圆相似；确认与描述圆周角、圆心角、弦切角及其度量；直径上的圆周角是直角，构造圆的内接三角形，证明圆的内接四边形的对角互补的性质，证明圆内接四边形的外角等于它的内角的对角。认识圆的切线，它的判定定理与性质定理；证明圆中的比例线段定理，如相交弦定理、切割线定理、切线长定理等。

认识扇形弧长与面积公式，能证明与圆相关的度量关系，如圆幂定理等。认识立体几何有关圆柱、圆锥、圆台和球的问题。认识与运用圆柱、圆锥和球的表面积与体积公式。

4. *几何构图——度量与实践检验*

实践是导出概念的基础，也是检验理论的标准。高中几何给学生提供丰富的机会，进行实验与探索、检验与验证，从而加深对理论的认识。

（1）常见基础作图。

重视培养学生探索发现、动手实践的能力，要求能利用圆规、直尺、绳子、反射装置、折纸、动态几何软件等，做出规范的几何图形。

作线段使它等于已知线段；作一个角使它等于已知角；作一个角的平分线；

作已知直线的垂线；作已知线段的垂直平分线；作已知直线的平行线等。以上作图是基本作图，包括简易作图、用尺规作图、用技术软件作图。

（2）与几何变换相关的作图。

根据相似变换的意义作图，即由一个放缩中心和一个放缩比例因子作位似图形。一个变换，使得一条不通过放缩中心的直线，变成它的平行线；一条通过放缩中心的直线变换后仍然通过该点不变；一条线段，经过变换后，将按比例长于或短于原来的线段；给出两个图形，根据放缩的定义，说明这两个图形是否相似；利用相似变换的性质作图，证明有关相似三角形的定理。

（3）用多种方法表述平面几何变换。

①给出三角形、平行四边形、梯形和正多边形，利用平面变换、描述平移、旋转与反射的效果。

②验证，经过旋转、反射、平移等变换，线段、角、圆、垂线、平行线等相关性质不变。

如图 3－1 所示，几何变换序列作图。

变换 1：$\triangle ABC \xrightarrow{\text{（平移 2，0）}} \triangle A'B'C'$

变换 2：$\triangle A'B'C' \xrightarrow{\text{（反射，轴 } B'C'\text{）}} \triangle A''B'C'$

变换 3：$\triangle A''B'C' \xrightarrow{\text{旋转 } R\text{（}C'\text{，}-180°\text{）}} \triangle C'DE$

变换 4：$\triangle C'DE \xrightarrow{\text{放缩 } H\text{（}C'\text{，}\frac{1}{2}\text{）}} \triangle C'D'E'$

∴ 上述连续变换的结果是$\triangle C'D'E'$。

5. 几何建模呈现新亮点

重视数学建模是各国数学课程的新趋势。美国高中几何以数学建模为其特色，又以常见的几何对象作为数学建模的重要载体。

（1）对几何形体自身的研究。

几何形体是有代表性的数学模型，具有规范性、简明性，它们是数学建模的重要依据。

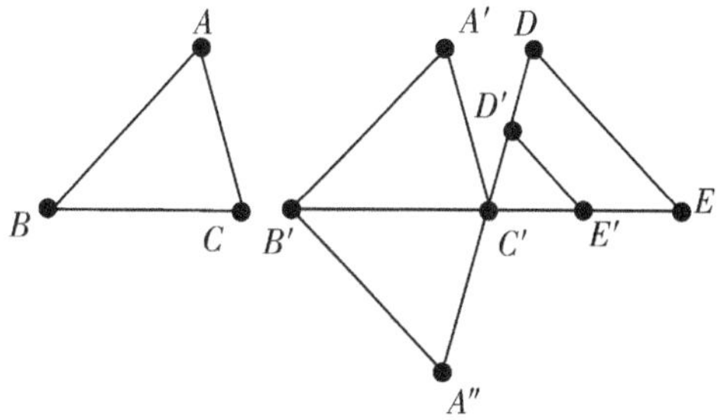

图 3－1　几何变换序列及其结果

（2）根据实际情境，合理选择模型。

进行建模，需要分析情境，选好模型，进行模拟。需要思考假设，做出预测，探索结论，解决问题，与原预测做比较。技术是模型验证的有力工具。即使是硬币这样的形体，也有不同的建模选择：既可看作三维的圆柱，也可看作平面圆盘，等等。

（3）现实生活中的建模。

分析实际问题，找出主要特征，考虑约束条件，研究数学实质，思考解决方法；寻找合适几何形体，简化次要内容，力求用熟悉的数学工具予以解决。还要分析模型实际意义，回复解决原来的问题。下面列举 11 类模型：

①分析几何的外形，探索度量与性质。用一个几何形体描述实物（例如，把一个树干或一个人体躯干看作圆柱或气缸）。

②在建模情境中，应用面积模拟密度概念，例如，每平方英里的人数。

③用几何方法去解决设计问题。例如，设计一个物体或一个构图，满足某些约束条件。求多种食物组合，既保证人体需要，又能最节约成本，可转化为平面区域问题。

④每立方英尺的热量，作为空间密度概念的模型。

⑤航海问题、追及问题，可利用三角形模型或以两点间的距离为模型解决。

⑥利用量纲分析与单位转换，利用方程表述数学模型。

⑦寻找地震震源。

已知地震震源在地球内某点上。设三台测震仪分别为 A、B、C，它们不是直接在震源上方，从它们所在位置能否测出从各点到震源的距离？（为测出震源的位置，在 A、B、C 三点分别安设一台测震仪）

从测震仪 A 读出震源在 $\odot A$ 的某个位置上；从测震仪 B 读出震源在 $\odot A$ 与 $\odot B$ 的两个交点之一上；能否利用测震仪 C 测出震源的位置？

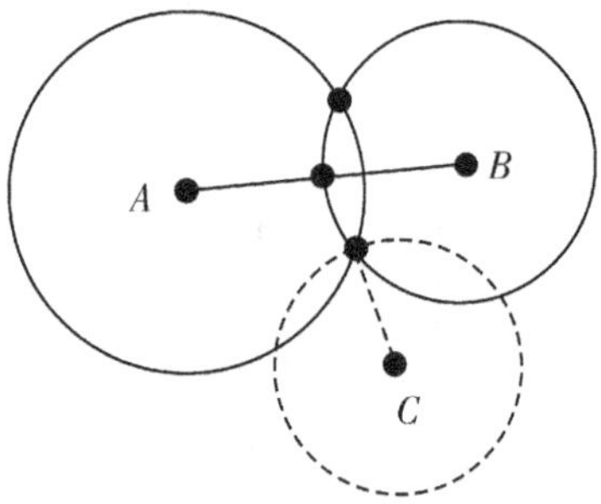

图 3－2　测出震源的位置

⑧理解正弦定理和余弦定理，求直角三角形乃至一般三角形的未知度量。利用有关定理和公式解决测量问题、合力问题等。

⑨给一个非正式的论点，利用卡瓦列里原理（即我国的祖暅原理）研讨用一个球体探测其他立体图形的体积公式。（卡瓦列里于 1635 年发现该定理，而我国齐梁时代的祖暅比卡瓦列里早 1 100 多年发现该定理。）

⑩祖暅原理：设两立体图形 M、N 同夹于两平行平面 α、β 之间，如果这两平面间的任一平行截面的面积相等，则 M、N 两立体图形等积。据祖暅原理由规范形体求非规范形体的体积。

⑪给出圆周长、圆面积、圆柱表面积和体积公式，棱锥、圆锥的表面积和体积公式，让学生根据上述公式解决实际问题，理解与争论几何建模信息，从而把实际问题情境转化为用数学模型表示。

6. 从高中几何标准看美国数学教改趋势

从上述高中几何标准，可以发现美国数学教改有以下新趋势：

（1）高中几何与初中几何联系紧密，在内容上涵盖了初中几何，注意在初中几何的基础上发展、充实与提高，呈现螺旋式上升的势态。

（2）用运动、变化的观点分析图形，注意动与静的相互制约与统一，用对立统一的观点分析几何变换，使之成为高中几何的核心内容。

（3）重视发展学生的动手操作能力、推理论证能力、数学交流与数学表述能力。20 世纪美国学校数学单纯偏重数学应用，弱化数学推理，但目前这种现象有了显著改善。

（4）大力提高几何建模的地位，重视模型的构建，加强对常见几何模型的认识，加深理解，提倡实际应用。

3.3 中美高中代数标准的比较研究

本节对中美两国高中代数标准的内容及所蕴含的数学思想做一比较，同时对美国的两个标准，即 PSSM 和 CCSSM 也做一些比较，以分析美国数学课程的发展趋势。

表 3－5 美国两个标准结构的差异

<table>
<tr><td rowspan="3">PSSM</td><td colspan="2" rowspan="2">学前至2年级</td><td colspan="4" rowspan="2">3～5 年级
（小学标准）</td><td colspan="3" rowspan="2">6～8 年级
（初中标准）</td><td colspan="7">9～12 年级（高中数学标准）</td></tr>
<tr><td rowspan="2">数及其运算</td><td rowspan="2">代数</td><td rowspan="2">几何</td><td rowspan="2">度量</td><td rowspan="2">数据与概率</td><td rowspan="2">问题解决</td><td rowspan="2">推理与证明</td></tr>
<tr><td colspan="2">数与图形</td><td colspan="4">内容按初中部分专题展开，要求降低</td><td colspan="3">基本按照高中专题范围展开，要求降低</td></tr>
<tr><td rowspan="2">CCSSM</td><td colspan="9">按年级阐述内容和教学要求
（学前至 8 年级）</td><td colspan="7">9～12 年级（高中数学标准）</td></tr>
<tr><td>学前标准</td><td>1 年级标准</td><td>2 年级标准</td><td>3 年级标准</td><td>4 年级标准</td><td>5 年级标准</td><td>6 年级标准</td><td>7 年级标准</td><td>8 年级标准</td><td>数学实践</td><td>数与量</td><td>代数</td><td>函数</td><td>数学建模</td><td>几何</td><td>统计与概率</td></tr>
</table>

1. 美国两个标准的结构差异

美国的《学校数学的原则与标准》（PSSM），按学前至 2 年级，3～5 年级，6～8 年级，9～12 年级四个学段划分内容和要求。CCSSM 则从学前至 8 年级，逐年级确定内容和教与学要的求，如表 3－5 所示；高中部分（9～12 年级）则按照不同的数学专题，分别指出教学要领。高中数学由 7 个专题组成：①数学实践；②数与量；③代数；④函数；⑤数学建模；⑥几何；⑦统计与概率。数学建模与数学实践两专题，分别与其他专题相互渗透，交叉阐述。

2. 中美两国高中数学课程的理念比较

我国高中数学课程提出十条理念，而美国 CCSSM 提出八条数学实践标准，作为指导基础教育数学的一贯标准；CCSSM 另提出数学建模六条标准，指导高中数学的教与学。

表 3－6　中美两国高中数学课程理念比较

中国高中数学课程理念	美国基础教育数学实践标准	美国高中数学建模标准
①构建共同基础，提供发展平台	①弄清问题，在解决过程中具有坚韧不拔的精神	①对问题情境的理解与阐述
②提供多样课程，适应个性选择	②推理的抽象性与数量化	②情境模式化、关系明朗化
③倡导积极主动、勇于探索的学习方式	（计算是数学推理的一种有效表述形式）	（把实际情境转化为数学模式）
④注重提高学生的数学思维能力	③构建可行论据，形成思维序列	③分析与变形，推理与计算
⑤发展学生的数学应用意识	④利用数学，建立模型	（即对所得的模式进行数学操作）
⑥与时俱进认识“双基”	（建模促进数学应用）	④解释、翻译与还原
⑦强调本质，注意适度形式化	⑤讲究策略，利用合理的工具	（即把所得数学结果还原为实际情境的解答）
⑧体现数学文化价值	⑥关注精确性	⑤模式改进，经历过程
⑨注重信息技术与数学课程的整合	⑦寻找和使用结构	（有效性验证，模式的改进）
⑩建立合理、科学的评价体系	⑧寻找和表述重复推理过程	⑥在实践中感悟，在运用中创新

注：括号中的内容为笔者的补充说明。

由表 3－6 可见，我国高中数学理念，特别是⑥⑦⑧条，具体反映了 1949 年以来数学课程与教学改革的成果，具有我国自身特色。美国的两组标准，对数学实践提出了新颖见解，反映了美国对数学建模的一贯重视。

3. 对数与量概念处理的比较

数的概念的发展，是传统代数学的第一根支柱。1949 年以来我国代数教材把数的概念发展视为中学代数的主要脉络。数与量、式与方程是传统意义上高中代数的重要组成部分。近 20 年来，中美两国高中代数在内容安排上逐步拉开了距离。

（1）对于数系扩充，两国处理完全不同。

美国高中数学标准把数与量作为首项。而我国高中课标把“数系的扩充与复数的引入”分别安排在选修 1－2（文科）和选修 2－2（理科），注意力有所降低。

表 3－7　对于数与量的处理的比较

	美国高中代数	中国高中代数
数概念的发展	小学：整数，0，分数，小数概念回顾与发展 初中：负数，有理数，无理数，实数，科学记数法，近似，估算	在数学必修课 2.1.1 节补充根式与有理指数的关系，为指数函数的学习做必要的铺垫
	指数概念扩张：零指数、负指数、有理指数，例：$5^{(1/3)3}=5^1=5$，即 $5^{1/3}$ 是 5 的立方根	探究：$(\sqrt[n]{a})^n=a$
	用有理指数幂的序列逼近无理指数幂	$a^{\frac{m}{n}}=\sqrt[n]{a^m}$（$a>0$，$m$，$n\in\mathbf{N}$）
	扩展指数的性质到有理指数	用逼近法求无理指数幂
	复数系： ①执行复数的算术运算 ②在复平面上表示复数及其运算 ③在多项式恒等式和方程中使用复数 例如：$(-1+\sqrt{3}i)^3=8$，因为复数（$-1+\sqrt{3}i$）的模是 2，其辐角是 120° ④复数四则运算、复数加减运算的几何意义	数系的扩充与复数的引入： ①在问题情境中了解数系扩充过程 ②理解复数基本概念，复数相等的充要条件 ③了解复数的代数表示 ④复数加减运算几何意义
向量及其应用	量的意义。现实世界问题的解答往往不是数而是量，量就是带有度量单位的数	平面向量的实际背景、基本概念和线性运算
	高中生对量的应有认识。高中生应能鉴别实际情境中的量，如加速度、货币兑换、人均小时量、每天供暖度数、按人口分配的收入、每个游戏的平均得分数。如果需要测量公路的安全性，则要测定平均每个驾驶员遇到的交通事故次数等，这些都是量	空间向量的概念及其几何意义。向量的正交分解及其坐标表示 直线的方向向量及平面的法向量
	向量及其运算。向量及其分量，向量的坐标表示、向量的运算、矩阵量。利用矩阵表示几何变换	平面（空间）向量的基本定理，平面（空间）向量的坐标表示

（2）中国特色——突出重点，填平补齐。

我国高中数学首先抓住：①根式与指数的相互转化；②高二插入数系扩充与复数引入。从函数到复数，学生认知跨度较大，从高一上学期到高二下学期，时间跨度也大。我国高中数学必修4 安排“平面向量”，选修2－1 安排“空间向量与立体几何”，给希望向理工科方向发展的学生做必选课，注意用向量方法解决立体几何问题，突出空间向量的几何意义，这是我国高中数学实验稿的一个显著特色。

（3）美国特色——数与量并重，面向实践。

数与量作为美国代数的两条主线，按认识顺序逐步展开；加强对量的阐述，为认识现实世界数学问题创造有利条件。如每人每天平均工作时间、按人数分配的收入、某运动会平均每场比赛得分数等。这些量的问题，进入高中代数的开篇，由此导出各种复合度量单位。美国的《学校数学的原则与标准》已经提到了向量，而 CCSSM，对量做了更加全面的阐述，它把向量与矩阵联系起来。量的提出开拓了数学学习与数学实践的视野，从而成为数学建模的必要基础。

美国 CCSSM 较完整地补充了矩阵代数的基础知识，包括矩阵的意义和运算、用矩阵表示向量、用矩阵表示几何变换等。当前美国已经把向量与矩阵列入学校数学教学序列。

4. 对代数式、方程与不等式的处理

首先是时间安排上的差异。我国初中主要学习代数式，高中主要学习函数及其性质，不再安排代数式的学习。美国所提的表达式，主要是代数表达式，其含义比代数式宽泛，贯穿在中学各年级。

表3－8　对代数式、方程与不等式的处理

	美国 CCSSM	中国高中课标实验稿
代数式	该标准中的表达式主要是代数表达式，即用代数运算符号把数与字母连接起来	初中已经学习过代数式及其运算
	把 $a(x)/b(x)$ 写为 $q(x)+r(x)/b(x)$，其中 $a(x)$、$b(x)$、$q(x)$ 和 $r(x)$ 是具有不同次数的多项式，而 $r(x)$ 的次数低于 $b(x)$ 的次数	高中数学不再重复学习代数式，对其不做进一步研究
	按照适当的需要，改写一个表达式	函数式的改写
方程	方程常常被看成一个问题，问及当变量取值为何时，等号两边表达式的值相等。这时未知量的值，就是方程的解	用函数观点解一元二次方程，明确函数的零点与相应方程的根的关系
	一元线性方程解的一般形式； 二元线性方程组解的一般形式	结合二次函数图像，判断方程根的个数

（续上表）

	美国 CCSSM	中国高中课标实验稿
方程	列一元方程或一元不等式，用它们解决产生于线性函数或二次函数情境的问题	借助计算机，用二分法求相应方程的近似解
	列二元或多于二元的方程组表示量的关系，利用坐标轴与比例，绘出函数图像。 理解解方程是一个推理、说理的过程	（我国已经把一元一次方程和一元二次方程安排在初中学完）
	推出一元二次方程求根公式，用多种方法解一元二次方程	（在高一用函数观点加深学生对方程的认识）
	用复数形式表示一元二次方程，求一元二次方程的两个根，$a \pm bi$	我国没有要求掌握一元二次方程的复数根
	方程的同解原理，解方程的推理过程	
不等式及其应用	可以通过推理的方法求不等式的解。一些有关恒等的性质可以继续用到处理求解不等式的问题中去。注意不等式和方程的联系与区别	会解一元二次不等式，了解它与相应的函数与方程的联系
	用图示法解一元一次不等式	不等式与线性规划问题
	通过方程或不等式，用方程组或不等式组表述有关问题的限制条件	用平面区域表示二元一次不等式组解的范围。

注：括号内文字为笔者的补充说明。

（1）中国对代数式方程处理的特点。

总体上，我国在代数式的要求上（例如多项式除法）留下缺口较多，而在不等式的证明方面，要求略高于美国。

①简化对代数式的要求，留下知识缺口。初中简化了代数式学习要求，高中阶段不再学习，导致多项式除法学习留下缺口。例如余数定理，代数基本定理，被除式、除式、商式与余式的一般关系“$a(x)/b(x)=q(x)+r(x)/b(x)$”等方面，我国标准中没有涉及。

②加深不等式学习程度，学生有选择余地。我国高中必修 5 不等式的内容，相当于美国 CCSSM 对不等式的要求。我国在高中选修 4 另设有不等式选讲，包括：a. 不等式基本性质；b. 绝对值不等式；c. 柯西不等式的几种不同形式；d. 排序不等式；e. 证明不等式的基本方法。以上五部分列入高考，我国高中生多数有选学。可见我国高中不等式学习程度略高于美国。

（2）美国对方程和代数式的处理特点。

①多项式学习内容丰富，被除式、除式、商式与余式的一般关系阐述清楚，

对余数定理、代数基本定理做了必要的介绍。②方程与不等式合在一起学，便于比较，也容易产生混淆。符号的处理是学生的常错点，在美国 CCSSM 中未做必要的提点。③代数结构的思想比较清晰。理解有理表达式构成一个类似于有理数的体系，其对加法、减法、乘法都是封闭的，在事实上隐含了有理数环、多项式环等的结构思想。

5. 矩阵在两国高中数学课程中的地位

两国的差异既表现在课程的安排上，也表现在教学的实际处理上。

（1）矩阵列入美国课标，普遍出现在课本中。

美国的 PSSM 提出把矩阵作为几何变换的有效工具。例如，已知$\triangle ABC$的三顶点$A(-5,1)$，$B(-4,7)$，$C(-8,5)$，求作$\triangle ABC$关于直线$y=-x$的轴对称图形，只要求出二阶变换方阵$\begin{pmatrix} P & Q \\ R & S \end{pmatrix}$，使得$\begin{pmatrix} P & Q \\ R & S \end{pmatrix}\begin{pmatrix} -5 & -4 & -8 \\ 1 & 7 & 5 \end{pmatrix}=\begin{pmatrix} 1 & 7 & 5 \\ -5 & -4 & -8 \end{pmatrix}$，利用矩阵乘法，确定所需的变换方阵为$\begin{pmatrix} P & Q \\ R & S \end{pmatrix}=\begin{pmatrix} 0 & 1 \\ 1 & 0 \end{pmatrix}$，则$A'(1,-5)$，$B'(7,-4)$，$C'(5,-8)$，分别为所求的三角形的三个顶点。$\triangle A'B'C'$为所求的三角形或$y=-x$轴对称，满足$\triangle ABC \xrightarrow{y=-x} \triangle A'B'C'$。

同样，CCSSM 也把矩阵作为高中代数的重要内容，矩阵作为表示几何变换的工具。在该标准中出现一个新术语“矩阵量”，即当用矩阵表示向量的时候，这个矩阵就带有单位，而这个表示向量的矩阵，被称为矩阵量，这是 CCSSM 的新提法。突出对量的研究，注重量的运算与表述，是美国高中数学标准的新特色。

（2）矩阵列入我国高中课标，实际教学遇障碍。

《矩阵与应用》联系实际广，应用性强，我国已经在部分班级试教过，效果好。实验教材《矩阵与变换》已经由北京师范大学出版社出版，受到读者的欢迎。由于该专题未列入高考范围，因此没有学校把它列入教学序列，这不能不说是一个遗憾。

6. 两国各有优势，互有不足

两国都重视数学思想方法的渗透，各显优势，互有不足，内容的缺失分别出现在两国标准中。

表 3－9　中美各呈亮点，各有不足

中国高中课标	美国 CCSSM
用变量与函数观点解决问题	突出量与矩阵，便于联系实际
注意数形结合，突出几何意义	关注运算对集合的封闭性
多项式研究不足，未涉及矩阵方法	例题不足，参考资源短缺

3.4　对美国高中函数标准的思考

1. 课程背景

2000年，美国数学教师协会出版了《学校数学的原则与标准》（PSSM），该标准紧密联系中学数学教学实际，案例丰富，展示了数学实践的丰富联系，受到国际数学教育界的广泛关注。

2010年，美国颁布了《州共同核心数学标准》（CCSSM），该标准紧密结合美国学校数学的新进展，提出较多新见解，重视数学思想方法的运用，在美国有较大影响，有一定的权威性。

2011年，美国麻省教育部门公布《麻省数学课程框架》（MCFM），作为对CCSSM的补充与支持。该标准紧密联系学生实际，结构特色鲜明，系统性强，数学建模范例丰富，建构主义思想突出。

本节对上述三个标准的函数部分做思考与比较，也对中美函数标准做比较。

2. 函数定义的描述

函数是重要的数学工具，它研究两个量的相互依赖关系。例如，某项投资的本金为10 000美元，回报的年利率为4.25%，求t年后的投资回报。这种回报是投资时间的函数。当研究量与量的关系时，这种关系常用某个代数式表示。又如求汽车行驶100公里所用的时间，它是速度v的函数：$T(v)=100/v$。以下内容是对函数定义的描述。

（1）用集合的对应关系法则描述。对于集合D（称为定义域）的每一个确定的元素$x\in D$，根据法则f，在集合M（称为值域）中有一个确定的元素A_1与之对应，使得$y=f(x)$。

（2）用公式法描述。对于函数定义域D中每一个元素x，根据法则f，都在值域M中有唯一确定的元素$y=f(x)$与之对应。x称为输入值，$y=f(x)$称为对应于输入值x的输出值。函数$y=f(x)$的图像就是f的图像。

（3）用图像法描述。如用地震测震仪绘制地震图像等。一个函数图像，常常用来直观地表示该函数最突出的性质。

（4）用词语描述。“如果你告诉我某州府所在城市，我就能说出这个城市所在的州。”那么，州就是州府所在城市的函数。用词语描述法定义函数，可以表述某些不易用表达式描述的函数的特性。

（5）用递归法描述。其定义域是整数集的子集。例如，斐波那契数列就是用递归法定义的。通过递归式：$f(0)=f(1)=1, f(n+1)=f(n)+f(n-1)$，其中$n\geqslant 1$。把大于1的自然数依次代入，就得到斐波那契数列：1，1，2，3，5，8，13，21，…

用递归法来定义函数，便于处理离散型函数这类问题，又能用函数观点看待数列问题。例如，等差数列与等比数列都可以用递归方法定义。

有两类重要函数都可以表述函数的递增性质，但它们的增速大不相同。例如，对于自变量平等的增量，线性函数 $y=2x+1$ 的增量也是平等的，而指数函数的增长情况大不相同，当指数增量是常数时，对于指数函数 $y=2^x$，若自变量依次有增量 1，则函数的增量依次为：

$2^2-2^1=2$，$2^3-2^2=4$，$2^4-2^3=8$，$2^5-2^4=16$，…因而产生指数爆炸现象。

绘图技术或计算机代数系统有助于用实验展示函数的性质。由特定的输入值而求输出值，这是表达式的估值问题；由给定的输出值而求输入值，这是解方程的问题；如果两个方程具有相同的解，则可以归结为函数图像的交点问题。

3. 函数类型与性质

美国标准的函数视野较宽，我国高中课程的函数类型相对美国同类标准来说较少，如表 3－10 所示。

表 3－10　中美函数标准涉及的类型与性质

函数标准	函数类型	主要性质
中国高中标准	幂函数、线性函数、指数函数、对数函数、二次函数、三角函数	函数的单调性及其应用、函数的奇偶性
美国 PSSM	幂函数、线性函数、指数函数、对数函数、多项式函数、有理函数、反函数、三角函数、复合函数	函数分段性质、函数的递归性质，宜用参数表示的函数性质，函数的奇偶性
美国 CCSSM	幂函数、线性函数、指数函数、对数函数、多项式函数、有理函数、无理函数、反函数、三角函数、复合函数、绝对值函数	函数分段性质，函数的奇偶性及其图像特点，函数的递归性质
美国 MCFM	同上（注意从已有函数建构新函数，体现了建构主义思想）	函数的衍生性质，函数可建模性质，函数性质模式化

美国的 CCSSM 和 MCFM 分别指出了反函数存在的条件，而 PPSM 没有涉及某函数可逆的条件。我国标准只举例指出指数函数和对数函数是互为反函数，而对两函数互为反函数的条件未做深入阐述。

4. 几类函数及其图像特征

当 $x>0$ 或 $x<0$ 时，幂指数分别具有同向或反向的单调性质，可见变量取值范围对函数图像影响较大。当幂指数不同时，幂函数的单调性也各不相同。美国 CCSSM 要求学生借助技术或电子数据表，建构函数图像。图 3－3 为幂函数图像。

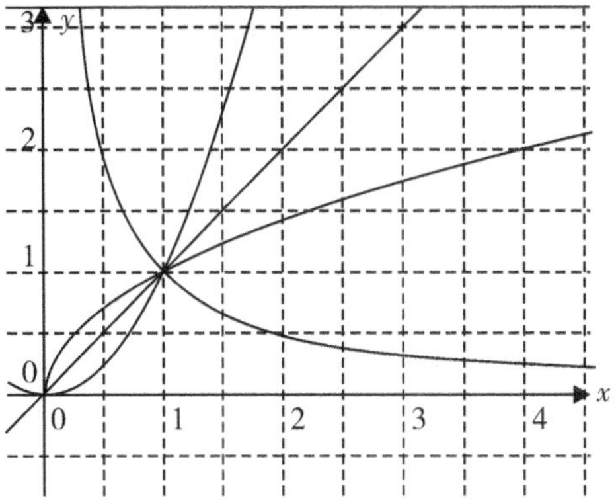

图 3－3　幂函数图像

（1）指出幂函数的单调性与单调区间，当 $x>0$（$x<0$）时，函数的单调性如何？是否有改变？

例 1　如图 3－3 所示，函数 $f(x)=x$，$g(x)=\sqrt{x}$，$h(x)=1/x$，$b(x)=x^2$，$j(x)=x^3$，试说明哪个函数对应于哪个图像？说明理由。

（2）分析多项式函数图像、分段定义的函数图像、阶梯函数图像、绝对值函数图像及其特征。

①适当地分解因式，有利于找出函数的零点，注意函数在区间端点的性质。

②分析有理函数图像，识别函数零点和渐近线的性质，说明函数在区间端点的性态。

③写出一个用不同的表达式来定义的函数，但这些表达式是等价的，解释并揭示函数的不同性质。

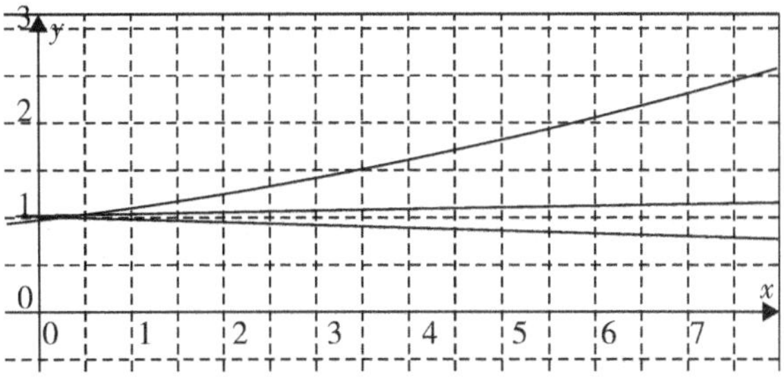

图 3－4　指数函数图像

④利用分解因式和二次函数的配方过程，找出并说明函数的零点、极值点，指出图形的对称轴、指出函数图像在坐标轴的截距。

⑤利用指数性质说明对数函数图像的特征。

例 2　识别函数的百分变化率，如 $y=1.02^t$，$y=0.97^t$，$y=1.01^{12t}$，$y=$

$1.2^{t/10}$等，对指数函数进行分类，图3-4为指数函数图像。判断该函数是单调递增还是单调递减。

⑥比较用不同方法定义的两个函数的性质（代数法、图像法、数值列表法、词语表示法等）。例如，给出两个二次函数，其中一个二次函数用图像法给出，另一个用代数表达式给出，说明哪一个函数的极值较大。

⑦给出函数的代数表示、数值表示、图像表示等形式，分别判断指定函数是否为多项式函数、根式函数、对数函数、指数函数或三角函数，判断各类函数的关键性质。

（3）说明来自应用线索中的函数。

根据量表或草图，描述函数的关键性质，包括截距、函数的单调区间、函数的零点、取值为正或取值为负的区间、函数的单调性、相对极大值、相对极小值、对称性、端点性质。

5. 函数的分析与建构

用图像法能形象地表示和说明函数的关键性质。有时可徒手作一个简单草图，当情况较复杂时，可以利用技术作图，例如：

（1）作线性函数或二次函数图像，要求展示截距，说明函数的最大值或最小值。

（2）建构一个函数，用它描述两个量之间的关系。

（3）决定函数的一个显式表达式、一个递归表达式、一个参数表达式；根据某条线索，写出分步计算过程；在原有函数的基础上，建立新函数。

（4）根据函数$f(x)$的图像，作$f(x)+kf(x)$，$f(kx)$和$f(x+k)$的图像。其中k是一个特殊值，包括正值和负值。反之，给出函数图像，求k值。说明图形的有效性，利用技术作图，验证各种情况并给予说明。从图像的对称性以及代数表达式的特征，认识函数的奇偶性。

（5）反函数问题。

①解形如$f(x)=c$的方程。对于简单函数$f(x)$，判断它是否有反函数，如果有，写出它的反函数的表达式。

例3　$f(x)=2x^3$和$y=(x/2)$^(1/3)互为反函数上式所表示的反函数。

（图3-5为上式所表示的反函数图像）

②注意：如果两个函数互为反函数，则它们的图像关于直线$y=x$对称。

（6）如果一个函数有反函数，要从图像中，从对应值表中由原来的函数值，确定其反函数的对应值。

（7）对一个非可逆函数，如果对其定义域做适当限制，能够产生一对可逆函数，要注意可逆函数的互逆性质及其图像特征。

（8）理解指数函数和对数函数是互为反函数关系，并利用这种关系解决含有对数函数与指数函数的问题。特别是，有些函数是自身的反函数，例如，$y=$

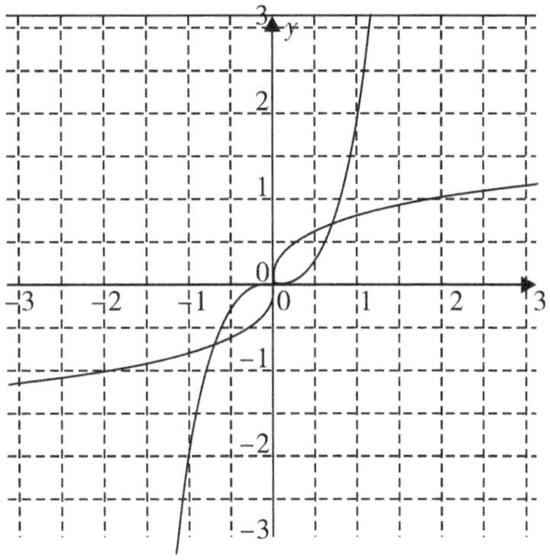

图 3－5 反函数 $f(x)=2x^3$ 和 $y=(x/2)$^(1/3) 图像

$\frac{1}{x}$（$x\neq0$，$y\neq0$）是它自身的反函数。

6. 扩展三角函数的定义域

（1）理解角的弧度制。

在单位圆中，如果圆心角所对的弧长恰好等于该圆的半径，则该圆心角的度量就叫一个弧度。这样，在平面直角坐标系中，能够把圆心角与它所对的弧长和实数集对应起来。

（2）说明角的弧度制。解释角的终边绕圆心沿逆时针方向旋转所得的圆心角。

（3）利用单位圆来解释三角函数的对称性（奇偶性），说明三角函数的周期性。用三角函数给周期现象建模。

（4）要求解出并表示三角方程的解集（当前我国高中数学标准未提及反三角函数与三角方程）。

（5）理解一个三角函数在其定义域中存在反函数的约束条件。如果三角函数在某区间单调递增或单调递减，则可在该区间建构三角函数的反函数。

7. 高中函数建模

PSSM、CCSSM、MCFM 三个标准都十分重视函数建模及其应用，注意刻画各类函数的特征性质，包括模型的规范性与应用性。例如，PSSM 举出三类建模范例：①寄信时按邮件重量收费计价模型（阶梯函数）；②世界人口平均增长率的预估模型（指数函数）；③地球某处日照时间的周期性变化模型（三角函数）等。又如 CCSSM 把函数建模作为函数的重要应用，利用已有函数构建新函数，扩展了学生的函数的视野，把函数与运动联系起来。以范例为线索，对函数建模的特征与应用，给予具体指导。

我国高中课程标准对函数建模也较以前重视，要求在高中阶段至少安排一次较为完整的数学探究、数学建模活动。与美国函数标准相比，我国尚有较大差距，因而需要借鉴外国有效的经验。以下线索主要来自 MCFM 的函数标准，指出函数可建模的范例。

线索1　写出一个算术序列和一个几何序列，它们既可用递归形式写出，也能用显式公式写出。用上述两种序列对具体情境建模，并把两种模型分别与递归形式互译。

线索2　复合函数。某地大气温度 $T(h)$ 是气球高度 h 的函数，而气球的高度 $h(t)$ 又是时刻 t 的函数，因而大气温度 $T[h(t)]$ 就是大气温度关于时刻 t 的复合函数。经过具体调研和测量，参考有关信息，写出这个函数。（我国高中标准没有提及复合函数）

线索3　用算术运算把几种类型的函数结合起来，建立物体冷却模型。例如，利用指数函数表示温度衰减，再加上某个常函数。试建构冷却体的温度衰减模型。

线索4　邮寄快信的费用：重量不超过1盎司的快信计价33美分，重量超过1盎司的，超重部分每盎司加收邮费22美分，重量在13盎司以内的邮件按照上述标准计费。

分析：学生也许会从画出函数值表开始。如果 C 表示寄一封信的花费，P 表示信的重量（盎司），那么，寄一封信的花费 C 是邮件重量 P 的函数（如图3－6所示）：

$C=33+(p-1)\times 22,\ (1<p<13,\ p\in\mathbf{R})$。

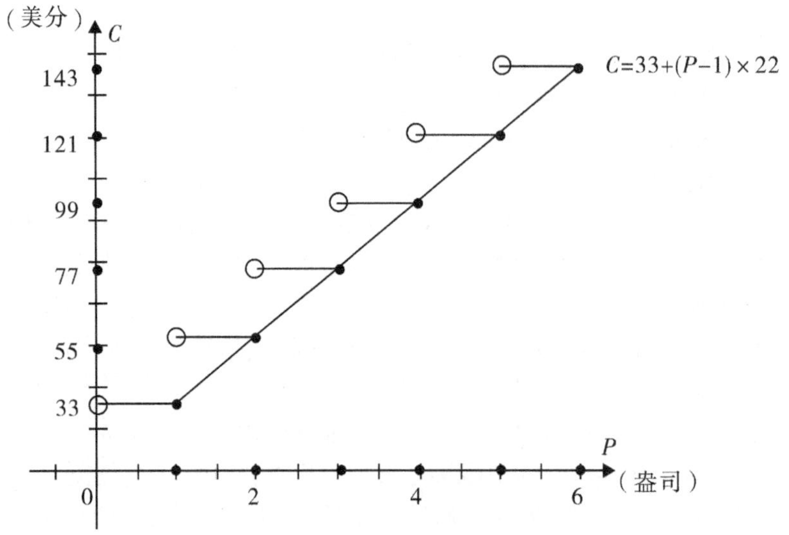

图3－6　线索4：邮寄快信的费用阶梯函数图像

3.5 对美国学校数学实践标准的思考

近20年来，美国在中小学课程改革方面做出巨大努力，取得一些成果。2010年颁布的《州共同核心数学标准》，进一步提出了数学实践标准，引起世界关注。本节对数学实践标准的背景、内涵与前瞻做一简要的评述，并指出有关标准的联系与发展。

1. 美国数学课程标准的回顾

1989年，美国数学教师协会（NCTM）发表《学校数学课程及评估标准》，提出美国数学课程的目标是：①了解数学的价值；②学生对自己的数学能力要有信心；③把学生培养成为数学问题的解决者；④指导学生学会数学交流；⑤指导学生学会数学推理。

1991年，NCTM发表《数学教学的职业标准》。该标准指出，学习数学推理和数学交流，只有当学生获得机会并且进行这种实践才能学会。学生的学习活动是数学教学的重要组成部分，在学习中，师生共同构成数学学习的和谐环境。

1995年，NCTM发表《学校数学评价标准》。该标准指出，学校数学的评价工作是全面的，它包括：①一般评价；②学生学习评价；③教与学的协调性，课程大纲和课程标准的一致性的评价。

2. 制定数学标准的新背景

2000年，NCTM发表《学校数学的原则与标准》（简称《原则与标准》），该标准力求把原有三套标准统一起来，使之在理论上得以概括，在观点上得以提炼，在叙述上得以精确化，提出了学校数学教学的六条指导原则，对我国数学课程新理念的形成产生积极的影响。

（1）权威性与比较性。

根据各州要求，有关专家于2010年颁布了《州共同核心数学标准》（简称《数学标准》），提出数学实践的新理念，建构理论的新框架，力求适应时代发展。

有关专家认为，当前数学教科书缺乏严谨性，不适应学生的实际水平。他们通过比较研究，发现新加坡、德国、法国、韩国、中国台湾与香港地区，其数学课程有些地方优于美国。《数学标准》注意夯实基础，突出重点。为了赶上先进国家与地区，有必要发表共同标准，该标准内容要宽，表述要简单易懂，容易为师生所掌握。

他们首先调查美国数学教育现状，分析过去几个标准的优缺点，作为标准研制的出发点。研制组包括优秀的数学家、教育家和课程专家。其次，还组成了标准有效验证委员会。2007年国际数学教育终身成就奖得主、数学教育家杰瑞米·基尔帕特里克（Jeremy Kilpatrick）是该验证委员会成员。

（2）公开性与群众性。

美国各州接受同一个数学标准，有利于各州教育交流，有利于美国国内乃至国际数学教育测量与比较研究。《数学标准》正是在这种背景下产生的。

该标准既尊重各州的学科教育自主权，又适应学术交流和测量评价的需要。各州以自愿为原则接纳标准，“州共同核心数学标准”的名称，反映了课程求同存异的思想。以高中为例，该标准所列举的，是各州高中数学共同核心内容，为满足升大学的需要，各州另开设选修课，如微积分、离散数学、高级统计学等。《数学标准》经过论证，在网上公布，研制组、教育部门、学科部门紧密联系，还争取师生对新标准的支持。

3. 数学标准的新特色

原有的《原则与标准》偏重原则的提出，对于各年级数学教学内容和方法没有具体规定，缺乏连贯性和系统性，因而在执行上存在不便。

（1）学科水平显著提高。

《数学标准》重视学科内容的组织，注意建构科学的标准体系。重视联系实际，要求学生的推理论证、操作实践、数学建模等能力全面加强。《数学标准》绝不是对过去的标准冠以新名而已，新标准注意充实数学内容，务求提高科学水平，奉献给后人，服务于未来。以几何为例，新标准要求学生的识图、作图、推理、论证能力显著提升。

（2）加固薄弱环节，夯实基础知识。

新标准与原有标准相互衔接，它们能够通过时间考验，形成专题和实施的序列。序列训练内容具有连续性、层次性。不仅要教好专题中的数学内容，还要指出蕴含在数学内容中的基本技能、思想与方法，并帮助学生领悟。

过去数学的《原则与标准》，几何部分较为薄弱，没有指出哪些概念、定理是必学的。对于如何建构概念、定理与公式之间的联系，未做详细的说明。在《数学标准》中，从1年级（相当于我国小学1年级）到12年级（相当于我国高中三年级），都安排几何知识和方法的学习。图形的特征与性质、图形的度量与计算、图形的分割与重组、图形的运动与变换，都得到较充分阐述，较好地体现了知识的衔接性与连贯性。

（3）由分段到分级，任务更加清晰。

NCTM制定的《原则与标准》，分四个学段予以阐述，即学前至2年级，3～5年级，6～8年级，9～12年级。过去的标准，年级学习任务不够清晰；2010年颁布的《数学标准》，从学前到8年级，逐个年级分别提出具体的学习要求，有利于教师教学、家长指导，也有利于学生学习。而高中数学，则按照数学实践、数与量、代数、函数、几何、数学建模、统计与概率七个系列（其中“数学实践”总览于全局），分别予以阐述。对于学习上低于或高于期望水平的学生，教师有必要另外给予支持。对于语言或者身体有特殊需要的学生，标准规定对他们的支持范围。

（4）帮助学生理解数学。

标准规定了什么是学生应该理解的，什么是经过学习能够做到的。要求一个学生去理解某些东西，意味着要求教师有能力评估学生是否理解它。数学的理解是什么？就是学生有能力说明为什么某个判断是正确的。教师要有恰当的方法，帮助学生在数学上成熟起来。为什么一个数学命题是真命题，来自哪一个数学概念或法则？一个学生能够调集一个记忆编码设备去扩展诸如乘积$(a+b)(x+y)$。更好的学生能够解释记忆编码来自何处，能够通过解释法则去理解数学，这比完成有点类似的任务，偶尔取得成功而扩展知识效果更好，诸如把上述乘积扩展为乘积$(a+b+c)(x+y)$。数学理解与获得程序化技巧同样重要，两者都可以用于处理丰富的数学问题。

在特定的年级，学生能学习什么专题，取决于他们过去学了什么专题。最理想的就是，学生即将要学的专题，过去都已经有适当的铺垫。当前尚未找到做好铺垫的全面而可行的途径。

《数学标准》是对下一课改步骤的呼唤，现在已经是时候了。各州要相互学习，《数学标准》将得到检验，奉献给学生的，将是更高水平而实施有效的标准。

4. 数学实践标准的新内涵

数学实践标准描述了数学教师专业知识的多样性，寻求各种方法帮助学生发展。首先，数学实践的重要性处于不断发展的过程中，在数学教育中长期发生作用。这些标准与 NCTM 的过程性标准：即问题解决标准，推理与证明标准，交流、表述和联系标准相互衔接，形成对数学实践理念的新认识，并大大扩展其内涵。它不仅包含了传统的动手操作与实践，还包含数学智力活动的认识与体验。其次，这也是美国国家数学教育研究协会中，对数学精通程度的一组规定，包括形成数学策略的能力，概念性理解的能力（指对数学概念、运算和关系的综合理解与运用），程序上的流畅性与灵活性，执行一个程序的灵活性、准确性、有效性和适宜性，养成对数学的兴趣与向往，把它视为智力的、有价值的、有用的、相互联系的信念，这是个人科学素养有效发展的动力。

（1）弄清问题，解决问题过程中具有坚韧不拔的精神。

教师要帮助学生形成良好的数学解题观。学生能向教师说明数学问题的意义，寻找解题切入点，分析已知条件、限制条件、相互关系，以及要达到的目标。做出对问题解的意义、解的形式的猜想，寻找解题的途径，这比简单地跳到所想要的解答更好。他们应该思考类似的问题，尝试特殊的方法，化简原始问题的形式，从而获得对解答的某些启示。他们要监控与评估所取得的进步，如有必要就改变解题的路径。高年级学生也许会根据问题的线索，改变其代数表达形式，或者借助图形计算器，改变对问题的观察角度而获得他们所需要的信息。精通数学的学生能够解释多种方法的一致性，如列方程、语言表述、列表、绘图、画图反映重要的特征与数量关系、统计图表等，都是寻找趋势与规律的重要方法。低年级学生也许需要用具体的对象或使用图片帮助理解问题和解决问题。精通数学的学生会使用不同的方法检查自己的解答，会坚持不懈地自问："这样的解有意义吗?"他们会提出解决复杂问题的途径，鉴别各种不同途径的一致性。

（2）推理的抽象性与数量化。

精通数学的学生要理解在问题情境中的量和它们之间的关系。他们用两种互补的能力以洞悉问题中量的关系：

第一种能力是抽象所给的问题情境，用符号表示它们，对所表述的抽象符号进行操作，这些已经变成他们生活中的自然行为，而无须关注它们的指示物。

第二种能力是对问题情境予以线索化的能力，必要时暂停符号操作的过程，以便探索符号中所含的对当前量的推理的指示物。量的推理承担的习惯，使得对当前问题产生连贯的表述。需要考虑所含有的单位，关注量的意义，不仅要关注如何进行计算，还要灵活地运用运算自身以及运算对象的不同性质。

（3）建构可行论据，对他人推理进行评论。

精通数学的学生，要善于运用假设、定义，以及过去所建立的结论来建构论据。他们要善于猜想，建构一种陈述的逻辑过程，从而探究猜想的正确性。面对形成挑战的问题情境，能够认识和利用反例，能够鉴别结论，与别人进行交流；对别人的论理做出应答，归纳地进行有关数据的推理；对于似是而非的论理，思考数据的来源，设法予以澄清。精通数学的学生，也要通过比较有效性，区分数学推理是否正确，是否符合逻辑，排除谬误，最后获得正确的结果。

小学生能够通过具体事物建构论断，诸如观察物体、图画、图表和动作。这样的推理是能够被理解的，可以知道哪个是正确的。即使他们暂时未能做出正确的判断，也能说明一些理由。前面的年级要为后继年级做铺垫、打基础。在后继年级，学生学习判断哪个范围的推理可以适用。所有年级的学生都能听懂或读懂别人的推理，知道自己可以理解哪一个推理。学生能够提出有用的问题，以便澄清或者改进推理。

（4）利用数学，建立模型。

精通数学的学生，能够运用自己掌握的数学知识去解决来自日常生活、社会或工作中的问题。在小学 1 ~ 5 年级，问题可以很简单，例如，列举一个加法等式，或者描述一种情境。在初中（6 ~ 8 年级）、高中（9 ~ 12 年级），学生也许能够运用比例进行推理，以便为学校某件事做一个计划，或者对一个社团问题进行分析。在高中，学生也许能够用几何知识去解决一个设计图案问题，或者利用函数的知识，描述两个量的依赖关系，解决一个利息问题。

精通数学的学生，能够利用所掌握的知识，方便地把一种复杂的情境近似地予以化简，从而准确地模拟真实的问题情境，有些还要留待以后做出某些修正。他们能够识别在一种实际情境中，哪些是重要的量。利用有关工具，诸如图表、双向表、图形、流程图或者公式等去模拟情境中量与量的关系，进一步用数学思维分析量与量的关系，从而导出结论。他们又能够以合理的步骤，把所得出的结论转化到情境线索中，反思这些结论是否正确，理解所得结论。如有可能，改进所得的模型，使之服务于原有的目的。

（5）讲究策略，利用合理的工具。

精通数学的学生，在解决数学问题时，会考虑可利用的工具。这些工具可能包括铅笔和纸、具体的模型、尺子、量角器、计算器、电子数据表、计算机代数系统、统计包或者动态几何软件等。学生要充分熟悉与本年级、本课程相应的工具，判断哪些工具对解决问题有帮助，知道利用这些工具可以获得什么见识，还要了解这些工具的局限性。

例如，高中生能够分析函数与其图像的关系，合理地使用图形计算器得到答案。他们在探测中会发现，利用估算策略，或用其他数学知识，可能会产生误差。当做出一个数学模型时，学生应知道利用技术，会有助于得到关于不同假设的直观结果。通过探索结论，并与由数据所得的预测做比较。学生有可能获得数学课程以外的知识，例如，网络中的数字定位，利用它们发现问题、解决问题。他们能够利用技术探索新知识，加深对概念的理解。

（6）关注精确性。

学生设法与他人恰当地进行交流，在与他人讨论中，乃至在自我推断中，准确地利用清晰的定义。他们能说明所选用的符号的意义，包括符号的同一性与适当性。他们应细致地标注在坐标轴上的度量单位，明确规定在问题中对应的度量。他们注意在计算中的准确性与有效性，以一定的精度表述问题线索中的数字答案。在小学，学生对公式细致地进行解释说明；在中学，他们开始学习对别人的辩解进行测试，或者利用定义，做一个明确的判断。

（7）寻找和使用结构。

精通数学的学生，能够逐步辨识一个模式或者某种结构。例如，低年级的学生也许注意到，多于 3 和 7，与多于 7 和 3 是同样的量，他们可以对所收集的图形按照该图形有多少边进行分类。3 ~5 年级的学生就会知道 $7\times8=7\times5+7\times3$，进而为学习乘法分配律做准备。在表达式 $x^2+9x+14$ 中，年级稍高的学生，会看到 $14=2\times7$，$9=2+7$，这是理解韦达定理的准备。他们会逐步认识辅助线在解决几何问题中的作用。他们也会回头走一步，纵观可能有变化的前景。他们会把某些复杂的事物，例如某个代数式，看成是一个实物或者是若干个实物的组合。8 年级学生会认识。例如，对表达式 $5-3(x-y)^2$，可以看作 5 减去一个平方数的倍数。根据这样的理解，可以断定，对于 x、y 的任何实数值，代数式的值不可能大于 5。

（8）寻找和表述重复的推理过程。

精通数学的学生注意到，如果计算需要重复，那就需要寻求一般方法，使之可以简化操作。小学以上的学生，也许会注意到当25除以11时，他们要一再重复同样的计算过程，其结论是，他们得到的结果是循环小数。注意到在平面上过点（1，2）而斜率是3的直线，中学生也许会抽象地提出方程 $\frac{y-2}{x-1}=3$。注意到以下重复的规律性，就导致一系列的扩展：

$(x-1)(x+1)=x^2-1$，$(x-1)(x^2+x+1)=x^3-1$，$(x-1)(x^3+x^2+x+1)=x^4-1$，…从而感悟一类多项式相乘的规律性，这也是对导出等比数列求和公式的铺垫。精通数学的学生会坚持这个计算过程，注意到其中的细节，不断评估中间结果的合理性。

（9）前瞻：把数学实践标准和数学内容标准联系起来。

数学实践标准描述了一条途径，把学生培养成数学学科基本技能的实践者和运用数学思想与方法的受益者。随着年级的增加、数学素养的成长、数学经验逐渐丰富，逐步学会用所学数学基础知识与基本技能解决相关的问题。数学标准的设计者、数学教学的评估者、正在职业成长中的教师，都要关注在数学教与学中，把数学实践与数学教学内容结合起来。数学内容标准是数学技能组合与数学理解的一种平衡。

反之，如果学生缺乏对数学的理解，就会过多地依赖程序，死记硬背，成为学习上的负担。如果缺乏灵活的基础而开始学习，他们就不善于考虑类似的问题，叙述问题时会缺少连贯性，难以说明结论的正确性，或者不善于把数学用到实际情境中，未能灵活地利用技术，把数学思想和方法应用到解决问题当中。不能向其他学生精确地说明数学问题，不能回顾反思所取得的进步，也不善于离开已知的程序，以简化操作过程。简而言之，如果学生对数学缺乏有效的理解，他就会忙于数学实践操作而不求甚解，这正是产生某些错误的根源。

数学标准说明了对数学理解的期望，成为数学内容与数学实践的交汇点。关注数学理解，把数学内容与数学实践联系起来，有利于培养创新精神，提高课程的质量，提高教学评价质量，促进教师的职业发展，促使学生数学学习取得更大进步。

3.6 对美国高中数学建模标准的思考

我国高中数学课程重视数学应用意识的培养，把开展数学建模活动看成是培养数学应用意识的手段，收集和展示了函数模型的案例。

根据美国《州共同核心数学标准》，数学建模既是高中数学六大核心内容之一，又与“数学实践”一起，构成高中数学两大核心理念。本节从课程结构和内容处理方面，分析评述美国高中数学对数学建模的处理。

1. 建模从数学实践开始

美国的学生入学后，就被要求运用所学的数学知识解决日常生活中的问题。

小学生要写出一个描述情境的加法等式等。初中生能利用比例推理计划一次学校的活动，或者分析简单的社会问题。高中生会用几何知识去解决设计图案问题，用函数去描述存款利息如何依赖于别的量，学会做假设，简化问题情境，改进所得到的结果。

高中生能够鉴别实际情境中的量，利用诸如图框、双向表格、图像、流程图以及公式等，描述变量间的关系，能够数学地分析情境，导出结论；能规范地把其数学结论返回到情境线索中，理解这些结论的真正意义，如果所得的结果未能达到解决问题的目的，则需对模式加以改进。

2. 建模在美国高中数学中的核心地位

数学建模是美国高中数学六大组成部分之一，又与其他标准内容相互渗透，紧密联系。它既是课程的基本理念，也是数学的主干内容。课程的其他内容为数学建模提供了有力的支撑，如图 3－7 所示。

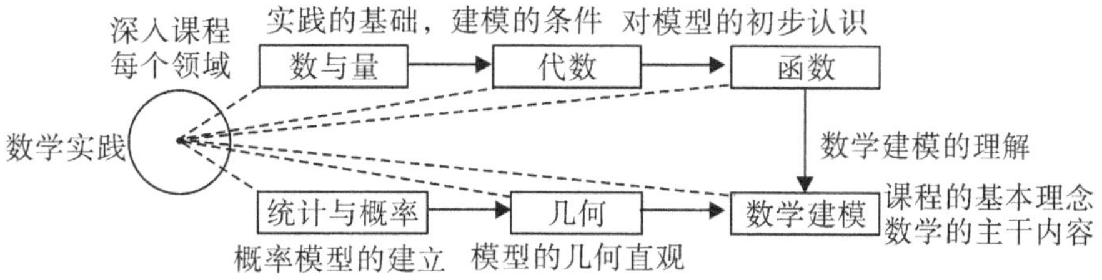

图 3－7　数学建模在高中数学中的地位

（1）数与量。

现实世界问题的解答，往往是量而不是数，量就是带有度量单位的数。学生从低年级开始学习度量问题。小学生学习度量，用以表达对象的属性，如长度、面积和体积等。初中生接触度量单位和相关的计算实践。高中生遇到各种具有单位的模型，如加速度问题、货币兑换问题等，由此导出各种复合度量单位。例如，每人平均每天工作时间、每年供暖天数、按人数分配的收入、某项比赛中平均每场比赛得分数等。量的提出开拓了数学学习与实践联系的视野，从而打下数学建模的必要基础。

（2）代数。

代数把表达式与方程、建模与坐标联系起来。对于一个特定的输入值，确定它的输出值，需要评估表达式的结构；对于一个给定的输出值，求其输入值，就需要解方程；两个函数对于相同的输入值，其输出值也相同，如果求自变量的取值，就要建立方程。认识数学模式的多样性，是数学建模必需的素养。1.15^t 可以被改写为 $(1.15^{1/12})^{12t}\approx 1.012^{12t}$，这就揭示了，如果年利率为 15%，那么月利率为 1.02%。学生能够对代数式进行深入观察和灵活变通，是数学建模的基本技能。

（3）函数。

方程的解可看作两个函数图像的交点的坐标。函数用于描述量之间的关系，常常是数学建模的有力工具。如函数采用迭代形式，就可以用电子数据表或其他技术工具展示。把函数与建模联系起来，各类函数提供了数学建模的丰富素材。它们自身就是典型的数学模型。表达式能够定义一个函数，而等价的表达式能够定义一个相同的函数。把一个口头的表述转化为方程（组）、不等式（组），也是数学建模的基本素养。

线性函数、二次函数、指数函数、三角函数，是常见而重要的数学模型，学生应能构建与比较这些模型的特征和性质，运用这些模型解决问题。三角函数是描述自然界、科学技术、生产过程中周而复始现象的数学模型，是数学建模的有力工具。能用数学模型的观点观察函数，是树立数学建模意识的标志。

（4）几何。

规范的几何形体是重要的数学模型，几何模型具有直观性、可想象、可度量等特点，用于各类数学模式的直观解释，能在近似计算和误差估计中发挥作用。利用几何形体及其度量性质，可以描述现实对象（如把树干或人体近似地看成非规范的圆柱等）。

以面积和体积为基础建立密度概念，有利于数学模型的建立。例如，每平方英里的人数、每立方英尺的热量等，能促进对情境的直观想象。

利用几何模型去解决设计问题，例如，设计一个目标函数，用等式或不等式表述约束条件，寻找实际问题的优化，或实现最低成本，或取得最大效益，这是几何模型方法在解决优化问题中的运用。几何模型还能直接用在图案设计中，如以某种比率在栅格系统上绘画图形等。

（5）概率。

各类概率概念和公式，都可以视为重要的数学模型，概率概念与公式具有很强的实践背景，因而是数学建模的重要工具。例如，古典概型、几何概型，都是重要而常见的数学模型。用一些概率的规则，可以计算复合事件的概率，它们也是数学建模的有用工具。如条件概率公式，在事件 B 发生的条件下，求事件 A 发生的条件概率：$P(A/B)=\dfrac{P(AB)}{P(B)}$。利用一般概率乘法公式，$P(AB)=P(B)P(A/B)$，可以计算复合事件概率，解决问题。

（6）数学建模与数学实践。

数学建模既是高中数学课程的重要组成部分，又从数学的各部分吸收丰富的营养。了解数学建模的意义和基本方法，是高中数学课程的重要目标。

美国义务教育阶段各年级数学课程，高中数学的每个内容标准，都与数学实践紧密结合。这正是美国高中数学课程的耀眼特色。

数学实践是数学建模的基础，又是数学建模不断发展完善的动力。反之，数学建模是数学实践的亮丽成果，它们相辅相成，推动数学在应用中发展。

3. 联系实际，拓宽视野，留有余地

进行建模，需要选择合适的数学知识，分析实验情境，更好地理解问题，改进所做的决定。分析现象，制定政策，模拟情境，促进建立各类数学模型。把模型与原预测做比较，技术对于思考假设，探索结论，是更有力的工具。

模型可以非常简单。例如，知道产品单价，根据购买数量求总价；使用合适的几何形体，描述客观对象。即使是硬币这样的实物，也有不同的建模选择。是利用三维的圆柱，还是用平面圆盘建模？那就要根据条件和实际需要了。

现实生活的情境往往是无组织的。明确地选择、阐述、分析、处理一个模型，是一个创造性的过程。《数学标准》列举若干数学建模情境作为丰富的建模案例，留待师生调研、思考、补充与发挥，例如：

①一个城市因紧急情况而受困，为了解救300万个受困市民，估计每天需要分发多少食物和水？

②设计俱乐部的一项7人桌球比赛，如该俱乐部设有4张球桌，其中每个参赛者都与其余参赛者比赛一次，比赛应该如何安排？

③为校内一个摊档做一个规划，尽可能使得经营者合理获利。

④分析并阐明一辆汽车停车时的制动距离。

⑤模拟储蓄账户余额，或细菌菌落生长的过程，或投资利润增长的过程等。

⑥对机场的飞机起落、转机等做一个统筹分析。

⑦风险状况分析，诸如极限运动、流行病发生和恐怖主义袭击等有关风险。

⑧人口统计数字与个别预测的关系。

4. 数学建模的基本流程

建模设计与多个因素有关，如何使所建立的模型既合理又符合需要？情况的哪些方面需要理解、需要控制或需要优化？有多少时间、多少工具可用？

要考虑所掌握的模型和方法的约束性与局限性，师生对变量的意义及关系的认识，电子数据表及其他技术、数学知识，都是建立模型需要的基础。

数学模型是最基本的结构，情境看上去千差万别，然而有时需要用到同样的模型。通过建模能激活数学模型自身的价值。例如细菌生长的模型能激活对指数函数的研究。一般来说，数学建模的过程能概括为以下基本步骤：

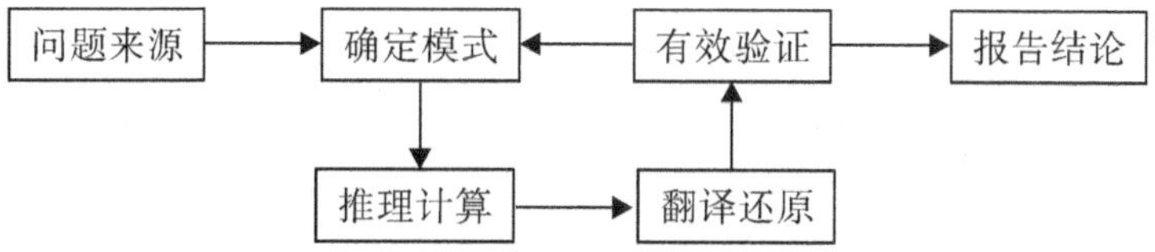

图3－8 数学建模的基本流程

（1）问题情境的理解与阐述。识别过程中的变量，抓住其中的本质特性，明确需要解决的问题。

（2）情境模式化，对象关系明朗化。设计适当的数学模式，正确地描述面临的情境，使其能正确反映待研究问题特性和对象间的关系。

（3）分析与变形，推理与计算。根据模式特点和问题的需要，对主要变量间的关系进行推理与计算，导出结论。

（4）解释、翻译与还原。对所得结论进行解释。通过模式结论与问题情境的转换，说明所得结论对解决问题的意义，提出解决原有问题的方案。

（5）有效性验证，模式的改进。确认所得结论对于解决原有问题的有效性。如果未能达到解决问题的目的，则进行适当调整与改进。经过多方验证，接受该模式。

（6）在实践中感悟，在运用中创新。报告结论，说明理由；付诸实践，解决问题；总结经验，推广应用；面对新情境，解决新问题。

图3－8表示数学建模的流程，其中确定模式、推理计算、翻译还原、有效验证是一个循环过程，通过循环，模型得以改进，师生对数学建模产生新感悟。

最初建模时，往往是简单地描述现象，把它们概括为一种简洁的形式，所使用的图形往往是常见的熟悉的图形。然而，所要求建模的现象往往会超越原有简单的模式。例如，全球温度变化和大气中二氧化碳含量随时间而改变的图形，就是一个较复杂的建模问题，需要寻求对数据的解释，建模就需要建立在更深刻的理论思想基础上。需要对多个参变量进行研究，通过实验获取数据。例如细菌的群体指数生长，乃至机械切割，对污染和饥饿的干预，都与一定的数学模型相关。

计算机代数系统、动态几何软件，是数学建模的有效软件，既可以用于纯数学现象建模，也可以用于对自然现象和某些相关学科现象的建模。

5. 中美数学建模差异明显

两国高中标准都重视数学建模。我国把建模看成是发展学生数学应用能力的途径，而课程中的数学建模标准尚未建立。美国把数学建模看成高中数学的基本理念，又是高中课程的主干内容，数学建模标准得到全面阐述。

我国把数学建模作为数学活动提出，提倡“高中阶段至少安排一次”，但实际执行时遇到阻力。课程中许多和数学建模相关的内容，往往未预留足够活动时间，只作为数学知识处理。

美国把建模思想渗透到数学所有主干内容，系统地帮助学生掌握建模的思路与方法。初中为建模做好铺垫，高中注重建模方法的运用。我们能从美国课程中得到有益的启示。

3.7 多样化的加拿大高中数学课程

加拿大联邦实行 12 年制义务教育，拥有较完善的教育体系、一流的学校教育。英国严谨规范的教育传统、美国崇尚创新的改革精神，对加拿大数学课程产生积极影响。加拿大数学课标的制定、数学活动理念、数学学习途径，都展示了多样化特色，值得我们关注与借鉴。

1. 课程协议的产生

联邦政府辖十省三区，数学课程制定形式多样。魁北克省和安大略省自定课程，分别用法文和英文编制；大西洋邻域四省区，联合制定数学课程，部分省区用英、法两种文字编制；西北行政区联合其他七省区，于 1996 年协议制定共同数学课程，用英文编制。2008 年，西北等七省区对该课程做了修订，该课程适用全国过半省区，具有代表性。本节主要评介 2008 年加拿大西北等七省区修订的课程，简称 2008 数学课程。

2. 数学课程目标

2008 数学课程指出数学学习的共同基础，也是学习各科的共同基础。课程提高了对学生数学学习的期望，为师生跨省区移动时，在交流评价等方面带来方便。

（1）数学的价值目标。

2008 数学课程开阔了数学教与学视野，着眼于发展数学素养、扩展知识、学会应用。其通过增加活动的技术含量，提高数学学习效率。学生的数学素养体现为：理解数学的基础性与实用性，欣赏并说明数学的威力；展示数学学习能力，成为数学问题的解决者；认识数学自身的真实性，在数学活动中发挥积极作用。

（2）学生的信念目标。

学生应该具有对数学的好奇心，对数学有学习需求，不断积累数学思考的经验，掌握学习各科所需的数学思想与方法。

认识数学的最好方法是解决数学问题。学习数学要经历从简单到复杂，从具体到抽象的过程。操作实验，思考想象，是数学教与学的必由之路。教师使用多样化途径，帮助学生发展各种思维策略，让学生获得所有水平上的数学理解，使用多样的物质材料和工具，寻找多样环境与线索，不断更新对数学思想的认识。学生之间有意义的讨论，提供了对数学本质具体的、形象的、符号意义的认识，让他们加强学数学、用数学的自信心。

（3）数学感情领域目标。

数学学习环境应该能促进并激励所有学生形成经验，感悟思维方法，身心愉快地经历智力风险，自然地生成问题，饶有趣味地展示猜想。学生需要通过解决问题而探究数学，发展策略思想。教师要设计有意义、有挑战性、学生力所能及的问题。当学生以各种途径解决问题时，他们对数学问题的理解、兴趣与信心将得到提升。

教师要适时提出与周围环境相关的问题，激发学生的好奇心。教师要认识感情与认知领域的关系，培养学生对数学的正确态度。要让学生得到成功的体验，通过努力，逐步成长为自觉的、负责任的学习者。

（4）问题解决目标。

解决问题是学数学的主要目标。学生应该具有对问题的关注、兴趣和信心，敢于面对困难和挑战。学生要理解、分析、研究和解决问题，养成百折不挠的精神。达成目标的学生将会理解并欣赏数学对社会的作用，展示对数学学习的正面态度；在解决数学问题中，具有坚持不懈的意志，敢于承担风险。

为了达到上述目标，教师应该鼓励学生营造积极向上的课堂气氛，培养对问题的分析与理解能力，让学生承担一定风险。学校注意发展学生独立思考与反思能力，鼓励学生相互分享与交流对数学的理解，独立地或在分组活动中合作解决问题。

3. 高中数学的框架结构

数学观与数学思想，数学专题的教与学，数学活动及其经验积累，是高中数学的三大构件。数学思想蕴含在数学专题中和活动过程中。表 3 – 11 突出课程三大构件的纵横联系，展示了高中数学课程的整体结构。

表 3 – 11　数学性质、专题内容与数学活动

专题	年级			对数学思想的领悟与认识
	10 年级	11 年级	12 年级	
·数学专题学习 ·学生对各专题的认识通过活动而逐步扩展加深	·一般结果 ·特殊结果 ·获得成功的启示			·形成正确的数学观 ·对数学性质的认识与发展
①代数；②经济数学；③平面几何，立体几何，解析几何，向量；④逻辑推理；⑤数学研究项目；⑥度量；⑦数的认识、数系扩张；⑧排列，组合，二项式定理；⑨概率，统计；⑩关系与函数；⑪三角学	·关注对数学本质属性的理解 ·重视学生探究发现，提出研究项目 ·经历数学探究活动过程 ·数概念的扩展 ·排列，组合 ·二项式定理 ·三角成为一个独立专题 ·突出三角自身的性质与关系 ·提供对数学性质的总体看法 ·数学性质与过程对教与学的影响			·数学对象的运动变化与不变性 ·模式 ·关系 ·空间感 ·符号感 ·不确定性现象及性质

（续上表）

专题	年级			对数学思想的领悟与认识
	10 年级	11 年级	12 年级	
经历七类活动过程，积累活动经验	①数学交流；②数学联系；③心智数学与估算；④问题解决；⑤数学推理；⑥数学技术及其应用；⑦数形结合与数学想象			对数学性质与数学思想的认识，渗透在各年级、各专题活动中

4. 数学活动过程与经验

（1）数学过程概述。

数学学习要经历七类活动过程。在高中阶段，它们以相互联系、交错前行的形式贯穿在学习过程中，构成学数学、做数学和理解数学等重要方面。高中学生需参与的数学活动过程是：①通过交流，表达自己对数学的理解；②在各种数学思想之间，在数学的概念之间，在数学与日常生活经验之间，在数学与其他科目之间做出联系；③流利地展示自己的心智数学计算及估算的成果；④通过问题解决，发展与应用新的数学知识；⑤在思考与问题解决中，发展数学推理能力；⑥选择和利用技术工具，学习数学，解决有关问题；⑦发展空间感与空间想象能力，分析与处理信息，做出联系，解决问题。

上述数学过程渗透在数学的教与学中，每个特定数学结果，都来自一系列相关活动过程，识别过程常是数学教学评价的基本问题。“过程”就是对“数学活动经验”的感受。这是我国义务教育数学课程标准修改的热点问题。加拿大同行对“数学活动过程”的认识，对我国修改课标有良好参考价值。

（2）数学交流。

数学交流是指学生间与师生间交换对数学思想和数学问题的认识过程。它包含对数学的阅读、说明、观察与书面表达，也包含倾听与表述个人和别人的数学思考。数学活动给学生提供了数学交流的机会。数学交流也要经历一个过程。

在交流的过程中，学生学会使用自己的语言，与他人进行研讨。在此过程中，有机会产生新思想、新见解；数学语言得以规范，能使用符号语言表达与澄清见解，加强论点或走出误区。交流有助于端正数学认知，建立正确态度。教师应该鼓励学生使用各种交流形式。学生在交流中要逐步学会正确使用数学术语和符号，通过交流，认清数学联系。在数学思想的心智表示方面，交流发挥着重要而显著的作用。

（3）数学联系。

这是指把数学相关内容加以联系，进行比较，找出异同，激活更新，形成系统。通过交流，学习者的经验得以积累，从而建构学习数学的强有力途径。当各种数学思想被联系起来，数学思想与现实世界也被联系起来，学生将会看到，数学是一个强大、实用、联系紧密的整体！通过前后知识的联系，做到温故知新；进一步增强学习愿望，积极参与新的学习活动。

学习者有意不断寻求各知识在多水平上的联系。如果学生能构成某些新老数学经验的优美“协奏曲”，他们就可以从中感悟数学理解的真谛。

（4）心智数学与估算。

这是指通过理性思考，灵活地找出问题的答案，这比过去所说的心算有更广泛的意义。这使得学生能够避开单纯的纸笔运算，提高数学计算的流畅性，使得数学计算能够高效、灵活、准确、有据。

学生如果掌握了心智数学，就不必过分依赖计算器，从它的约束下解放出来，灵活地、独立地思考，在计算上显得更有信心。心智数学给学生提供了一块基石，用以处理各种各样非正规的、不寻常的、非标准的数学计算问题。

估算常用于处理近似计算问题，包括量的计算问题。它会涉及基准的建立，需要判断求值的合理性，需要发展高效的、有用的计算策略；估算用于处理日常生活、周围环境中的问题；进行估算时，要掌握策略，决定何时用、如何用。

（5）数学问题解决。

问题解决是关键的数学过程，也是数学发展的基础。通过问题解决，数学学习取得实质性进展。所有年级、所有水平的学生都要经历这样的过程。通过解决有意义的问题，学生能产生对数学概念的真正的理解。当学生遇到新的问题情境时，他们要应对这种类型的提问：你应该怎么办？你能怎么办？在问题解决中，有时需要建立模型，有时需要寻找问题解决的策略。这时，需要倾听、讨论、尝试，反复审视，加以比较。

解决问题时，要分清哪些条件是已知的，哪些结论是所求的。审视从已知条件到所求的结论，需要经过哪些步骤？有时，给出的不是问题而只是实际情境，那就首先要理清问题。解决问题时，要把学过的知识用在新情境中，而且要对它有更深入的理解。解决问题的过程，要联系来自生活、文化、兴趣和家庭的实际知识。无论是对概念的理解或者建模需要，都应该是学生乐学的、需要坚持的，或是未来要应对的。

（6）数学推理。

数学推理能帮助学生逻辑地思考。学生应该有信心地发展推理能力，对各自的思考做出判断。教师要通过问题，激发学生的思维碰撞，利用分析法与综合法帮助学生理解问题。所有的学生应接受挑战，回答一类提问如“为什么你相信这个答案是对的”“如果……，则会有什么出现”等。学生的数学经验给自己提供了机会，使自己通过归纳推理进行概括，通过演绎推理进行反思。

学生通过实验、探索并记录结果，观察与分析现象，对模式进行测试，根据模式做出概括。利用演绎推理，对所得到的结论进行论（反）证，确定结论的真伪。通过应用，验证推理的结果，进一步发展思维能力。

（7）数学技术及其应用。

技术能有效地用于支持数学学习，使师生得到丰硕成果。技术能帮助学生探索模式，检验关系，测试猜想，解决问题。计算机和计算器能够用于解决问题，使得师生有可能超越传统的课堂教学模式，分享数据，实现数学交流方式多样化，交换与提炼数学思想。运用技术可以组织与陈列数据；产生并测试用归纳法得到的猜想；推演并修改猜想；帮助实施某个程序，促进解决问题。技术还可以减少重复运算花费的时间，提炼并探索所得的成果，发展个人编程能力和数学建模能力。

利用技术，可以优化学习环境，诱发学生的好奇心，使学生在数学学习中有更丰富的发现。然而，利用技术不能代替数学理解。如果使用技术恰当，则有助于加强数学的理解，这是建立高效学习途径的有力工具。

（8）数形想象与度量感。

数形想象，既有我们说的数形结合，也有空间想象的含义。发展数形想象，利用想象进行推理，是形成数感、空间观念、度量感的重要方面。当学生想象数的直观形象时，数轴就成为表示数的心智模型，它可以描述数的形象，表征数的构造与数据的分布。

数形想象可以用于说明二维图形与三维图形。它是数感、度量感和空间观念的重要组成部分。利用数形想象，能够产生数的心智表述，形象地描述数的相互关系，这是空间想象与空间推理不可缺少的方法。

度量感包含的内涵有：决定何时进行度量？如何估计度量的结果？如何认识与运用和度量相关的知识与策略？为了发展度量感，需要使用具体材料和技术，使用各种各样的空间表述方法。要求学生既联系具体对象，又要适当摆脱具体对象的约束，建立抽象的空间感，从而在测量过程中做到灵活自如。单位的选择与单位转换也是度量感的一个重要方面。

5. 高中数学专题安排与特色

在学前至9年级数学的基础上，高中数学按以下3个方向安排学生的发展。

（1）实用数学。

发展数学理解，掌握数学基本技能，面向毕业后直接走上工作岗位的学生。所安排的专题体现基础性和稳定性。10、11、12年级同时开设度量、几何、数、代数四专题，逐步加深。11年级加开统计，12年级再加开概率。

（2）数学基础。

高中三年要学习较扎实的数学基础知识与技能，为学生升入高校做准备。其中，数学基础方向与前微积分方向在10年级的专题完全相同，都要求学生发展对数学概念和基础知识的理解，掌握数学基本技能，夯实数学基础。从11年级开始，数学基础方向与前微积分方向的差异明显。数学基础方向安排的专题学习内容丰富，涵盖了其他两个方向的绝大部分专题。“逻辑推理”是数学基础方向有特色的专题，体现对数学基础的重视；“数学研究项目”显示对学生数学研究能力的关心；“经济数学”具有浓郁时代特色。这三个专题都体现了数学的基础性、科学性和实践性。

（3）前微积分。

学习较丰富的微积分预备知识，为进入高校做较充分的准备。所学的专题由学生按需要自选。从简单内容开始，逐步复杂与丰富，注重对概念的理性认识。例如，三个年级都安排“关系与函数”的学习，体现课程的发展性。“三角”与“排列组合与二项式定理”与后继的微积分学习关系紧密。

3 个方向都重视数学活动过程与数学经验积累。

表 3－12　10 至 12 年级数学专题特色

	方向 1 实用数学	方向 1 的数学活动	方向 2 数学基础	方向 3 前微积分	方向 2、3 的 数学活动
10 年 级	度量	交流，联系，心智数学，数形想象	度量	度量	交流，联系，心智数学，问题解决，使用技术，数形想象
	几何		数与代数	数与代数	
	数		关系与函数	关系与函数	
	代数				
11 年 级	度量	交流，联系，心智数学，问题解决，数形想象	度量	数与代数	数学交流，数学联系，心智数学，问题解决，使用技术，数形想象
	几何		几何	三角	
	数		逻辑推理	关系与函数	
	代数		统计		
	统计		关系与函数		
			数学研究项目		
12 年 级	度量	交流，联系，心智数学，问题解决，数形想象	经济数学	三角	数学交流，数学联系，心智数学，问题解决，使用技术，数形想象
	几何		逻辑推理	关系与函数	
	数		概率	排列组合与二项式定理	
	代数				
	统计		关系与函数		
	概率		数学研究项目		

2008 数学课程的特点是：界定了多种数学活动的范围与过程，并融合到各年级教与学中。培养目标多样化，内容与专题有同有异，面向学生未来发展。课标所用的文字适应地区差异，体现了多样性、基础性与灵活性。

4 中英、中爱、欧美亚澳六国数学课程的比较研究

英国是发达的资本主义国家，其科学与教育的根基深厚，在近现代数学课程改革中发挥了重要作用。英国国家数学课程给我国课改带来不少启示，本章研究英国国家数学课程的特点、规律和最新发展，着重阐述英国、爱尔兰国家数学课程，对中、美、法、芬、澳、德六国课程也做了简要的比较研究。

4.1 中英数学课程的比较研究

4.1.1 英国数学课程概况

1. 国家数学课程实施背景

1982 年，以柯克罗夫特（W. H. Cockcroft）博士为首的英国国家教学委员会发表了《数学算数》的报告，这是英国数学教学改革的纲领性文件。以该报告为前导，英国于 1988 年实行教育改革法，成立了国家课程委员会（NCC），提出了中小学课程改革方案，数学是其中主要科目之一。1989 年，国家课程委员会公布了国家课程中的数学科，简称国家数学课程。自 1989 年以来，国家数学课程经过了三次修改：1991 年做了第一次修改，1995 年做了第二次修改，1999 年做了第三次修改，并于 2000 年正式发布，于同年开始在全英范围实施。

2. 国家数学课程指导书

为了帮助学校领导和教师领会国家数学课程的精神，国家课程委员会编写并出版了国家数学课程指导书，指导书分为六个部分。

（1）国家数学课程介绍；阐述国家数学课程的教学目标、指导思想、基本结构和主要内容。

（2）从政策和实践出发，说明学习大纲的要求；学校应如何制订规划，实施数学课程，进行教与学的评估，对实施数学课程的政策做出系统说明。

（3）各学段教学的衔接与连贯；论述学生在数学学习过程中知识和能力的发展，为了促进这种发展，各学段的数学教学应该如何衔接。

（4）培养应用数学知识解决问题的能力；说明在数学教学中应该如何培养学生应用数学知识和方法解决问题的能力。

(5) 发展学生的多种计算能力;论述在数学教学中如何发展学生的机算(用计算机、计算器进行计算)、心算和估算能力。

(6) 数学在教学中的地位以及数学与其他学科的关系。论述数学在国家课程中的地位,以及在教学中如何使数学与其他各学科相结合,使学生的素质得到全面发展。

3. 国家数学课程的理念

(1) 数学提供了观察和感知世界的途径。利用数学,人们可以交流信息和思想,并且用它来处理实际任务和现实生活中的问题。

(2) 数学是探索新世界的工具。数学能提供用以产生新的虚拟世界的材料和方法。通过对数学自身的探索,新的数学得以产生,人们现行的思想得以改变和延伸。

(3) 数学能够提供预测。不管是在处理问题时,还是在对科目自身的探索中,数学不仅能够做出描述和解释,而且能够做出预测,这就显示了数学的威力和渗透力。数学在国家课程中的重要性正在于此。

(4) 数学技巧是达到教学目的、解决问题的重要手段。学习技能,诸如两个数相加、计算三角形的面积或者解方程等,是学生在学校学习数学的主要内容之一。这些技能是解决各种问题的重要手段。

(5) 数学是产生奇妙和欣喜的源泉。如探索数的模式、构造一个三维模型、提出一个假设、寻找一个反例等。这些活动是学生在数学课程中得到全面发展的重要环节。我们教数学,不仅因为它是有用的。它能够使学生产生一种智力兴奋,在鉴赏数学创造力、感受奇妙与精美的同时,积极去探索它的丰富内涵。

(6) 数学应用的过程是生动的。虽然数学含有等级和次序的因素,但是在学习数学时,不必预设固定的顺序。数学是一个由概念和关系网络组成的完整结构。在运用它的时候,数学又可变成创造性活动的生动过程。

(7) 数学的统一性与多样性。应该认识到数学自身的宽广性,了解数学学习的个体性,因而在数学课堂的教与学中采用灵活多样的方式进行。根据国家课程而确立的教学目标和学习大纲,是教师制订教学计划的基础,也是评估学生进步的明确标准。

4. 国家数学课程的内容结构

国家数学课程由教学目标和学习大纲两个部分构成。其中,教学目标按照五个知识板块阐述,学习大纲按照八个水平展开。对于每个水平的学习要求,国家数学课程都做了明确的规定。

英国国家数学课程把义务教育年限分为四个学段,学生在各学段的发展水平如表4-1所示。

表4－1 学生在各学段的发展水平

学段	年级	年龄（岁）	中国对比年级	期望学习水平
KS1	1～2	5～7	学前至小一	水平1～3
KS2	3～6	7～11	小二至小五	水平2～5
KS3	7～9	11～14	小六至初二	水平3～7
KS4	10～11	14～16	初三至高一	水平8或更高
第六学级	12～13	16～18	高二至高三	升大学预备教育

注：对第六学级的学习水平，没有做出明确的规定，教学上可有更大的灵活性。

5. 中英义务教育数学课程的简单比较

（1）英国国家数学课程在以下两个方面的要求低于我国：

①英国对某些传统数学基础知识的要求低于我国。例如，在函数方面，英国只要求学生掌握一次函数和二次函数；而我国则要求学生掌握函数概念、一次函数、二次函数、正比例函数、反比例函数，以及上述函数的图像和性质。

②英国对初等几何教学与推理论证的要求低于我国，其对概念的定义、公理、定理没有做严格的阐述，对学生的逻辑推理能力不做正式要求。

（2）英国国家数学课程在以下方面值得我们学习：

①用主要篇幅阐述学习大纲，而且与教学目标并行，按照不同的学段展开，要求十分具体，体现了学生在数学学习中的主体地位。

②对数据处理的教学方面的要求高于我国。学生从低年级起，就被逐步培养具有收集、整理、分析和说明数据的能力。其中，概率统计知识和数据处理是教学的重要组成部分。

③在应用数学解决问题方面的要求高于我国。学生在各学段都受到这方面的严格训练。

④对学生的计算能力和运用技术能力有较高的要求。英国不提倡烦琐的笔算，而重视提高学生的机算（用计算机、计算器算）、心算和估算能力。

（3）英国国家数学课程的上述优点，有不少已经被吸收到我国义务教育课程标准中。近十年来，英国针对国家数学课程的实施情况，几次调低了数学课程的要求，力图减轻学生数学学习的负担，这也是中英数学课程的共同点。

4.1.2 英国各学段数学学习大纲与教学目标

英国国家数学课程按四个学段对学生的数学学习提出要求。本节阐述英国学习大纲与教学目标，其中目标1在英国有突出的地位。

1. 第一学段学习大纲

本学段的内容是相互紧密联系的。发展数学语言，选择和使用物质材料，以及发展推理能力，应该建立在数学其他领域的基础上。

目标 1　使用和应用数学

(1) 引导学生进行下列活动：

A. 在实际任务、现实生活以及探讨数学本身的问题中，应用数学知识解决问题。

B. 让学生解释自己的思想，教师引导，培养学生简单的推理能力。

(2) 教会学生作出及监控一些决定，以便解决有关问题。

A. 选择和使用有关的数学知识。

B. 选择和使用有关数学的设备与材料。

C. 选择和开拓解决问题的不同数学途径，以及克服困难的办法。

D. 组织和检查自己的工作。

(3) 发展数学语言，进行数学交流。

A. 理解数的大小比较的语言，理解并比较图形的性质，如“大于”“小于”“下一个”“某数……之前”等。

B. 把数和有关的数学符号如“+”“-”等联系起来，并且运用于某些数学表达式中。

C. 让学生讨论自己的工作，提出并回答问题。

D. 使用各种各样的数学表达式。

(4) 发展对数学推理的认识。

A. 认识各种简单的模式和关系，并且对这些模式做出相关预测。

B. 提出诸如“如果……将会发生什么”“为什么”等问题，思考有编程的玩具的操作。

C. 理解一般性的论述，如“所有偶数都可以被 2 整除”等，并且调查会遇到的情况。

英国中小学十分重视应用数学知识解决问题的做法，从低年级开始就引导学生努力发展数学应用的能力。

目标 2　数

(1) 为学生安排下列活动：

A. 发展含有数的问题的方法。

B. 探讨大于 1 000 的数。

C. 使用各种各样的实际资源和线索。

D. 使用计算器作为探索数和处理现实数据（含有各种位值的数）的工具。

E. 用各种方法，包括心算，记录与数有关的问题。

F. 使用计算机的软件，包括数据库。

(2) 帮助学生逐步加深对位值的理解。

(3) 帮助学生理解数与数之间的关系，发展计算的方法。

A. 使用重复模式加深对数的规律性与序列的认识。

B. 探索与记录加法和减法的模式。解释 3、6、9、12 等数的乘法模式，认识数的模式，并利用这些模式得出一定的结论。探索其他一般数的模式，乘法与除法的模式，求 100 以内的自然数的平方数的值。

C. 学会 20 以内的加法和减法，并开发一系列的心算乘法，以便根据已知的结果求解，即使记不起来时也可以算出来。学习与 2S、5S、10S 相关的乘法与除法，并利用它们去学习其他计算。例如，与 2 的乘积的两倍就是与 4 的乘积。为了求得新的结果而发展心算法。

D. 发展一系列加法和减法的算法，包括利用“减法是加法的逆运算”的原理。

E. 利用科学计算器进行运算，例如，利用其中的常数功能去探索重复加法模式。

（4）教会学生解决数值问题。

A. 理解加法，在列举的和比较的线索中理解减法，理解加法和减法的关系，学习在不同的情况下用加、减法来解决整数问题，如金钱问题等。

B. 理解乘法运算，在均分和连续相减的意义上理解除法，并用这些运算去处理有关整数的问题，理解并适当处理余数问题。

C. 选择适当方法，利用合适仪器如计算器，进行含有多位数的计算。

D. 运用不同方法检查答案，例如，按不同指令、不同的方法进行重复计算，验证某个答案是否正确合理。

（5）教会学生对数据进行分类、表述和解释。

A. 对某些对象的集合，按其相关的性质，如大小、形状、物质等，进行划分和归类。

B. 利用一系列表格和图形，去收集、记录和解释数据，这些数据都来自学生感兴趣的领域。

目标 3　图形、空间与度量

（1）为学生安排下列活动：

A. 通过适当的实践与操作，获得使用各种各样物质材料的丰富经验。

B. 利用 IT 计算器，操纵有编程的玩具、海龟绘图软件包等。

C. 利用线索有目的地进行度量。

（2）教会学生认识基本模式和图形的性质。

A. 描述与讨论可看见的或可以直观表示的图形或模型。

B. 做出二维和三维的图形或模型，不断地提高注意力和准确性进行工作，会根据数学准则对图形进行分类。

C. 认识和利用图形的几何性质，包括顶点、边（棱）、表面、矩形（包括正方形）、圆、三角形、立方体、长方体，进而是五边形、六边形、圆柱和球等图形及其性质，认识简单的轴对称图形及其对称轴。

（3）教会学生理解和利用位置与运动的性质。

A. 使用普通语言描述位置。认识沿直线的运动，即平移；认识旋转以及平移的简单复合运动；复制模式，扩展在某种特殊情况下获得的模式，并且根据需要做出新模式。

B. 理解角是旋转的一种度量。认识旋转四分之一周、旋转半周，例如，对一个与旋转有关的可编程的玩具，根据需要给出指令；认识直角。

（4）教会学生理解度量的含义，根据需要进行度量。

A. 用适当的语言，叙述对一些对象和事件的比较，使用共同的、非标准的或标准的长度、重量或容量单位进行比较。例如，“三米多一点”“和十个七叶果一样重”“大约有三酒杯的容量”等。会初步使用常用的标准单位，包括标准的时间单位；根据具体情况选择合适单位，对某些事物的度量做估计。

B. 用度量仪器，按某种精度要求读数、解释数，并说明标尺。

2. 第二学段学习大纲

本学段的内容是相互联系的。在数学的应用中，学生关于数学语言、推理能力和技能等，应该联系数学其他领域的线索而得到发展。例如，度量应该和数据处理、图形和空间等内容联系起来，计算技能应该建立在对数的认识的过程中，并通过度量和数据处理而得到发展。数学模式与关系的代数思想，应该在数学的所有领域中获得发展。

目标1　使用和应用数学（同第一学段）

目标2　数（同第一学段）

目标3　图形、空间与度量

（1）为学生安排下列活动：

A. 利用图形的几何性质和关系解决问题。

B. 增长使用各种各样物质材料的经验。

C. 使用计算机画出图形或移动图形。

D. 探讨各种各样的图形模式，包括来自各种文化传统的刺绣模式。

E. 在一系列有目的的活动中，学习并运用有关度量的技能。

（2）教会学生理解和利用图形的性质去解决问题。

A. 能想象和描述图形与运动；学习用合适的几何语言正确地表述数学问题。

B. 能准确地做出二维、三维的图形，认识它们的几何性质和特征，能利用这些几何性质和特征对图形进行分类，并解决有关问题。

C. 认识简单几何图形的全等关系，认识二维图形和三维图形的反射对称，以及二维图形的旋转对称。

（3）教会学生理解和运用图形的位置和图形的运动等性质。

A. 能通过平移、反射和旋转来变换图形，能描述变换后的图形。

B. 利用坐标确定位置，如确定地图的基准方向、二维图形的表示等。

C. 会利用直角及周角的若干分之一，用于度量旋转的度数，并且会使用相关的语言去描述图形旋转的过程和旋转的结果。

（4）教会学生理解度量，懂得使用度量去解决问题。

A. 选择合适的长度、重量和时间的标准单位，在日常生活中利用它们进行合理的估算，加深对单位之间关系的理解，把米制单位转换成其他单位，知道如何粗略地把米制单位转换为日常生活中仍然使用的英制单位。

B. 选择和使用合适的度量单位，按要求的精确度表示数，学会阅读标尺，所要求的精确度逐步提高。

C. 求简单几何图形的周长，引入圆周率 π，求圆周的周长，通过数数的方法求面积和体积。引入其他求面积的方法，如割补法等。

目标 4　数据处理

（1）为学生安排下列活动：

A. 会用统计公式，并且用统计方法表示自己需要表述的问题。

B. 有目的地记录、选取和收集数据。

C. 把计算机作为数据处理和表达数据的工具，充分加以利用。

（2）教会学生收集、表示和说明数据。

A. 解释日常生活中的表格，制作频率表，包括对离散数据进行分组。

B. 收集并恰当地利用图形和图像表示离散数据，包括块图、象形图、条线图，以及说明范围广的图像和图表，如饼图等，正确地使用计算机进行绘图。

C. 理解和运用平均度量的方法，用于求某些具体问题情境中的模数、中位数、平均数，扩展度量的范围。

D. 根据统计和图表得出结论，知道有些结论不确定，甚至会产生误导的原因。

（3）理解和使用概率。

A. 利用经验、实验和理论，帮助学生理解概率的含义，理解和使用下列描述有关随机现象的术语：均匀的、公平的、不公平的、必然的、很可能的、可能的、有一半可能的。

B. 理解“任何事件的概率一定在不可能和必然之间”，因此可以使用由 0 到 1 的标尺去度量事件的概率。

C. 认识并且理解存在某些事件，其结果大约有对半可能发生。对实际问题情境，概率的估计必须建立在实验的基础上，由此对事件的概率做出估计，或求出概率的近似值。

3. 第三、四学段学习大纲

第三、四学段学习大纲的内容是相互联系的，应该教给学生学习大纲所规定的内容。另外，在第四学段，还应该教一些学习大纲所规定的进一步补充的材料。

目标1　使用和应用数学（同第一学段）

目标2　数（同第一学段）

目标3　代数

（1）为学生安排下列活动：

A. 探索各种各样的数学关系和表达方式。

B. 认识数的运算顺序。思考在计算机代数系统中是如何根据这些顺序进行代数表达式操作的。

C. 思考如何构造合适的代数模型，用以解决现实生活中的某些问题。

（2）教会学生理解和利用简单的函数关系。

A. 懂得用字母表示变量。

B. 探索产生于现实情境中的问题，能利用代数模型反映问题中的数量关系，使之适用于计算机操作并解决问题；说明、概括和利用问题中简单的关系；概括数列的法则。先用词语表达简单的函数关系，再分别用公式法、图像法或列表法来表示。

C. 解释反映现实问题的函数图像。

D. 探索用标准形式表示的函数的性质，包括线性函数、二次函数、反比例函数和多项式函数等。做出并说明这些函数的图像或表格，使用图形计算器或计算机探索和理解函数的性质与形态。

（3）教会学生理解和使用方程与公式。

A. 懂得用字母表示未知数。

B. 构造、解释和评价用词汇或用符号给出的，与数学或其他学科相关的，或与现实问题相关的公式和表达式。在合适时使用计算器或计算机解决问题。

C. 把代数式表达式转化为等价的形式。为了解决问题，构造并求解方程或不等式。

D. 选择最合适的方法，包括尝试与改进的方法，解一系列的线性方程以及简单的线性联立方程组；解不等式以及解二次或高次多项式方程；解决实际问题。

目标4　图形、空间与度量

（1）为学生安排下列活动：

A. 用各种不同的方法表达平面图形和空间图形。

B. 通过画图，并使用一系列实物材料，探索图形和空间。

C. 使用计算机去构造和变换图像，并解决问题。

（2）教会学生理解和利用图形的性质。

A. 想象和使用几何语言描述、表示图形，包括三维图形的二维表示法，用以更全面、准确地表现事物的特征。

B. 根据给出的信息构造二维图形和三维图形；理解简单图形全等的定理；

对多边形与其他图形进行分类，知道和利用图形的性质。

C. 理解二维图形和三维图形的对称性质，利用这些性质去解决二维图形和三维图形的问题。

D. 学习角的度量并运用与角相关的数学语言；解释和利用多边形与其他二维图形的角的性质，包括平行线和相交直线的有关性质。

E. 理解和应用毕达哥拉斯定理，即勾股定理。

F. 理解直角三角形内角的三角函数关系，利用这些关系解决问题，包括方位角的问题。

（3）教会学生理解和利用图形的位置、运动和变换的性质。

A. 应用坐标系定位，先学习处理图形在直角坐标系第一象限的情况。

B. 认识和想象图形的平移、旋转、反射、放缩等几何变换，以及它们在二维平面上的组合，认识描述几何变换的记号。

C. 理解和利用图形变换的性质，得出模式并进行分析，探讨图形的性质，导出结果，如探讨图形及其变换后的像是否全等等。

D. 进一步认识比例尺，会使用和解释地图与图画上的比例尺的意义，按不同的比例因子放缩图形，进一步认识和利用相似图形的性质。

E. 根据给定的条件确定运动物体的轨迹，包括正确地使用各种可行的方法，如设计计算机的指令，以产生所需要的图形或轨迹。

（4）教会学生理解和使用度量。

A. 选择合适的仪器和相关的长度、质量、容量与时间的标准单位，对日常生活中的常见物体做出合理的度量估计，进而对某些不常见的物体进行度量。进一步理解不同度量单位之间的关系以及度量单位之间的转换，了解英制单位的日常应用，以及它们与公制单位之间的等价转换。

B. 进一步理解离散度量和连续度量之间的差异，阅读和解释标尺表示数，包括小数标尺。探讨度量所得的结果，并考虑得数的精确度对于给定的目标是否合理。

C. 理解和使用复合度量，包括速度和密度的度量等。

D. 用剖分和数数的方法求普通图形的周长、面积和体积，如圆的周长和面积、圆柱的表面积和体积等，进而推导和应用标准公式。通过维度来区分某些表达式是否为公式。例如，$\frac{4}{3}\pi R^2$不可能是球的体积公式。在培养学生的空间推理能力方面，英国的数学教育较中国的数学教育更重视度量关系的推理和计算，而中国更重视对图形的性质和关系的思考与推理。

目标 5　数据处理

（1）为学生安排下列活动：

A. 把问题公式化，使之能够用统计的方法来处理。

B. 通过调查研究收集数据，整理和分析数据，进行有目的的探究。

C. 利用计算机收集各种大样本数据，用相关的图形表述数据，选择合适的函数拟合数据。

D. 通过实际的和实验的工作，从中学习某些支配随机事件的法则。

E. 审视某些表示数据的方法，并了解这些方法可能会引起的误导。

（2）教会学生处理和解释数据。

①收集数据。

A. 设计和使用数据收集表，从计算机的数据库中选取表格、编目以及所需要的相关信息，合理地将数据分组，制作频率表。

B. 设计问卷或实验，然后收集所需要的数据，遵循并询问所使用的调查路线，测试假设，考虑可能出现的偏差。

②表示和分析数据。

A. 构造合适的图表和图像，用以表示离散数据和连续数据，包括条形图、折线图、饼图、频率多边形、散布图、积累频率图等。

B. 利用数据进行计算或估计，并合理地利用某些集中趋势度量，如模数、中位数、平均数等。先处理离散数据，然后处理分组数据和连续数据。

C. 选择、计算或估计合适的度量范围，包括组距范围和四分之一组距范围，使之适用于分组数据或连续数据。

③解释数据。

A. 解释各种图像和图表。以图形的形状和简单统计为基础，利用数据集合的简单分布和比较分布做出推断，判断两组数据集合间的关系，包括两组数据的相关性和函数的最佳拟合。

B. 正确地评价某些统计结果的可靠性。

C. 认识到根据某组实验数据可以做出一些推断，或者还需要对问题做进一步的调查。

（3）教会学生估计或计算事件的概率。

A. 理解和使用概率。通过经验、实验和理论，逐步理解和使用 0 到 1 之间的概率标尺。

B. 按照一个合理的精确度，估计和鉴别事件的概率。

C. 理解和使用相对频率，把它作为对事件概率的估计值，当进行大量实验时可以得到结论。

4. 第四学段　进一步补充的材料

运用数学解决问题，利用数学进行交流和推理，应该建立在数学其他领域的知识和问题情境的基础上。利用计算曲边梯形面积的方法，可以解决数据分析问题，可以解决速度与时间关系的问题，也可以解决概率的问题。对三角函数，要从函数性质和形态等方面予以研究。三角函数也是解决二维图形和三维图形有关问题的工具。

英国国家数学课程按照以下 5 个教学目标分别予以阐述：①应用数学解决问题；②数；③代数；④图形、空间与度量；⑤数据处理。

每个教学目标有 8 个水平的学习要求，并对超出水平 8 的出色学习表现做了补充说明。教学目标的实际内容与学习大纲是一致的，这里不再详述。

4.1.3 英国学生数学应用能力的系统化培养

英国学校十分重视培养学生的数学应用能力，从低年级开始，就对学生这方面的能力进行严格而系统化的训练。

1. 课程中的数学应用

（1）培养应用能力的意义。

英国国家数学课程共有 5 个教学目标，其中第一个就是关于数学应用能力的。教学目标 2 ~5 包含了对学生在知识技能和理解方面的要求。相应地，学习大纲规定了学生分别在 8 个水平上对上述目标的学习要求。教师可据此制订教学计划，以帮助学生打好数学知识和技能的稳固基础。

然而，知识和技能的获得不应被看成是学习的终结。重要的是，刚参加工作的青年人能否充满信心地、灵活地运用数学知识来处理问题。学生在理解的基础上灵活运用所学到的技能，才是更有效地学习数学的目标。理解知识和掌握技能与应用数学是密切相关的，体现在两个方面：

①获取知识、发展技能和增进对数学的理解，可以促进学生应用数学来解决问题。

②不管是解决实际问题还是数学本身的问题，都能激发学生进一步学习的热情及理解知识的动机和要求。

（2）培养应用能力的具体内容。

教学目标 1 是应用数学解决问题。它与其他教学目标不同，但关系密切。它要求应用教学目标 2 ~5 以及学习大纲中与此相关的知识、技能去解决问题。概括地说，有以下三个要求：

①通过解决实际问题，操作技术仪器，使用物质材料，获取知识、掌握技能和促进理解。

②应用数学去解决现实生活中的一系列问题，处理其他领域、其他学科所提出的问题。

③对数学自身的规律和原理进行探索和调查。

教学目标 1 包含以下三类数学活动：处理实际问题；进行数学交流；树立“辩论与证明是学好数学的重要手段”的观念。

（3）独立性与相关性。

教学目标 1 向学生提供了学习数学的线索和策略，据此学生就有可能培养在教学目标 2 ~5 中所要求的技能和对知识的理解更加深刻。正如在教学目标 1 和学习大纲中所提出的，应该把应用数学渗透到数学各专题的教学过程中。为了帮助学生掌握知识，培养学生的技能，教师要抓好数学原理和数学方法的教学。

2. 培养学生应用数学能力的途径

为了全面地培养学生应用数学的能力，英国国家课程委员会指出，要从三个方面对学生进行训练。国家数学课程对应用数学解决问题做了三项说明。

（1）通过实际任务来学习。

学生应该从早期起就逐步接触和处理实际问题，解决问题，通过实践活动来发展其数学观念。而且，这种教学方法应该在所有学段都使用，以帮助学生加深对数学的理解。

（2）运用数学知识来解决现实生活中的问题。

学校除了要保证学生具有巩固的知识和技能的基础外，还要教学生如何有效地运用数学知识。现实生活中的问题常常没有唯一的答案，涉及的知识也较广泛。即使对于那些较牢固地掌握了相关数学知识和技能的学生，在处理这类问题时也常常感到棘手。因此，教师需要帮助学生逐步学习和积累这方面的经验。这方面的教学要求如表 4－2 所示。

表 4－2　处理现实生活中的问题

<table>
<tr><th>目标</th><th>水平</th><th>学习要求</th><th>课例</th></tr>
<tr><td rowspan="5">教学目标 1：应用数学解决问题</td><td>4</td><td>学习数学，解决某些实际问题</td><td>为学校音乐会设计一个排位方案，用坐标思想来排座号</td></tr>
<tr><td>4</td><td>提取信息，清楚而有条理地表述所得的结果</td><td>利用汽车和火车时刻表，设计一个旅行用的乘车时间表</td></tr>
<tr><td>5</td><td>鉴别与获取必需的信息，清楚而有条理地表述所得的结果</td><td>根据实验，思考当图钉从一定高度落下时，钉头着地的概率。思考会影响这个结果的因素</td></tr>
<tr><td>8</td><td>说明某猜想是真的、假的，或未被证明的，学习定义与推理，证明与反驳，运用反例，使用符号，提出不同见解，认识充分必要条件</td><td>考虑公共停车场的汽车容量，检查猜想：无论怎样安排停车位和转弯道，只要他们符合停车场规定的间隔标准，那么，公共停车场都能停放同样多的汽车</td></tr>
<tr><td>特优</td><td>设计、计划和执行一项数学任务，成功地得出结论，提出替换解法，鉴别所选用的解决问题的思路</td><td>通过调查，为市中心设计一个设置交通灯和单行线系统，检查街道交通流向计划，提出并分析系统的有效性，设计出最佳方案</td></tr>
</table>

（3）学生对数学本身做探索和调查。

数学提供了观察与感知现实世界的途径，也提供了探索与产生新的虚构世界的方法。如果数学教学只讲授知识、技能以及它们在现实世界中的应用，那是不够的。教师应该帮助学生认识数学的概括性与统一性，引导学生鉴赏数学的基本创造力，让学生感受到智力的提高和数学发现的欢乐。教师要帮助学生探索数学对象的结构、模式和关系。这些是数学的重要方面，可使学生认识和利用数学的威力，有信心去解决问题，发展自己的数学思维，从而形成正确的数学观。表4－3列举了这方面的例子作为参考。

表4－3　对数学自身的探索

<table>
<tr><th>目标</th><th>水平</th><th>学习要求</th><th>课例</th></tr>
<tr><td rowspan="3">教学目标1</td><td>7</td><td>跟随数学的推理链，发现矛盾，利用不同途径，遵循新的路线，探索有关数学的知识和规律</td><td>利用计算器或电脑，探索各种分数的小数表达式，对各种分母的分数化为小数的规律做调查。用不同的方法对结果进行分类。探索关于小数表达式的命题的有效性，如“分数$\frac{1}{13}$是一个以六个小数位为循环节的循环小数”</td></tr>
<tr><td>6</td><td>设计一项任务，选择合适的数学材料和资源；检查所得的信息是否充分，有没有遗漏；尝试使用与改进方法</td><td>调查不同边数的多边形，最多有多少个直角
<table><tr><td>边数</td><td>3</td><td>4</td><td>5</td><td>6</td><td>7</td><td>…</td></tr><tr><td>最多直角数</td><td></td><td></td><td></td><td></td><td></td><td></td></tr></table></td></tr>
<tr><td>8</td><td>设计一项数学任务，制订详细的工作计划，检查信息是否完整，思考所得的结果是否正确</td><td>利用由多面体的一个面沿不同路线到另一个面，探索在三维图形中两点间的距离。求下列图形中由点 A 沿棱到达点 B 的最短距离
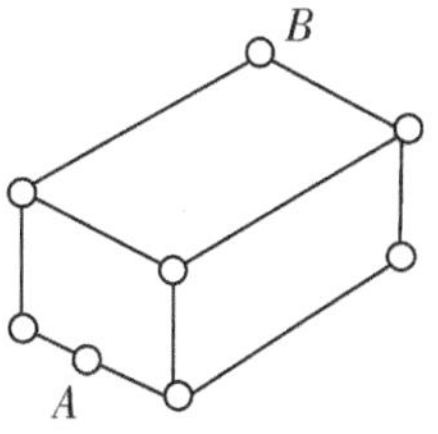</td></tr>
</table>

（续上表）

目标	水平	学习要求	课例
教学目标1	特优	在对数学知识进行研讨，运用数学知识来分析任务时，能通过推理，说明为什么要选择某条特殊的求解路线。能在自己熟悉或不熟悉的情下中运用数学知识解决问题	重排方程 $x^2-5x+3=0$，得到迭代公式 $X_{n+1}=(x_n^2+3)/5$。探讨对于不同的初始值，这个数列的收敛性

3. 培养学生数学应用能力的方法

自1982年柯克克罗夫特的报告《数学算数》一书出版以来，许多学校按照该书所指引的路线发展数学教育，成绩显著。书中对学生数学应用能力的要求，不但反映在课程标准中，也反映在国家考试大纲中，因此引起广大师生的重视。然而，国家课程委员会对数学教学的现状仍然不满，认为主要问题是基础知识的教学与数学应用能力的培养之间有脱节的现象。许多学校将教学重点放在获取知识和技能上，但把它与数学的应用分割开来。

（1）制订计划，贯彻全程。

国家数学课程要求所有的学校要重视上述问题，并且要拓展教与学的途径。据此途径，使用和应用数学的观念与做法渗透和影响到数学教学的所有工作中。对学校而言，这是一项主要任务。对于数学教学而言，这也许是最有意义的挑战。对所有学生来说，国家数学课程的目标提高了。学校必须保证，其工作计划能提供充分的活动机会，这些活动应该着重于使用和应用数学的知识与技能，使得应用和调查等活动，与数学教学有机地结合起来。

（2）变封闭性问题为开放性问题。

许多学校的数学教学往往重视知识和技能方面的传授，并且常常以封闭的形式提出问题，这些问题以特殊的方法得到解答。当然，这种有目的地让学生实践其最近学到的技能的方法，是有其积极意义的。但是，过多地使用这种方法，会限制学生思维的开阔性和灵活性。如果对一些封闭性的问题略作修改，就能产生更有挑战性的开放性问题。开放性问题让学生有机会运用前面所提到的一系列策略，从而使他们实践和巩固相关的数学知识。如何把封闭性的问题改为开放性问题？只要改变设问方式或设问方向，鼓励学生以发散思维采用更开放、更有探索意义的途径求解就能达到目的，表4－4列举了这方面的例子作为参考。

表 4－4　把封闭性问题改为开放性问题

封闭性问题	修改成开放性问题
2＋6－3＝？	对 2，6，3 做加、减运算，能够得到什么数
3×5＝？	设计一些乘法问题，使其答案为 15
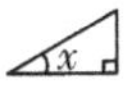 求直角三角形中锐角 x 的正弦值	探索计算器上 sin 键的功能
继续写出序列“1，2，4，…”后面的若干项	讨论序列“1，2，4，…”能够怎样延续
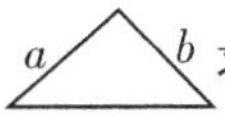 求图中三角形的面积	构造一些三角形，使其与图中三角形的面积相同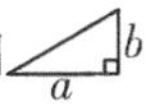
具有五条边的图形叫什么图形	用五条直线可以构造什么样的图形
做一个特殊的纸板游戏	利用骰子和筹码设计一个四人玩的游戏
画出下列函数的图像： $y=3x-5$，$y=2x-4$，$y=6-x$	探讨当 a，b 取不同值的时候，函数 $y=ax+b$ 的图像有怎样的变化

4. 结论

（1）中英两国的数学教育都重视学生数学应用能力的培养，英国数学课程把对这项能力的要求列为专门的教学目标，对 5～16 岁的学生进行这一能力的系统化训练，其要求远比我国数学课程的相关内容详细、具体。他们在这方面的经验，值得我们借鉴。

（2）中英两国的数学教育都重视从实际问题中导出数学概念，英国的数学教育让学生有机会处理实际任务，从中训练应用能力，这对我国数学教学是有参考价值的。

（3）和英国的数学教育相比，我国的数学教育更重视训练学生对数学有关结构和规律的探索，在把封闭性问题改为开放性问题方面，我国也有丰富的经验。我们应该认真总结中英两国的这些经验，促进我国数学教育的改革。

4.1.4　英国数学教学策略

英国数学课程规定了中小学数学教学的目标以及对学生数学学习的要求。对此，英国课程委员会对数学教学提出了一些指示，这些指示对我国数学教学有参考价值。本节介绍英国实施数学课程的方法，阐述其数学教学的策略与特色。

1. 培养综合计算能力的策略

在英国数学教育的 5 个教学目标中，每个教学目标的内容都与计算能力有关，例如，对于计算器的广泛使用可能会削弱学生的计算能力，英国数学课程规定，对学生的计算能力要做全面训练，使学生掌握心算法、笔算法、计算器算法，并且提出了一些具体要求，鼓励学生灵活地运用各种计算方法。

①指定使用某种特定的计算方法。例如，心算个位数乘或除以 10 的若干次幂的乘除法，并以整数为答案；利用计算器的“记忆”和“括号”功能，设计一则计算式，并且估算它的值。

②排除特定的计算方法。例如，不用计算器做两个三位数的加减法、两位数乘以个位数的乘法。

③不限定计算方法。例如，在解决含有整数的乘与除的问题，或者有关金钱的计算问题时，用比率进行计算，如有必要，可使用计算器进行计算。

英国数学课程规定了各种计算方法的教学要求，并指出它们之间的关系。

（1）心算处于核心地位。

心算在数学计算中处于核心地位。它应该成为所有标准与非标准的笔算的基础，也应该成为解决一系列问题的计算方法的基础。令人担忧的是，在学校里，心算和口算的计算要求逐渐被降低，这就等于否认理性思考在数学教学与数学学习中的核心地位。这种状况必须改变，应该给予学生充分的时间练习心算。例如：①探索数，熟悉数的性质，熟悉数与数的相互关系；②提高加、减、乘法运算的熟练程度；③通过有目的的实践，巩固知识，在实际情境中掌握运算的原理和方法；④发展、比较和讨论更复杂的心算方法。

（2）打破对笔算的传统约束。

学生在学习过程中将会不断使用笔算法。笔算法是一种方便的、增长才智的计算方法，它会随着合适的心算方法而发展，并得到巩固。笔算法应该包含一系列正式与非正式的计算技巧和方法。

学生的笔算能力常常被作为教学目标实现程度的一种度量。现在人们已经不再坚持这种观点了。实际上，过多地练习课本以外的传统的笔算法，将会制约数学教学目标的全面实现。英国中小学数学教学目标并没指定遵循何种途径去发展笔算法，但是，它提倡让学生在理解的基础上不断熟练地使用数的运算方法。

（3）提倡使用计算器。

使用计算器能迅速而有效地提供计算结果，把学生和教师从一些过分耗时费力的笔算中解放出来，通过给学生提供各种各样的机会，使他们有更多的时间和精力，对数的概念及其运算进行更深入的探索，从而更有效地达到课程标准的要求。标准提倡：

①学生在各学段的学习中，其学习水平不断提高，逐渐熟悉使用计算器进行数的运算。

②通过各种各样的数学游戏和类似的活动，探索用计算器进行计算的方法。

③通过各种计算，提高正确选择按键的能力。

④先用心算估计问题的答案，再用笔算或计算器验证，并说出所得的结果。

⑤利用计算器作为探索数的有效工具，扩展并加深对数的性质及其相互关系的理解。

随着技术的发展，用来处理计算问题的手段不断增多。事实上，无论是儿童还是成人，在处理计算问题的时候，都会采用多种手段。

培养学生处理数的问题的信心，是过去乃至现在数学教学的一个基本目标。把学习大纲和与之相关的前4个教学目标放在一起，构成一个框架，从中可以看出对计算能力有以下的要求：

①提出一个实际问题，使学生据此能探索和发展数的技能。

②打好对数的理解的基础，它是学生有信心进行数的运算所必需的前提。

③阐述数的运算的基础知识和技能。

④阐述估算、近似计算和检查答案合理性方面的基本技能。

2. 以课题覆盖大纲的策略

学习大纲对学校制定政策和教学计划有直接的影响。类似地，教学目标及其陈述将有助于教师监控、评估和记录学生的学习情况。为了反映日复一日的课堂活动的这些变化，教师需要采取不同的策略。以课题来逐步覆盖大纲的要求，就是其中一种重要的策略。

（1）提出开放性的任务。

为了帮助学生在学习活动中达到大纲的不同要求，教师可以从某个专题、某项任务、某个活动开始。如果学生在执行任务时偏离大纲太远，教师要给予适当的引导，使活动能覆盖学习大纲一系列的要求。学生无论是在制订计划的过程中，还是在执行任务时，教师都应该记录学生所取得的成绩，并与教学目标的要求联系起来。

课例1　探索性活动：立方体模型的拼接与最大表面积的探讨。

活动：用六个立方体彼此拼接起来，使每两个相邻的立方体有一个面重合，这样构成一个模型，使其具有最大的表面积。

对象：10~12岁孩子（相当于我国小六、初一年级学生）。

活动过程：多数学生最初会随意拼接模型，然后，通过数正方形的表面个数求表面积。当得到不同的答案（如22、24、26等）时，他们进行了一系列的探索性活动，具体如下：

①他们所得到的模型是否具有最大的表面积？

②表面积为26的模型是否可以有不同的形状？

③得到最大表面积的模型，是否隐含着某种规律？

学生边拼接模型，边在纸上做记录，既经历过失败，又感受到成功的喜悦和发现的乐趣。通过深入的思考，学生发现了以这种方式拼接某些数目的立方体，能够获得最大表面积的方法，从而使这种活动延伸到更高的水平。

（2）注重学生发展的差异性。

进行类似上述类型的开放性活动，往往使学生接触到多个教学目标中的内容，并且跨越标准中的多个水平。例如，进行上述活动所用到的知识包含在教学目标 2～5 的部分目标中，并且跨越 5 个以上的水平，如果这个活动在某种深度上发展，部分学生就能够达到更高水平。

教学目标 1 要求，选择适当的材料做实验，用方格纸记录结果。

当学生要记录结果时，应该要求他们选择材料，即用等距纸或方格纸做记录。当学生进行上述活动时，都要求按照从水平 1 到水平 4 的陈述说明自己在这项活动中所做的工作。要求不断尝试与改进方法，使活动达到更高的水平。要求学生做出并测试其推论（水平 4）。有些学生可能在活动中发现矛盾，并寻找新的调查路线（水平 6），其他学生将可能解释并且鉴别他们的推论，并且在水平 7 或者更高的水平上进行活动。当学生鉴别最大的表面积时，他们需要清楚有关数的排序；学生会用心算法求出表面积，会使用乘法（即 6 个立方体有 $6\times6=36$ 个表面）和用加法求表面积。当他们得出不同的表面积时，就出现概括模式的机会（如 22、24、26 都是偶数），他们在观察分析中会想到诸如乘法、因子等术语，并在延伸性的活动中运用这些术语。

当活动延伸到拼接其他数量的立方体时，学生可能会把所获得的最大表面积的个数概括为一个序列模式，并用公式表示。例如，当立方体的个数为 n 时，所拼接得到的模型的最大表面积是 $4n+2$。

学生在考虑最大表面积问题时，往往会做出一个假设，有时需要推翻前面所做的假设，这时就要寻找反例，换言之，就是要做出一个新模型。某些学生会用符号来表示他们得到的最大表面积。当学生考虑用不同方法构造一个特定模型的表面积时，就会非正式地用到简单图形的全等概念。

为了记录活动所取得的进展，学生需要画出所得到的图形，从而涉及三维图形的二维表示。这种类型的活动会在数学教学中发生，而且很明显与学习大纲有关。显然，并非所有学生在活动中所用的方法都相同，他们会在不同的水平上操作，并沿着不同的路线发展。

（3）预先估计活动可能取得的成果。

由于所提出的课题是开放性的，因此，在活动的计划阶段，教师应该根据学习大纲和教学目标的不同，分析活动的潜在结果，才能够更有效地监控学生的学习状况，而且，对学生在不同教学目标的不同水平上的操作所得到的结果，要做好记录，以便对学生进行分析与点拨。这种做法的利弊是：

①有利于培养学生的发散思维能力。不同学生可以遵循不同的途径，从不同的深度去探讨问题。而且，这类活动可以灵活地变换、延伸课题，以训练学生的思维。

②有利于因材施教。允许学生根据自己的实际情况来解决问题，便于学校根据班级当前实际情况，开展数学教学。

③不利于个别跟踪。因为活动发展不平衡，而且目标方向多，水平跨度大，教师在记录和跟踪学生的学习状况并判断其是否有进步时，常感到困难。

④需要个别辅导。部分学生思路狭窄，取得成果较少，需要给予个别提示与帮助。

3. 根据大纲设计课题的策略

为了加强对学生学习的效果与教师对活动的调控，国家课程委员会提出根据学习大纲设计课题的策略，其要点是，根据学习大纲指定的知识点设计相关的活动。具体的做法是：

（1）活动紧扣学习大纲。

教师从教学目标某一项或学习大纲要求的某一水平出发，组织针对性强、内容集中、便于组织教学的学习活动，使较多学生达到某个水平的学习要求。

课例 2　图形的认识。认识三角形、正方形、矩形、五边形、六边形、立方体、长方体、圆柱、球，并描述它们。

对象：6 ~ 7 岁孩子（相当于我国小学 1、2 年级学生）

活动道具为日常生活中的一系列常见用品。

师生共同活动：教师引导学生进行观察、分析，并不时提出如下问题：

①你能够找出一个 × × 形状的图形吗？（例如，你能够找出一个六边形吗）

②这个图形叫作什么？（指着一个图形）

③请找出这类图形的另一个。（指着或展示一个图形）

④告诉我有关此图形的形状。（指着或展示一个图形）

（2）收集反馈信息。

为了及时了解学生的情况，教师可以通过适当的提问，收集反馈信息。比如在课例 2 中，为了考查学生是否能够描述例子中所涉及的图形，教师可以提出以下问题：

①对……给出一个合适的名称。

②对……给出一个等价的名称。（例如，回答矩形盒子，可称为长方体）

③对……给出另一个例子。（例如，回答六边形，可说它像蜂巢）

从学生对这类问题的回答，可判断他们是否认识所指的图形。上述活动紧扣教学目标 4（图形、空间与度量），以及学习水平 1 展开，使学生从日常生活用品出发，对常见的平面和空间图形有初步认识。此外，还可进一步发展以下类型的活动：

①使用一个“自由袋”。“自由袋”包含各种各样的平面图形和空间图形。

让学生从袋中任意抽出辨认和描述不同的图形。

②模拟打电话。告诉“售货员”自己要买一个特定形体的用品。（例如，立方体形状的橡皮，或者长方体的笔盒）

在这类活动中，学生使用到的数学术语，包括角、表面、边和点等词汇，也包括与学习大纲的知识点非直接相关的术语，如硬的、软的、红色的、塑料的等。

（3）教师的指导作用。

教师在设计活动时，要有针对性地联系学习大纲指定的知识点，也要符合教学目标中“应用数学解决问题”这一项，如：

①对于某一个实际任务选用活动中要使用的物质材料（水平1）。

②分析自己的工作并且提出问题（水平1）。

③得出一个以经验为基础的推断性的结论（水平1）。

学生在活动中的操作也许会涉及水平2和水平3的高度，也可能涉及其他知识领域。不同学生所涉及的深广度是有差异的。因此，教师应该采取灵活的态度，不要限制太多。上述以课题联系学习大纲的活动、根据学习大纲选定课题的活动，各有其优点与不足，它们的比较如表4－5所示。

表4－5　两类数学学习活动的比较

活动	以课题联系学习大纲的活动	根据学习大纲选定课题的活动
优点	开放性活动中某方面是通过任务并且通过一个单项活动，让学生接触学习大纲的一系列知识点，在不同水平上得到发展。这类活动以校内的经常性活动作为出发点	计划和组织活动比较方便；可以通过系统的途径，使得活动内容紧扣学习大纲的知识点，从而使得教师容易了解、记录学生的活动情况以及所取得的成绩
不足	在对照教学目标的不同水平，跟踪和记录学生的活动情况以及所取得的成绩时有一定难度。活动的内容不一定局限于学习大纲的范围，这就可能使教学缺乏系统性	各个活动的目标都是专一或者集中的，导致学生的知识变得零碎分散。有时，学校和班级的活动甚至不能与学习大纲的某些知识点相联系，导致学习大纲的要求难以全面实现

在实践中，学校需要顾及上述两种活动的积极方面。然而，两种活动存在潜在矛盾。例如，既需要设立开放性任务，使学生能够积极灵活地探索数学，又要保证活动能够紧扣学习大纲的所有知识点，这是不容易同时做到的。

国家数学课程反对遵循狭窄而机械的方法来学数学与教数学，也不赞成对学习大纲及其水平系统做生硬的解释或照本宣科。为了鼓励学生在实际生活的情境中灵活地用好数学，学习大纲的第一个目标就是“使用和应用数学”。它强调数学知识的内在联系，也鼓励对数学方法的综合运用。学习大纲提出了所有学生的学习权利，学校必须根据学习大纲的要求制订全面的计划。

4.1.5　英国高中数学课程

英国对 5 ~ 16 岁的少年儿童实行义务教育，前面所述的英国国家数学课程是针对这个年龄段的学生而实施的。对于 17 ~ 19 岁的青年学生，则实行教育分流。有志进入大学深造的学生，可以进入第六学级，在普通教育资格证书考试委员会（GCE）所拟定的大纲的指导下，学习 A - 水平（即高级水平）数学。其余学生接受职业教育，准备毕业后就业。以下所述的高中数学，就是指 A - 水平数学的内容与方法。

1. 高中数学课程（A - 水平）的背景

英国没有全国性的高中数学课程标准。以大学专家为主要成员的普通教育资格证书考试委员会制定的 GCE 考试大纲，实际上起着高中数学教学大纲的作用。根据 GCE 大纲的要求，学校数学设计小组（SMP）为高中数学设计了四类可能的课程。

2. 教学目标和基本要求

建立 A - 水平和 AS - 水平课程标准的目的是，使每个科目的这两个水平的学习，在“知识、理解、技能和评价”等方面有客观公正的标准。在它提供的框架内，对数学中的各科目做了详细的说明。建立科目标准的目的是：

①确立一致的、可比较的标准，用以评价学习同一科目的不同水平的学生。

②确定 A - 水平和 AS - 水平课程标准之间的关系：后者是前者的子集。

③确保 A - 水平的严格性。

④帮助用人单位和教育机构更好地研究、评价与选拔有关的对象。

⑤对数学科目所包含的重要知识点做出说明，必须与这些科目的相关部分的阐述保持同步、一致。

A - 水平和 AS - 水平的数学课程的目标是鼓励学生努力做到：

①发展他们对数学和数学学习过程的理解，提高学习信心，并从中获得乐趣。

②提高逻辑推理能力，认识正确的推理。

③扩展数学的技能技巧，利用它们解决更困难的、非构造性的问题。

④加深对数学的进步与连贯性的理解，并理解不同的数学领域如何相互联系。

⑤认识如何利用数学去表述某种状况，理解现实世界的问题和其他相应的标准数学模型之间的关系，以及这些关系如何得以确定与改进。

⑥学习利用数学作为知识交流的有效方法。

⑦阅读和理解数学推理，阅读有关数学应用的论点。

⑧获得有效使用技术的能力，如操作计算机、计算器等；认识到有时使用这些技术是不合适的，知道有关技术的局限性。

⑨提高对数学与其他学习领域、数学与工作、数学与社会的相关性的认识。

⑩加强学生对数学学习的责任感，能评估个人在数学上的进步。

3. 技能要求

在 A－水平和 AS－水平的数学教学中，应该努力给学生提供各种机会，以培养他们一些重要的能力，并且有信心地对个人的能力进行评价。这些能力是指：①会进行数学交流；②掌握一定的信息技术；③应用数学的能力；④自学数学的能力；⑤能与别人合作；⑥解决问题的能力。

4. 高中数学课程（A－水平）必修课的主要内容

（1）数学基础。

一次函数、二次函数及其图像；数列的定义、种类及求和；等差数列、等比数列的通项公式及前 n 项和的公式；函数，函数的定义域，记号 $f(x)$，多项式函数和倒数函数及其图像；代数方程的解法，根的位置和范围；因式定理，解不等式。

（2）微积分入门。

变化率，导数及其几何意义，微分法及其在函数作图中的应用，定积分及其几何意义，微积分学的基本定理，不定积分。

（3）函数。

函数的记号，函数的复合，反函数，绝对值函数，函数的变换及其图像的性质；函数的奇偶性、周期性及其图像的特点；反三角函数及其主值；三角函数的导数；幂函数、指数函数、对数函数及其图像。

（4）数学方法。

两点间的距离（包括 2D、3D 的情形）；三角恒等式；正弦定理、余弦定理及其应用；参数方程及其与普通方程的互化，加法定理，三角式恒等变换，解三角方程；位置向量；向量的加减法，数乘向量的乘法；向量的数量积（包括 2D、3D 的情形）；直线的向量方程；平面的参数方程与普通方程；两直线间的交角；两平面间的交角；直线和平面间的交角；用级数逼近一些简单的函数；二项式定理。

（5）微积分方法。

求极限，微分法基本原理，求导法则；复合函数的微分法，反函数的微分法，参变量微分法，隐函数；微分方程（限于一阶），通解与特解，微分方程的数值解法，微分方程的解析解，数学建模思想在列微分方程中的运用；旋转体的体积；观察求积法，换元积分法，分部积分法，部分分式积分法，积分技巧的运用。

（6）牛顿运动定律。

数学建模，运用假说简化现实问题，模型的分析与抽象，模型的解释与检验，模型的修正与补充；平均速度，距离与时间（速度）图像的几何解释；质量、重量和动量，动量守恒原理，动量变化率；力，牛顿定律及其力学模型。

（7）生活中的不确定现象。

随机事件及其概率，互斥事件、独立事件、组合事件，乘法法则与加法法则，条件概率；随机变量及其概率分布；数学期望，平均值与方差，二项分布。

（8）问题的解决。

数学过程，考虑特殊情况，寻找模式，一般化，猜想及其检验，选择合理的解法，建立模型，选择变量，选择合适的表达方式，解决问题，解释和证实解答，证明猜想，用反例驳倒；发展合适的解决问题的策略，形成条理清晰的思路和正确表述解决问题的过程。

总的来说，英国高中 A－水平数学课程的教学内容远多于我国传统的高中数学课程的内容，也多于我国研制中的高中数学课程标准的内容，相当于大学预科的数学水平。但在英国，能够进入 A－水平数学课程的高中生，只占同龄学生总数的7%左右。A－水平数学课程的深广度与难度，对我国高中数学课程标准的研制有重要的参考价值。

4.1.6　英国数学课程的最新发展情况

英国于1989年首次公布并实施国家数学课程。随着各国数学课程的发展，英国数学课程也发生了巨大的变化。英国教育部于1991、1995、1999年分别对数学课程做了三次修改。2013年，英国公布最新数学课程，并于2014年9月正式实施。英国义务教育中，小学分四个学段，各学段学生年龄如表4－6所示。以下对2013年的英国数学学习大纲（简称大纲）与1989年的大纲进行比较，也对第三、四学段的内容做出比较，从而分析英国数学课程的最新发展情况。

表4－6　中英学校年级对比

学段	学校年级	学生年龄（岁）	中国对比年级	备注
KS1	1～2	5～7	幼儿园至小一	小学
KS2	3～6	7～11	小二至小五	小学
KS3	7～9	11～14	小六至初二	中学
KS4	10～11	14～16	初三至高一	中学
第六学级	12～13	16～18	高二至高三	升大学预备

1. 数学课程的目的

数学是创造性的相互高度关联的学科，它跨越多个世纪而得到发展。数百年来，它对历史上一些最有趣的问题提供了解答。它是人们日常生活中必不可少的知识。大多数领域如科学、技术、工程、金融等，都离不开数学。高质量的数学教育，为人们提供认识世界的基础，赋予人们数学推理的能力，提供对数学魅力及数学美的欣赏，培养学生对自然现象的好奇心，引导对数学魅力的思索与追求。

2. 数学教学目标

国家课程数学的目标是使所有学生都掌握数学基础知识。通过丰富多彩的实践活动，处理日益复杂的问题，使学生对数学的理解不断深化，能迅速回忆并应用学过的知识，提高解决问题的精确性。

（1）数学推理。通过对一系列问题的调查，学生产生对某些数学关系的猜想，获得初步的概括能力，得到相应的结论。发展论理、判断或证明能力，用数学语言表示判断与推理过程。

（2）使用多种数学知识来解决常规和非常规问题。对于复杂性不断增加的问题，思维可能受阻，这时可先把问题分解为简单步骤再解决，从中养成坚韧不拔的精神，化解障碍，求得解题思路。

（3）学生需在各种数学思想之间转换自如。第三、四学段大纲分成不同数学领域。学生应能够领悟各学段间的联系，跨越各种数学思想，贯通解题思路，解决问题能力日趋成熟，认识与构建数学与其他学科的联系。

3. 英国数学学习大纲的主要变化

20 多年来，英国数学课程屡经修改，内容不断丰富，对数学思想方法的要求更灵活多变，对学生也提出了更高期望。表 4 – 7 展示了英国数学学习大纲的变化。

表 4 – 7　英国数学学习大纲的变化

	1989 年大纲	2013 年大纲	主要变化
强调要点	大纲转化为实践	学习数学的价值	新大纲提高期望与要求
	进步与连贯性	发展数学思维的流畅性	强调思维灵活，流畅自如
	使用与应用数学	强调数学推理	推理的多样性、严密性
	学生进行计算	拓宽解决问题的思路	强调问题的宽广性
	课程中的数学	对信息通信技术的审视	跟踪学习过程

4. 学习的要求

（1）发展数学思维的流畅性。

熟练掌握知识，思维转换顺利。巩固认识与处理数的能力，发展对数系的理解，包括对位值、小数、分数、幂与方根的理解。

①选择、利用合适的计算策略，解决复杂性不断增加的问题。

②利用代数法说明算术结构，理解运算律，用公式表示数与数的关系。

③代换表达式中某项的值，重排与简化表达式，顺利地解方程。

④发展运用代数法与图示法的流利性，正确地解线性方程和简单二次方程。

⑤准确地说明数学的概念与性质，分析数与表达式，分析二维与三维图形，认识并理解概率与统计问题。

（2）强调数学推理。

发展演绎推理，正确利用各种推理方法，如代数法、几何法；在合适的时候，选择和使用其他推理方法，如统计法、概率表示法、逻辑推理法、反证法等。必要时需要根据定义说理，如用构造法推理和通过比例推理。

①形成推理链，对数学关系进行推测，用数学语言表述所得结论，进行推理与证明。

②用代数法以及图示法，识别并表述变量间的关系，利用函数观点进行说理。

③建立数与数的联系，代数表示与图示之间的联系，并用数学知识对其进行分析。

④认识变量以及它们的关系，用各种方法表示函数；通过学习度量与几何，扩展比与比例知识，并用公式表示。

⑤做出对某些模式与关系的猜想，验证与证明猜想，或举反例驳倒猜想。

⑥探索能否做出某个概率或统计的推断，表述、验证，或驳倒所得的推断。

（3）拓宽解决问题的思路。

熟练自如地掌握数学知识，了解常见的实际知识，随着时间的推移，问题的复杂性不断增加，在解题中夯实数学基础，提高解决问题的能力。逐步掌握常见问题的解决方法，加深对概念的理解，能够回忆和运用所学知识，快速、准确地解决问题。

①基于对数学性质的理解，善于评估事物状况，而不只看事物的表征。

②利用数学知识去解决数学内部或外部问题，包括经济数学、机械和力学问题，在表述周围环境时利用数学。

③用适当的函数建立数学模型，利用数学表达式表达调查研究后所得的结果。

④通过问题的解决，发展对数学知识的理解，对解题结果进行评估，对解题思路与结果用多种方式表达。

⑤越来越了解现实世界的金融问题，注意数学和图形方法在解决问题中的应用。说明解决问题的过程，选择方法和技术，处理不熟悉、非常规的问题。

（4）对信息通信技术的审视。

用计算机不只是为了书写方便，也不只是用于代替心算。把信息通信技术（Information Communication Technology，简称 ICT）作为一种信息工具时，师生应该做出并使用判断。如何用？何时用？ICT 是国家数学课程的语言，也是数学交流的工具。学生必须审视自己的思维是否清晰，能否让别人清楚自己的说理。教师应确保学生通过讨论，清楚表达，相互理解，校正混淆。学生要对个人知识与能力进行自我审视，清楚是否具备足够的进入下一学段学习的能力。在学习提速前，要为学生提供丰富且具有挑战性的问题。如果学生在某个方面不够熟悉，就要在进入下一学段前，通过补充实践予以巩固。

5. 课程内容的变化

表4－8　数与代数方面的变化

	第三学段	第四学段
数与代数	选择和利用合适的计算策略	计算分数、不尽根，具有适当化简能力
	代换、重排或简化表达式	图示线性式、二次式，形成模式
	在不同的数学表示中转换自如：分数、小数和百分数的互化	用实数轴、代数法和图示法，说明函数的性质
	熟练运用代数法与图示法，求解线性方程和简单的二次方程	计算幂与方根标准形式，其中幂指数是正负整数、分数或零
	利用运算性质，分析数和表达式	利用并解释界限，包括上界和下界
	认识有理数与实数的顺序关系，暗含“序”的数学思想	精确地计算分数与不尽根、分母有理化以及含系数的根式等问题
	利用比率符号，比较长度、面积、表面积与体积	将比、比例、变化率应用于数学与其他问题的探索中
	解二元联立方程组（线性、二次）；掌握方程与不等式的各种解法	用代数法和图示法识别并表述变量的关系，利用函数进行说理
	用代数法确定线性函数的斜率、截距以及函数的零点	用代数法和几何法说明与表述线性、二次以及三角函数关系
	求解有关速度与加速度问题、力学问题、碰撞与动量问题等	利用函数符号，设计两个熟悉的函数，它们的展开式不是简单加法
	利用图形技术、代数法和图示法，在理解数学特性的基础上，加强对情况的评估	认识并在坐标平面上作出一元三次函数、三角函数、反比例函数、指数函数图像
	利用算术及图示法解决经济和其他问题	求某函数的反函数，用图解法求一元方程的近似解
	熟悉直角三角形的边角关系；用锐角三角函数和相似性解决问题	利用函数建立模型，利用数学表达式表示调查研究后的结果
比与比例	表示一个量作为另一个量的一部分；其中的分数小于1或大于1	扩展比的数学符号，如1：r，其中r是有理数
	标准单位间自由转换，比例因子、比例尺和地图	理解比率，认识数学内外有关比的问题
	用比的符号，把比式约到最简	理解比率、比例与变化率
	认识乘法转化为用比表示，或用分式表示	利用指数幂解决生长与衰减的问题、复利问题

由表 4 - 8 可见，第三学段与第四学段的内容相互衔接，逐步发展。例如，第三学段从解直角三角形引入三角函数，第四学段则用函数观点认识任意角的三角函数，并与其他函数的学习结合起来，函数观点逐步加强。

6. 数学思想的渗透

由表 4 - 8 可见，新课程注重渗透先进的数学思想，为后继学习做好铺垫。

（1）变化率思想。由比到比率，再到变化率，很自然地进入微积分的学习；从割线到切线，又从几何方面，为导数的几何意义做好铺垫。从比出发，进而谈及等比序列，思考序列的构造，如何求序列的一般项，自然地到了迭代思想。

（2）顺序思想。正负整数、小数和分数的大小比较，把数轴作为理解顺序关系的模型，并用符号“=”“≠”“<”“>”“≤”“≥”表示两数间的顺序关系，从而渗透数系结构思想。

（3）素数与合数思想。利用素数符号和概念，以及因数、除数、倍数、公因数、最高公因数、最小公倍数、素因数等概念，数的分解式、唯一分解式等思想，在数与代数中自然渗透数论思想。

（4）数列构造思想。从初中开始，由函数引入数列，进而学习等差数列与等比数列，分别求它们的第 n 项，并且提出构造思想，即：①根据某项位置而找出该项；②根据某项而找出新项。前者需要求通项公式，后者是已知数列某项而求该数列另一项的问题，可以为学习数列的递推公式做好铺垫。这对初中生而言是较高的学习要求。

（5）无穷思想与算法思想。第三学段学习大纲指出，要理解整数集、实数集以及有理数集的无穷性质。以上举出三类集合，说明一些常见集合的无穷性。在第四学段，要求设立适当的算法和迭代程序，求方程组的数值解，从而渗透算法思想。

7. 几何学习内容的发展

1989 年学习大纲着重研究二维与三维图形的度量性质，认识平面图形的位置和面积、空间图形的表面积与体积。1989 年学习大纲重视数学应用，而 2013 年学习大纲非常重视逻辑推理与数学论证，除了保留 1989 年学习大纲规定的知识外，大大扩展了对几何图形性质的探究与表述。

表 4 - 9　几何学习内容的提升

	1989 年学习大纲	2013 年学习大纲
学习要求比较	图形的度量计算	度量计算与图形特征探讨并重
	图形的位置关系	三角形、四边形、圆与切线等的性质
	相似图形的表面积与体积	柱、锥、台、球的定义与性质的探讨
	认识图形的形状特点	探讨图形的几何特征以及图中各元素的关系
	认识几何变换的特点	探讨几何变换的特征，认识变换中的不变量
	画出几何图形	认识尺规作图，用尺规作出基本几何图形

8. 概率统计要求的提高

1989 年学习大纲要求学生具备数据处理能力，把统计作为数据处理的要求，但是忽略了对随机观念的培养，未把概率列入教学范围。而 2013 年学习大纲对概率与统计同样重视。

表 4－10　概率统计学习内容的变化

	1989 年学习大纲	2013 年学习大纲
学习要求比较	偏向统计，未提概率	概率与统计并重，先概率，后统计
	陈述并运用各种统计图表	用相对频率描述解释经验概率结果
	认识、设计各种统计图表	利用树图和维恩图计算条件概率
	通过数据分析获取信息	理解经验样本趋向，用以接近理论概率
	分析二元数据、散点图	计算独立事件、相关事件的组合事件的概率
	找出变量之间的关系	提供足够充分的样本规模以避免出现偏差
	熟悉数据的相关性与函数拟合	领悟概率与统计相互关系的思想方法

4.2　中爱数学课程的比较研究

4.2.1　爱尔兰初中数学课程

爱尔兰共和国（简称爱尔兰）是欧共体成员国。它北邻英国北爱尔兰，东隔圣乔治海峡与英国威尔士相望，西南临大西洋。爱尔兰于 1922 年脱英独立。该国和平宁静，经济繁荣，科学发达，教育领先，享誉四方。2015 年爱尔兰公布了初中数学课程大纲，大纲观点新颖，个性突出，反映了爱尔兰国家数学教育观的变化。

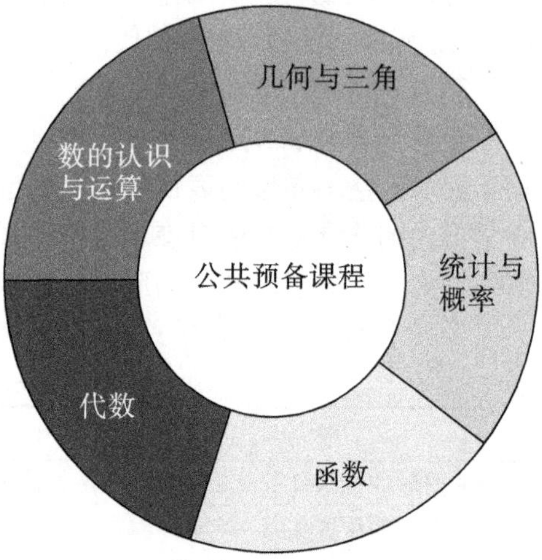

图 4－1　爱尔兰初中数学课程结构

1. 课程导引

公共预备课程作为导引，为 5 个主干内容做铺垫。这 5 个主干内容分别是：①统计与概率；②几何与三角；③数的认识与运算；④代数；⑤函数。爱尔兰初中数学课程结构如图 4－1 所示。

（1）数学学习的目的。

数学学习的各水平，都在过去的基础上逐步建构、拓宽与加深。随着知识的积累、技能的发展，学生的数学水平得到稳步提升。

用比例决定两点间的距离，利用时刻表决定当前时间，通过货币兑换，使日常生活更加方便。消费者需要有经济意识，处理家政要做好经济预算，使开支更合理。对于某些商业问题，需要制订计划，推介消费，整理账目，做好结算。

数学是研究量、结构、空间和改变的学科。初中生要熟悉数，善用统计，活用代数，探索形与空间的性质，适应未来对技术的需求。初中生应能够处理计算，善于收集、展示与处理信息，做出决定，解决问题。

（2）课程目标。

数学课程要发展学生的能力，使之能适应未来社会的需求。学生的知识、技能和理解能力要均衡发展，需培养以下科学素养：

①回顾有关数学事实，理解数学原理和方法，认识数学对象的性质与关系。

②形成必要的心理技能（听得懂，用得活），能用数学解决熟悉或不熟悉情境中的问题。

③具有分析能力和独立见解；对数学魅力有所向往，具有好学上进、坚持不懈的精神。

（3）问题的解决。

课堂教学要形成解决问题的氛围，给学生提供机会，巩固所学知识，在学习中形成新认识、新经验。学生应了解问题的条件，明确所求目标，尝试用各种方法突破困境。如果思路受阻，要及时分析原因，转换方向。

把问题分解为若干个容易处理的小问题，反思解题途径，调整解题思路。教师在帮助学生发展解题技能时，要发挥指导作用。培养学生学习数学的自信心，使他们逐步成长为能有效解决数学问题的人。

（4）课程的起始。

设立公共预备课程的目的是：

①回顾小学数学知识，为初中数学学习扫除可能的障碍。

②激活学习数学的兴趣，获得成功体验，提高学习信心，力求开局顺利。

各主干内容联系紧密，协同关注数学应用。教师应该帮助学生把抽象的概念具体化，把非正式的表述规范化。根据课程目标和学习成果，学生的数学经验逐步积累，解决问题的能力得到锻炼，数学应用水平得到提高，知识与技能得到发展。爱尔兰初中数学课程围绕5个主干内容逐步展开，特征显著，令人耳目一新。

2. 主干内容

（1）统计与概率。

①数据收集。

通过收集、陈列、表述、解释数据，提升对于数据的理解能力。让学生执行一项完整的调查，规范一个问题，从数据分析中得出结论。获取数据是认识现实世界的方法。本主干的重点是通过调查得到数据，从中提出问题，回答问题。把感受到的有关机遇的知识，逐步发展为正式的概率观念。

②数据处理。

本主干的学习要求是使用各种方法陈述数据；表述由数据得到的结论；理解概率概念及其文字表述；能列举某实验所有可能结果。

③认识概率的概念。

随机事件的发生存在规律性，学生要认识随机事件概率的意义，用概率的语言去讨论事件，包括等可能事件、互斥事件和相互独立事件；根据实验数据估计概率；如果实验可以重复，则实验结果可能存在差异。实验次数越多，越有利于对概率的估计。等可能事件的概率是由所关注的基本事件数 m，除以所有可能结果的总数 n（使用硬币、骰子、纸牌等做实验）。用 $P(A)$ 表示随机事件 A 的概率，则 $P(A)=\dfrac{m}{n}$。既提出古典概率定义，又用频率的稳定性描述随机事件的概率，是主干一的处理特色。

④发现、收集与组织数据。

根据统计目的进行讨论，识别对统计的误解与误用；认识离散数据与连续数据；评估数据的可靠性与数据的质量。设计可以用数据来回答的问题，用不同的方法收集数据，如实验法、调研法、互联网普查法等。认识数据的典型性与代表性，避免样本偏差。

⑤用图形与数字表述数据。

选择适当的图形和数值方法来描述样本数据，使用饼图、条形图、线图、直方图、茎叶图等展示数据，学会评价数据显示的有效性。利用各种统计方法描述数据，关注中心趋向度量，如平均数、中位数、众数、四分位数等。认识数据的存在性与异常值。

⑥中爱两国关于统计与概率的比较。

A. 爱尔兰在统计与概率方面的目标是把学生培养成讲求实用的消费者。先统计，后概率；重实验，摆数据；讲道理，得结论。爱尔兰初中数学在统计与概率方面的学习要求略高于我国对初中生的要求。

B. 我国对统计与概率的安排与爱尔兰接近，也注意先统计，后概率。在数据收集方面，我国较重视根据公式算出数据，而且对于数据的集中趋势的关注程度更高。

（2）几何与三角。

爱尔兰初中数学在几何方面的主要内容是综合几何，包括认识定义、公理、定理、推论和命题。

①对图形的认识与操作。

学生应了解几何图形的特征，通过逻辑证明，建立定理及推论。要求学生能熟练使用动态软件，使用直观工具，善于动手操作。具体要求是：对性质的发现与证明，学生应该熟悉几何与三角的基本事实；能构造各种几何形体，探究它们的特征与性质，关注实用问题；能选择适当的公式与定理，证明一些新命题。

②扩展公理体系。

通过扩展体系，既渗透公理化思想，又降低学习难度。初中数学在几何方面提出的五条公理是：A.（两点公理）两点间存在唯一的直线。B.（直尺公理）两点间的线段最短，它就是这两点间的距离。C.（角的度量公理）一个角的度数，就是该角的度量性质。D.（三角形全等公理）满足 SAS、ASA 和 SSS 之一的两个三角形全等。E.（平行公理）过直线外一点，能且只能作一直线与已知直线平行。

③重视推理与作图训练。

课程提供 19 条定理（如定理 1“对顶角相等”）、6 个推论（如推论 6“若四边形 *ABCD* 是圆的内接四边形，则其对角互补，反之亦真”）。对许多定理与推论，课程给出了证明。课程提出 15 类基本尺规作图，阐明每类尺规作图的方法与步骤。

④发展运动变化观点。

理解平移、中心对称、轴对称的概念，能指出轴对称图形的对称轴；认识物体在平移后的像；认识对称中心、对称变换后的像；认识几何变换的不变因素。

⑤中爱两国关于几何与三角的比较。

A. 爱尔兰力求建构较严谨的推理系统，注重发展学生的推理能力，体现欧氏几何原本的精神，把推理、证明与作图放在突出地位，可惜出现几何强而三角弱的局面。

B. 我国注重把几何与三角结合起来，更注重清楚地论述三角形的边角关系，更注重几何、三角知识的实用性，这是我国初中数学课程的优势。

（3）数的认识与运算。

主干三阐述从算术到代数之间的转换。在复习小数的基础上，探索正整数、整数与有理数的性质。

①感知数系扩张原理。

认识有理数的特点，掌握运算律与其他基本方法，知道数的运算结果在特殊系统内具有封闭性。初步认识算理与算法，感知数系结构思想，这既是本主干的特色，也是学习的基本要求。

②理解运算律，掌握算法。

引进判断与证明的观念，认识数系的符号，扩展对比例的认识，解决相关问题。熟练运用器算、笔算和心算等方法。回顾过去所认识的数系，熟练使用运算律。主干三的学习要求是认识数系扩张原理，用集合论作为解决算术问题的工具，探讨在集合 **N**，**Z**，**Q** 中，四则运算能否实施，是否满足交换律、结合律、分配律。

③把握运算的顺序与关系。

学生应该能通过分解、化简、数数、排列、积累等方法，理解数集 **N**，**Z**，**Q** 中的加减乘除运算及其逆运算，理解包含括号在内的运算顺序，了解并思考有理数的加减乘除运算法则和限制条件，思考运算结果在数系内的封闭性。

④正确实施数的转化。

认识有理数的各种形式，包括分数、小数、百分数、两数的比，上述各种形式的转化与比较，科学计数法的意义与运用；掌握与运用数学证明的策略，巩固对它们的理解；巩固对数集 **N** 中素数、合数、倍数、约数的理解；加深对比与比例的理解；思考运算顺序是否恰当，答案是否正确合理，从近似计算、误差估计、精确度要求等方面检查答案。

⑤中爱两国关于数的比较。

A. 爱尔兰：数的概念与原理并重，要求运算熟练、简明、有效；适当渗透数论思想。

B. 中国特别注重实数的引入，熟悉平方根、算术平方根等的联系与区别。

（4）代数。

主干四构建了代数熟练性的基础。代数对其他主干的支持体现在两个方面：①概括了算术的原理，使之一般化；②建构了代数变换的原理和方法，发展学生的符号意识，强化符号变换能力。让学生认识和掌握化归方法，重视代数论理，是主干四的重要特色。

①三类有意义的变形活动。

初中代数有三类变形活动，包括性质概括活动、变形化简活动和数学论理活动。主干四的目标是发展学生的推理能力，理解代数变形的根据，理解符号的意义；能用公式表示代数关系与规律，用代数模式表示情境，用字母与符号表示数或量及其相互关系；能处理现实生活中的问题，如车辆运动问题、时间与工作量问题等；能用技术如计算器、计算机软件等执行相关活动。

②利用图表展示关系。

表述并理解线性关系、二次关系和指数的关系（指数关系限于化简后指数不高于3），说明推理的根据，鉴别方法的合理性；考察量的变化规律；用文字或代数式表示公式，如线性式、二次关系式等，并用多种方法予以陈述，如列表法、图像法、物理模型法、公式法、文字表述法等；用图形表示关系，探究图形的运动，弄清运动图形中量的意义和变化，据此得出结论；认识图形运动中量的关系及量的变化。

③解方程与解不等式。

加强对变量的理解，会解一元一次（或一元二次）方程（或不等式），其系数及方程的解限制为整数；会解一元一次方程、二元一次方程组，其系数及方程的解限制为有理数，或限制为实数（a，b，$c\in\mathbf{Q}$，$x\in\mathbf{R}$）；会解形如 $x^2+bx+c=0$ 的方程，能用公式法或因式分解法求出方程的实数根。

④中爱两国关于代数内容的比较。

A. 两国都重视用代数式表示量以及量的相互关系，都关注现实生活中的代数问题。

B. 爱尔兰更注重发展学生的符号感，而我国更注重发展学生的代数变形能力。

C. 对于与多项式除法、被除式、除式、余式、商式的关系，两国都缺乏详细的阐述。

（5）函数的引入。

前4个主干内容，分别引入变量及其相互关系，都为函数的引入做了积极的准备。

①函数。

学生应认识函数的概念与符号表示，理解函数概念、函数的定义域与值域，认识函数的记号：$f(x)=$，$f: x\rightarrow$，$y=f(x)$，能画出函数图像，说明形如$f(x)=g(x)$的方程解（或解的近似值），也作为两个函数的比较。

通过对变化率的讨论，研究函数图像在纵轴上的截距；研究当变量x变化时，变量y的变化情况；用列表法绘制图像，研究变量之间的关系。根据图像研究两个线性关系具有的共同性质。确定两条直线是否相交，找出交点的位置。研究函数$y=mx$和$y=mx+c$的关系；认识一次函数与正比例函数的关系，确定必要的信息，解决与一次函数、二次函数有关的问题。

②函数的性质与图像。

如$f(x)=ax^2+bx+c$，其中$a\in\mathbf{N}$；b，$c\in\mathbf{Z}$；$x\in\mathbf{R}$；

研究函数及其图像：$f(x)=ax^2+bx+c$，其中a，b，$c\in\mathbf{Z}$，$x\in\mathbf{R}$；

研究函数及其在某区间的图像：$f(x)=ax^2+bx+c$，其中a，b，$c\in\mathbf{Z}$，$x\in\mathbf{R}$；

比较函数$f(x)=a^2x$和$f(x)=a^3x$（其中$a\in\mathbf{N}$，$x\in\mathbf{R}$）；根据图像，说明二次函数的最大值与最小值。

③函数的比较。

说明不等式$f(x)\leqslant g(x)$及其解的意义；利用图解法，求上述不等式的解的范围，说明所得结果，能在数轴上求单变量线性不等式的解集。

④中爱两国关于初中函数内容的比较。

A. 两国函数内容大体一致，前面都为函数的引入做了必要的铺垫。

B. 中国较重视函数的几何意义，爱尔兰更重视变量和系数的范围。

C. 中国要求学生讨论变量的取值范围，而爱尔兰先对函数定义域做规定。两国课程思路不一。

D. 中国数学课程中，函数内容相对较丰富；爱尔兰数学课程的各主干中，函数内容相对较单薄。

3. 学习评价

评估能提供学生学习数学的反馈信息，使之经常调整学习态度与方法。对于有困难的学生，教师应给予细心关注，利用自身的经验，帮助学生构建清晰的理解思路，提高数学的运算能力，加深对数学威力的感悟。

（1）三个水平并存，考生自主选择。

学生在初中毕业前参加数学认证考试。教育部门每年发布考试大纲，提出三个水平的考试要求，由考生自主选择。基础水平有一份考卷；一般水平和高级水平分别由两份考卷（即数学1卷和数学2卷）组成。概念的理解、基本技能的掌握，是考试的重点。能否把握情境线索，能否解决实际问题，受到特别关注。

（2）基础水平考卷。

基础水平考卷含计算题和文字题。考卷文字叙述较简单，主要考查基本概念与基本运算。设计系列问题，给学生提出明确而简单的任务。考卷的问题与课堂教学要求相近。考生需理解题意，陈述个人意见，做出判断，说明解答的依据。

（3）一般水平考卷。

一般水平考卷涵盖基础考卷内容，让考生面临更多挑战。考生应理解并解决现实世界的一些数学问题，得出答案，导出结论。一般水平考卷的要求高于基础水平考卷，要求答题说理清楚，具有独立见解。

（4）高级水平考卷。

高级水平考卷涵盖一般水平考卷内容，问题更复杂，更有挑战性。答题者对概念要有更深刻的理解，能够使用灵活的策略，给出正确的解答。答卷说理要清楚，善用数学知识解决实际问题。考卷难度高于一般水平考卷。

考卷的分层性、应试的自主性和试题的任务性，是爱尔兰数学学习评价的重要特色。

4.2.2 爱尔兰高中数学课程

爱尔兰具有完备的教育设施，即使是普通的技术工人，也具有较高的科学素养，公民崇尚教育，终身都有接受教育的机会。爱尔兰在医学、工程、计算机等领域内的教育水平得到世界的广泛认可。爱尔兰数学教育分为六个阶段，如图4－2所示。未接受高等教育者，也有机会在岗继续学习。下面对爱尔兰高中数学的特色做一简要评介。

1. 高中数学原理

数学是范围宽、联系广的学科，是一个智力训练的科目，具有高度的抽象性，崇尚推理，重视计算，常用于表述人类积极的心智活动，重思考，讲道理，用逻辑，求严谨。

（1）数学的威力。

数学是研究模式的科学，用于解释和控制自然现象，随着科学技术的发展，越来越成为探索机会的钥匙。数学是一种简洁的科学语言，直接为商业、经济、健康和国防服务。

数学为学生开启了通向未来人生的大门，使未来的市民获得信息，做出决定。它向国家和民族提供了知识。利用数学，学生有机会参与竞争，融入技术社会，参与未来世界的利用与开发。

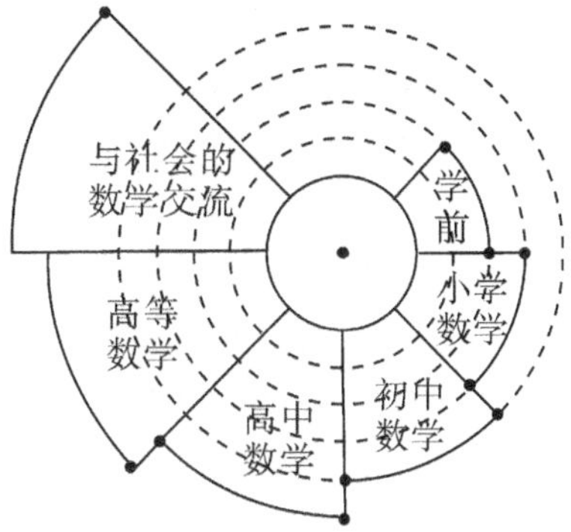

图 4－2　爱尔兰数学教育的六个阶段

数学知识和技能受到高度的推崇，它对知识社会的发展，对与之相关的企业创新文化的形成，发挥了重要的作用。数学对于学生的知识需要和兴趣发展起重要作用。高中数学能广泛地反映学科的性质，提高学生的发展潜能。

初等数学的应用是进行计数，利用图示方法展示日常生活的信息。高等数学也有广泛应用，它的使用途径不易察觉，未必以可见方式呈现，例如，数学的编码纠错功能应用于计算机科学中。

从遥远的星球上传来了令人惊叹的照片。如果没有数学，就不可能用哈勃天文望远镜观察星象；如果没有数学，就无法实现太空探月和宇宙飞行。数学也用于研究人口的变化规律。统计数学提供了各种药品分析的理论与方法，分析疾病产生的原因及对新药物的效用。19 世纪，人体扫描器是数学领域一个重要的发现，使得用 X 射线来构建人体内部的映像成为可能，数学也涉及人类生老病死的问题。

（2）高中数学的相关性。

数学是范围宽广的学科，它与不同阶段的数学学习有紧密的联系，这是学生的数学理解得到全面发展的重要环节。高中数学应该联系学生在小学、初中阶段解决问题方面的进步。应该强调，对数学的理解是整体性的，相互关联的。数学知识和数学技能处在不断发展的过程中，当人们在更苛刻的环境下工作和解决更复杂的发展问题时，这种进步更加突现出来。

数学的学习不是孤立的，它与其他学科有紧密的联系。许多学科是用定量方法来描述的，期望学生用数据来进行工作：产生图像，解释模式，研究趋势；利用图形进行交流，利用严格的几何原理，分析与解答二维和三维的问题。

在地理学上，学生用比例尺来表示图形的比例，用时刻表来表示当前的时间；在经济学上，货币的兑换使日常生活更为方便。消费者需要有基本的财务意识，用家庭经济学进行财务预算，对金钱进行价值判断时，还要用经济数学描述人类的行为。商务的研究者把数学用于经济决算、市场营销、商业组织、库存管理、销售预测和财务分析等方面。

数学和音乐、艺术有着悠久的历史关系。早在公元前5世纪，毕达哥拉斯就发现了音乐与数学的联系，许多艺术作品中存在丰富的数学结构。分形几何的发现，赋予作曲家和艺术家以现代数学的灵感。数学使人们的批判性思维更为敏锐，能使用批判性的观点评价信息，从而成为具有统计意识的现代公民。

2. 数学课程内容及对数学学习的期望

高中数学课程的目标是帮助发展数学知识、技能与理解，为未来生活与工作以及继续深造打下坚实的数学基础。

（1）主干内容。

高中数学课程结构与初中数学课程大体相同，也由5个主干部分构成：①统计与概率；②几何与三角；③数及其运算的认识；④代数及表达式；⑤函数及其图像。其中，主干一和主干三的特色尤为显著。

上述主干随着学生数学经验的积累，交替发展，循环上升，依次展开。高中数学既回顾了初中的知识，又比初中数学有了质的飞跃。数学知识的阐述分三个水平，即基础水平、一般水平、高级水平。前一水平是后一水平要求的子集。

（2）对数学学习的期望。

①能把数学与其他学科联系起来，与现实生活中的应用联系起来，用数学灵活地解决问题。

②能回顾相关的数学事实，理解它们的内容与意义。

③能构造个人对数学理解的技能，知道它的原理与关系，具有对数学结构的心理协调能力。

④能构建对数学知识的理解力，即知道数学对象的特征与性质，知道某个判断成立的原因。

⑤提高对数学的应用能力，能够利用熟悉或不熟悉的情境线索解决问题，感悟数学创造性的威力。

⑥对数学的原理、特点和数学美的欣赏，具有学习数学的正确态度。

3. 培养数学能力

培养数学能力处于课程的核心地位。这些能力是指：①信息处理能力；②独立思考能力；③交流表述能力；④识别确认能力；⑤合作共事能力。这些能力的交替发展，促进了数学中的分析问题与解决问题能力的发展，也形成了批判性数学思维能力，如图4－3所示。

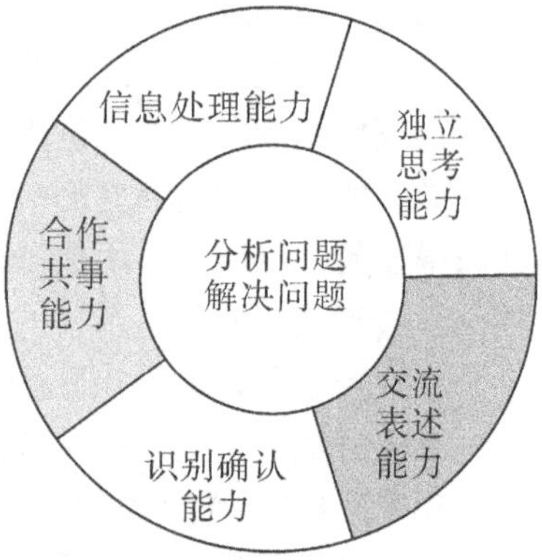

图4－3　高中数学能力

（1）信息处理能力。

学习数学的过程是获取信息、处理信息的过程。有效的信息处理过程，是数学学习取得成效的关键。为此需要有确切的数学任务，广泛获取各种信息。信息的处理涉及学习者理解或解释信息的方式，包括访问并通过交流获取信息、分析信息、揭示内涵，把它与数学联系起来，使之易于理解。通过数学思考，处理信息，去伪存真，获得对学习数学的启示。把信息转化为数学问题，获得对数学建模的启示。鉴别所得信息的真实性，从信息中获得解决问题的启示。

（2）独立思考能力。

获取数学知识，必须经过个人独立思考。课程的重点是让学生理解数学概念的含义，逐步从具体到抽象，从非正式到正式，用数学语言描述概念。学生要形成独立的认知结构，需经过一个知识内化的过程。从初中阶段的探索感知，发展到高中阶段对数学有较深入的理解。在数学活动中，要鼓励学生积极参与，各抒己见，既要倾听别人的见解，又积极提出个人的看法。学生的自信心逐步发展，有效的个性品质逐步形成，个人有效的数学学习使学生逐步获得数学知识，他们直接在日常生活和其他方面运用所学的数学知识和技能。学生的学习环境是开放的，他们可由此获得新思想和信心，表达他们的数学思想，并考虑其他人的想法，从而形成个人对数学的独立见解。

（3）交流表述能力。

数学学习者的交流，对于纠正错误的见解，分辨混淆的概念，有重要意义。鼓励讨论数学难点，交流解决问题的方法，对于参与交流的各方都有促进作用。交流的过程是相互表述、相互倾听、相互理解的过程，为了使交流有效地进行，各方应该学会表述自己的观点，考虑和听取他人的意见。数学交流的过程，需要正确表述数学概念、原理与公式，需要正确使用数学语言，包括文字语言、符号语言和图像语言。由于调查研究是数学学习的重要方面，在交流中可以沟通各种不同的观点，听取不同的见解，这样可以使参与交流的各方都能从中得到收益。高中生在学习数学时需要学习许多新概念、新规律，而探索发现有助于学生面对认知矛盾，寻找解决问题的新思路。从实数到复数，从综合几何到坐标几何，从离散数据到连续数据，从必然事件到随机事件等。通过数学交流，可以发展学生的符号感、度量感和数学想象力，同时也发展学生的思维与表达能力。

（4）识别确认能力。

识别确认能力在数学学习中处于核心地位，也是评价数学学习成果的关键标准。数学结业评价，要评价学生的学习程序，评价程序的可靠性，评价执行程序的方法，例如，纠正在练习中纸笔运算错误的过程与误区，让学生在纠错中获得感悟，加深理解。特别是，学生要能解释为什么使用这种程序；说明如何使用数学的概念、原理与方法；识别误区与错误产生的原因；如何正确理解概念与原理，走出误区的方法。

（5）合作共事能力。

与其他数学学习者一起工作，相互学习，分享新想法，解决问题，评估所用的方法。个人有效的数学学习，使得学习者在日常生活和合作共事中，更新知识，强化技能。优化学习环境，在交流中不断进步，加强信心。形成新见解，加强数学自信，在争论中形成新观点，纠正某些错误的认识。

形成合作共事能力需要资源共享，信息分享；向同学推荐有趣的数学参考书，互相纠正常见数学误区，在合作中偶有所感，偶有所悟，及时交流；共享学习经验，举办学习经验报告会、小型数学建模活动、校园平面测量活动、数学环境优化活动；小组学习，联网学习，举办数学家故事主题班会，教师参与活动，师生乐在其中。

4. 统计与概率的特色

（1）循序渐进，逐步加深。内容分为 12 个专题，每个专题根据深广度按基础水平、一般水平、高级水平展开阐述，体现了面向学生、尊重个性发展的特点。

（2）加强实践，重视实验。例如，从实验数据估计事件发生的概率，让学生实践随机抽样的多种方法等。

（3）中爱特色比较。我国重视计算事件的概率以及概率的分布；而爱尔兰注重用多种方法展示数据，以及注重实验和实践方法的运用，如表 4－11 所示。

表 4－11　爱尔兰高中统计与概率的水平比较

	基础水平	一般水平	高级水平
计数	列举实验的结果； 应用计数基本原理	计算从 n 个不同对象中取出 r 个对象的排列数	计算从 n 个不同对象中选出 r 个对象的组合数 C_n^r
概率的概念	日常生活的事件中哪些可能发生，哪些不可能发生； 认识概率是事件发生可能性的度量，其范围是 0～1； 利用集合的理论讨论某些实验的结果、样本空间； 利用概率的语言讨论事件，包括等可能事件； 从实验的数据估计概率； 如果实验可以重复，则实验的结果可能不同，随着重复实验次数的增加，就能更好地估计概率	通过使用维恩图讨论概率的基本原则（逻辑连接词的理解与“和”“或”的运用）； 计算预期的值，理解所求的值未必只有一个结果； 认识预期值在设计游戏、探索结果中的作用； 一个事件的概率就是该事件长期运行的相对频率	通过公式的使用，加深学生对概率基本规则的理解：“和”与“或”是概率的基本规则（“和”与“或”是相互排斥的）； 加法原理： $P(A\cup B)=P(A)+P(B)-P(AB)$ 乘法原理（相互独立）： $P(AB)=P(A)\times P(B)$ 乘法原理（一般情况）： $P(AB)=P(A)\times P(B\mid A)$ 特别注意： $P(A\mid B)\neq P(B\mid A)$

（续上表）

	基础水平	一般水平	高级水平
随机过程与结果	构建简单的样本空间，说明两个相互独立事件所有可能的结果； 应用计数原理计算等可能事件的概率，即基本总数总利息除以事件数（例如，使用骰子、硬币、扑克牌、有色的目标等做游戏实验） 设随机事件 A 的概率为 $P(A)$，则 $P(A)=\frac{A\text{中所含的基本事件数}}{\text{基本事件总数}}$	求两个相互独立事件同时发生的概率； 理解贝努利概型，利用它来解决实际问题； 解决不多于三次的贝努利概型问题； 对于一个 n 重贝努利实验，如果第一次取得成功，其中 n 是一个特定的数，求该实验的概率	计算一个 n 重贝努利实验有 k 次成功的概率； 使用模拟方法，探索样本统计量的变异性； 从一个已知的人口数据和构造抽样分布； 阅读人口问题材料与概率正态分布的图表，解决有关问题
有统计意识消费者	讨论统计的目的，认识对统计的误解与误用； 讨论人口问题与样本问题； 决定某个结论的范围能否扩展	处理不同类型的数据：分类数据、数字数据、基数与序数、离散数据与连续数据，以便澄清当前正在处理的问题	阅读与思考有关二元变量数据的问题； 解决在一个 n 重贝努利实验中有 k 次成功的问题，不要求近似值
发现、收集与组织数据	规范由一个或多个能用数据回答的问题； 探索收集数据的不同方法； 产生数据，从其他来源包括从互联网获取数据； 选择一个通过简单随机抽样获取的样本； 认识在一个控制组中随机抽样的作用	讨论不同类型研究样本，观测研究与设计实验； 制订一个计划，根据上述知识收集数据； 认识到随机分组抽样重要性，以及研究对照组的作用； 基于上述知识，制订一个收集数据的周详的计划	认识偏见、局限性和伦理学问题，对每个类型的问题进行统计研究； 选择一个抽取样本的方法（分层、聚类、配额，不要求写出样本公式，只给出抽样的定义）； 根据上述知识制订一个收集数据的周详的计划 $P(A\mid B)\neq P(B\mid A)$

（续上表）

	基础水平	一般水平	高级水平
用图形与数值表述数据	选择恰当的图形或数值描述样本（限于单变量数据）； 根据由他人实施的统计调查所得的数据，评价不同陈述方法的有效性； 用茎叶图和等区间的直方图陈列数据	通过选择适当的图形或数值描述样本（包括单变量和双变量数据）； 探索数据的分布，包括对称分布与偏斜分布； 利用恰当的表示，比较数据的集合，如茎叶图； 利用散点图确定变量间的关系； 认识相关性是一个数值，是两个变量间的线性关系从 -1 至 1 的度量范围	分析图表，解释中心趋向度量和离心趋向度量； 用描图画出数据分布的最佳逼近直线； 基于最佳逼近直线，做出一个预告； 用计算器修改相关系数； 观察散点图，求出相关系数的值； 理解散点图并非暗示存在线性关系
对数据的分析、说明	数字表示法：用各种方法提炼数据，特别是中心趋向数据，如平均数、中位数、众数	认识标准差以及四分位数间距都是变异性的度量； 用计算器计算标准差； 求四分位数以及四分位数的范围	分析数据时合理地使用四分位数； 承认离群值的存在

5. 数及其运算的特色

（1）联系紧密，衔接自然。

从学生常见的数集及其运算开始，进而阐述各种数集对于运算的封闭性，从数系扩张思想迅速引进复数。从数到模式，到数列，研究等差数列到等比数列有关其前 n 项和，到无穷等比数列求和，这样引入极限概念就十分自然了。

（2）数形结合，开阔视野。

从复数的几何表示，到复平面的建立，到复数的两种表示形式，这样引入棣莫弗定理也就水到渠成。共轭复数及其几何意义，可以给学生许多美的联想。从数的大小比较到不等式的证明，大大开阔了学生的视野。

（3）中爱比较，各有特色。

我国对复数的处理，仅限于复数自身。规定安排 4 个课时，简洁明快，重点突出；爱尔兰对复数的处理，远远超过了复数自身范围，体现了数学的广泛联系。如表 4－12 所示。

表 4－12　爱尔兰高中数学三个水平的比较

	基础水平	一般水平	高级水平
数系的建立与运算 数集、数列、级数、模式与关系 数列求和，复数计算，共轭复数 等差数列，等比数列对数据的分析、说明和图示 数的等价表示 不等式，数列极限，分解因式，素因子，科学记数法 复数的三角式表示及其应用，棣莫弗定理	认识无理数集，理解 $\mathbf{R}\neq\mathbf{Q}$； 在以下数的范围内，执行加减乘除四则运算： **N**：自然数 **Z**：整数 **Q**：有理数 **R**：实数 利用数轴表述上述数及其运算； 理解这个过程可以产生数列或序列，利用模式去延续这个序列； 用公式表示这个模式，它可以与特殊的等价分数、位值联系起来； 对这些模式的序列进行调查研究，利用模式去延续一个序列，推广模式，并用公式表示； 发展小数作为特定的等价分数，加强小数与分数的联系，加强对位值的理解； 巩固对因子、乘积、素数的理解，把一个整数表示为它的素因子的连乘积； 理解运算的顺序及括号的作用	无理数的认识与加减乘除运算和操作调查复数系 $\mathbf{C}$，形如 $a+bi$ 的加减乘除运算； 在复平面上表示复数的形式，实轴与虚轴的几何意义，解释复平面上的点 $a+bi$ 与坐标原点的距离； 说明共轭复数的结构和几何意义； 概括并解释在代数中的模式与关系； 认识等差数列和等比数列，并求该数列的前 n 项和； 把一个非零正有理数表示为 $a\times10^n$ 的形式，其中，$n\in\mathbf{Z}$，$0\leqslant a<10$，解决问题； 有限和无穷等比数列求和，包括把无限循环小数化为分数，应用程序问题，如金融应用问题、抵押偿付问题等； 推导公式，例如把无穷等比数列求和问题转化为部分和求极限的问题； 利用共轭根成对出现定理，求多项式的复数根； 利用直角坐标系和极坐标系解一元二次方程和其他方程	用几何方法构造 $\sqrt{2}$ 和 $\sqrt{3}$，计算两个共轭复数的和与积； 从数的模式验证和证明，验证等比序列和等比级数； 用归纳法证明数列的通项公式； 解二次方程和其他方程，构造和求解一元二次方程及其他形式的方程； 化简恒等式诸如 n 个自然数求和公式，以及等比数列前 n 项和公式； 证明简单的不等式，诸如 $n!>2^n$，$2^n>n^2$（$n\geqslant4$），$(1+x)^n\geqslant1+nx$（$x>1$）， 分解因式 4^n-1，使得分解后有一个因子为 3，根据法则，求和、积，以及商的极限； 求以下序列的极限，如： $\lim\limits_{x\to\infty}\frac{n}{n+1}$，$\lim\limits_{x\to\infty}r^n$（$\lvert r\rvert<1$） 用棣莫弗定理解如下方程： $z^n=a$，$n\in\mathbf{Z}$，$z=r(\cos\theta+i\sin\theta)$，当 $n\in\mathbf{N}$ 时，用数学归纳法证明棣莫弗定理； 应用 n 次单位根，证明 $\cos3\theta=4\cos^3\theta-3\cos\theta$

6. 综合问题解决技能

爱尔兰高中课程的主干内容，分别列举了统一的指导语，既体现了数学自身的思想与方法，也展示了数学的整体性与统一性。

（1）探索模式，规范表述，提出猜想，解释所得发现。

（2）判断所得结论的合理性，以口头和书面形式进行数学学习交流。

（3）运用所学的知识和技能解决熟悉和不熟悉的问题。

（4）分析信息，并以口头表述信息，把信息转化为数学形式。

（5）设计、选择和使用适当的数学模型公式与技术，运用到数学信息的过程中，对信息进行技术处理，导出相关的结论。

4.3 欧美亚澳六国数学课程新进展

第12届国际数学教育大会（ICME－12）于2012年7月8日至15日在韩国首尔举行。一些有代表性的国家应邀报告本国数学课程的新进展，从中可以看到数学课程发展的国际动向。《大会每日通讯》连日分别发表中、法、芬兰、美、澳、德六国专家的相关文章，评述各国数学课程的新发展。上述国家分布在亚洲、欧洲、北美洲、大洋洲四大洲，课程发展各有特色，既有共同趋向，又有明显差异。本节将简要评介上述六国数学课程的新发展，主要是各国专家对本国课程的评价意见，也融合了笔者的一些经验，供读者参考。

4.3.1 中国——从内容调整到理念更新

近年来，我国数学教育取得较大成绩，引起各国密切关注。我国对待课程改革（简称课改）采取务实态度，在国际比较研究中，取得较好成绩，也面临多种挑战。

1. 课程改革

自1949年新中国建立以来，共经历了八次基础教育的课程改革。在理论学习与实践探索的基础上，分析存在的问题，对国际数学课程改革进行调研，1999年开始了新一轮数学课程改革。《全日制义务教育数学课程标准（实验稿）》和《普通高中数学课程标准（实验稿）》分别于2001年和2003年公布。

我国《全日制义务教育数学课程标准（实验稿）》在实践期间，做过多次修改。义务教育的数学课程的内容划分为四个领域：数与代数，图形与几何，统计与概率，综合与实践。高中数学课程标准的亮点是它的选择性，不再按其传统领域分为几何与代数，而直接按模块来划分。高中数学分为必修课与选修课两大部分，必修课分为五个模块，选修课分为四个系列，每个系列又由若干专题构成。

义务教育数学课程标准已经实践了十几个年头，取得了不少成就，积累了丰富的经验。当前，我国《义务教育数学课程标准（2011 年版）》已经颁布，已于 2012 年 9 月正式实施。新课程将在实施中继续完善。

2. 一些需要解决的问题

我国数学课程发展中，遇到一些亟须继续探索，并逐步解决的问题：

（1）课程的教育价值被忽视。对课程的目标、内容和评价方法应该给予更多的关注。当前人们关注学生掌握基础知识和技能，有时忽略了对学生综合素质的培养。

（2）在数学教学中，过于强调技能训练，有时忽略对数学本质的理解。今后要注重培养学生的创造精神，帮助学生体验知识的形成过程。具体是哪些知识的形成过程，还需在实践中进一步把握。

（3）课程的部分内容往往偏难、偏旧、偏深，强调形式甚于强调数学与现实生活的联系。编写教材时，缺乏对学习兴趣的关注，部分数学应用问题偏离学生的现实生活。

3. 英才教育

数学中的英才教育，对人才的培养起重要作用。某些学校设立了数学英才的特殊班，用特殊课程进行教学。为强化学生的数学解题能力，奥数班引导学生解答各类数学难题，向数学难题挑战。有些学校引导学生独立思考，相互合作，探索发现，提高能力。

为了有效实施英才教育，学校自定招生测试标准，其中之一就是笔试。许多家长相信其子女有数学天分，愿意把其子女送到重点学校或重点班。为了进入重点学校（班），一些学生不得不进入特殊私立学校。然而，他们当中的部分人，未必具有学习数学的潜质，未必愿意多学数学，未必有解答数学难题的决心。在艰难的培训中，部分学生失去了学习数学的兴趣，甚至厌恶数学，效果适得其反。

许多家长渴望其子女将来成名成家，期望能得到较高社会地位，因此十分关注英才教育。他们相信，如果子女能够进入英才学校，就可接受最好的教育，从而成功实现预定目标。

《国家基础教育发展纲要（2010—2020）》指出，教育应该培养个人的主动性和创造精神，高质量的教育资源应该得到补充，这种政策间接地解释了实施英才教育的重要性。

4.3.2 德国——各州自成系统，建立共同框架

德国有良好的数学传统，在近代史上，大数学家辈出。例如，微积分的创始人之一莱布尼兹、现代数学的奠基人希尔伯特、数学教育终身成就奖的冠名人克莱因等，都来自德国，因此，德国数学教育的新进展特别引人注目。第 13 届国际数学教育大会（ICME－13）于 2016 年 6 月在德国汉堡召开，大会取得成功。

1. 课程改革

德国每个州有各自的教育系统，教育资源由各州政府负责，包括学校系统、课程、教科书等。州与州之间有差异，各州教育与文化事务部长合作，由常设会议制定教育框架（KMK），建立各州教育的共同结构。把 KMK 作为不同学校数学考试的参考标准。

初等学校实行资格考试。学习评价采用各学科教育标准，数学教育标准发给各学校使用。上述标准只是一个基本框架，在实施中各州政府还要对各州学校数学给予详细的说明。

2. 班级划分

德国学校系统，把 10 岁后学龄儿童（4 年级后）按照学龄分在两类学校，即小学和中学。中学又按学生的意愿和考试成绩分在四类学校（主体中学、实科中学、文理中学、综合学校）。一般地，在 8 年级，每周有 4 节数学课，每周课时总数为 34 节。

综合学校是上述学校中要求较高的一类，要求培养有较丰富的知识和较广泛的能力的学生。其余三类学校，学生按水平分类。从 7 年级起，学生按能力分在不同的小组里学习。但即使在这些学校里，仍然倾向把所有学生安排在同一个班，即同班上课，要求不一。

3. 性别差异

入学时很难谈数学学习的性别差异，但仍然有些教师、家长，甚至学生自己，认为男生的数学天分比女生高。这常常导致男生对数学有较高的兴趣，学习动机明确，信心较大，自我观念较高，要求自己有较强的综合能力。学校和教育部门希望打破这种陈旧观念，为此，出台了一些措施，如设立数学日，培养学生对数学的共同兴趣。

4.3.3 澳大利亚——地区自负责任，力求达成共识

澳大利亚人口少，幅员辽阔，民族众多，造成数学教育的多样性。第 5 届国际数学教育大会（ICME－5）于 1984 年在澳大利亚举行，民族数学成为重要话题。

1. 教育背景

在澳大利亚，八个州的教育部门分管本州教育，包括学校教育、课程与评价等。各州设立教师职业标准。不同的责任，导致不同州的教育差异。澳大利亚基础教育规定为 12 年，其中五个州，中学 7 年，小学 5 年；其他三个州，小学 7 年，中学 5 年。

联邦政府对全国学校负责。这是因为全国税收由联邦政府收集，各州的教育经费也由联邦政府分配（包括学校教育、医疗健康、道路交通等）。

当前的政府是在 2007 年以后选出的，其教育政策倾向于让各州政府达成有

关学校教育、教学大纲、教学重点内容等方面的共识。

2. 课程改革

最典型的就是每隔 5 ~ 10 年，各州强调数学课程的一个修改点。有时候课程修改依赖于政治走向，例如新政府的选举等。但大部分时间，都各有一个熟知的教学大纲。

更有趣的是课程领域的变化。2007 年大选后，各州达成第一个全国课程协议，力求建立全国统一课程，规定从 2013 年起，逐步在各州推行实施。数学是最先实行新的全国课程的科目之一。今后要建立数学课程内容的共同协议，各州继续保持对课程实施的控制力。各年级学习水平需要检查，州政府保持对测试评价的掌控。

这种向全国课程推进的态势，受到广泛的关注。过去由于各州差异，教材因州而异，浪费了教育资源。建立全国课程，可以减少教学上的任意性，缩小各州之间无益的差异，节约教育资源，排除交流障碍，因而受到教师，特别是非正式教师的热烈欢迎。

课程与大纲的统一仍需要时间，这是未来努力的方向。把 2013 年作为国家课程改革的新起点，已经不可逆转。

3. 班级划分

澳大利亚新的国家课程，让学生在班内进行学习划分，而不是把学生分在不同的班级里。当前，或者几年后，甚至更长的时间，大部分学校将会在 8 年级有不同水平的班级。这些学校班级将学生划分为两个水平，即标准水平和先进水平。有些学校把学生分为三个水平：标准水平、先进水平、优秀水平。学生学习水平的测试，主要是为了将班内的学生进行划分。学生在不同水平之间移动，只有理论上的可能。实际上，只达到标准水平的学生，如果经过自学，完全学会了高年级平行课程的内容，可以不通过考试，就进入班级的先进水平。然而，这种科目共享的课程，已经明显减少了。

据国家报告介绍，数学课程每周有 4 个学时（240 分钟），时间的分配是学校自定的，8 年级数学的学时会有变化，是 200 ~ 210 分钟。值得一提的是，在某一段时间内，政府担心学校数学标准下降，给数学课程额外增加学时，可惜对此做法，教师并不支持。

4.3.4 法国——数学起点较高，内容稳中求变

法国数学名家辈出，数学教育处于先进水平。课程发展稳定，注重内容微调，重视数学活动设计与实施，学生对未来的考虑具有独立性。

1. 课程改革

法国有国家课程，它的修改是比较频繁的，至少每 10 年调整一次，每次做一些小修改。课程修改过程较复杂，随着时间推移，还会有一些变化。专家委员

会负责制定新大纲，委员会由大学数学家、中学教师、教学督导、教研人员等组成（委员会组成没有固定规则）。被提名者要有较高的数学造诣，能服务于国家教育需要，推动教育走向，适应科学技术的发展。例如，2000 年开始的高中课程改革，明确提出要加强统计教学，要密切数学与科学的联系。当前学校数学课程，仍然强调概率与统计，引入算法，但在几何方面有所缩减。今后数学课程必须更多地适应全球的变化，例如，各科目课时分配之前，要先进行调研。支持在教学中使用数字技术，在义务教育的终结阶段，使学生具备未来需要的能力。

2. 英才教育

对于天才学生，法国没有提供特殊教育。即使有一个全国性的大纲，各地中学数学教学也不一样。家长对子女可以选用特别的教育策略，使子女能进入不同的学校，或者进入同一所学校的不同班级，使他们结业时达到所期望的水平。法国重视科学教育，把科学教育作为教育的核心。法国提倡组织丰富多彩的科技活动，这些科技活动被包含在课程内容中，其地位往往胜于课程内容本身。

4.3.5 美国——建立共同核心，新颖主张领跑

美国各州教育政策，课程结构大有差异。各州都要执行“不让一个儿童在数学上掉队”的法律（2001），对 3 ~ 8 年级的学生，学校每年要检测其数学学习状况，但是实施起来往往走样。对高中生，根据标准进行测试评价，考察学生数学的达标情况。2010 年，各州商议建立《州共同核心数学标准》（CCSSM）。标准设计思想先进，实际执行困难。这是美国课程的特点，也是其弱点。但美国课程对各国打开课改思路仍有着良好的参考价值。

1. 课程建立的背景

对于测试题的设计、达标情况的评价，各州大不一样。当前建立的《州共同核心数学标准》（CCSSM），是州长们合作的结果，它可使各州实现数学教育步调基本统一，逐步缩小各州对数学教学认识的差异。在实施中要探索数学技能的熟练程度。当前，美国 51 个州中，已经有 46 个州以及哥伦比亚地区签署了这个标准，计划在 2014—2015 学年予以实施。即使实施这个标准，各州仍然要制订各自的实施计划。根据各自理解，对标准予以解释，用各自的途径，从多方面支持标准的实施。

2. 课程的修改及其新问题

面对 CCSSM 课程的到来，各地区有许多选择。例如，大量出版公司推出与教材对应的系列产品，发行了名为“改革、习题”等相关的系列读物。大约每隔五年，相关的教材和参考书就要修改一次，这又产生版权、局部修改与效益问题。教材系列的发展，得到国家科学基金会的支持。教科书出版前要先进行试验，因而与之相关的读物（数学联系、数学线索、数学调查）也要应运而生。受到经济上的约束，美国大部分地区的学校并不急于购买新教科书，常常每隔

10 年或更长时间才更换一次。

标准的一些新特点，如问题解决或数学交流等，将是修改教材与教参的动力。CCSSM 的产生，促使大部分公司出版一些教材修订版本（我国也有类似情况）。标准的某些变化会引来一连串的关注。有人称 CCSSM 为新标准，也有人说，教材及教参将成为 CCSSM 的广告。然而某些出版物谈及 CCSSM 时，只停留在口头上，未谈及新标准的精神实质。

3. 丰富多彩的天才教育

对于天才学生的培训大纲各州有所不同，其中包括常规学校推出的培优大纲，课外的或者暑期学习班，私立的或公办的教学辅导机构等。有时这些培训对儿童是有害的。他们把学生集中在某所学院，进行一些未做准备的奥数培训。美国学校会举办夏令营，报名学员要经过预备性考试，学校向成绩优异的学生提供资助。一些特殊的高中，也进行各种各样的正规培训，例如，北卡罗来纳州立大学，着重培训数学、物理高才生。由地区负责的北卡罗利特高级中学，集中培养学生面向未来科学、技术、工程和数学的专业才能。管理的政策是多种多样的。有些学校在招生时会采用严格的口试的方式，从中选出成绩优胜者。有些学校通过抽奖，使不同背景的学生得到平等入学的机会。

4. 班级划分

数学班级的划分变化频繁，它们是跨民族的，数学课从每天 40 分钟到每周分三段，每段 90 分钟。在中学或小学，数学课由班主任划分，主持数学课划分的教师往往不是数学专业出身的。也有一些划分目标不明，教学大纲欠具体。有些学校，在特定的周期里，推动学生奋斗，有些学校要求教师为学生设计一些任务。划分的标准是不固定的，有些按测验成绩划分，还有些班级按出席人数划分。

4.3.6 芬兰——统管与分治并举，评价另有特色

芬兰是北欧幅员中等国家，数学教育水平较高。该国积极参与国际教育比较研究，如 TIMSS 和 PISA 等，在测试中取得较好成绩。该国资格达标的教师比例较高。尊重学生，联系家长，相互沟通，蔚然成风。

1. 课程修改

芬兰有全国性的核心课程。地方市政当局和学校当局，制定了更详细的课程文件，指出课程目标和重点内容。芬兰强调课程要结合地方的自然、历史、社会特点，使数学教学适应社会需要。当前的核心课程是 2004 年建立的，它特别重视综合性教育，课程正在修改。

2. 班级划分

学习常在多民族班级中进行。有困难的学生常常整合到正常的班级中。一般来说，8 年级数学课，每周分配有 3 ~ 5 节，每周总课时多于 30 节。在 8、9 年

级，少数民族学校的数学课有不同分组。高中有两个不同的数学教学大纲，即一般大纲和高级大纲。分组方法：教师先了解情况，与家长商讨，向学生建议，多方沟通，才能够实行。

3. 天才教育

在芬兰的教育政策中，平等是一个关键词。给高才生提供特殊的教学大纲，更注重大多数学生的全面发展。有一些学校或班级会提供一个数学或科学的扩展大纲。使用这种大纲的学校约占十分之一。然而，这种大纲与年级的平均水平不会有很大差异。根据扩展大纲，每周需要增加的数学课时数为 1 ~2 节。

4. 评价

芬兰教育评价特点是平常不进行频繁测验，高一级学校通过入学考试的成绩录取新生。学生的能力是由教师根据学生的表现，与课程标准对照，再给予评价的，并把评价报告发给学生本人和家长参考。教师的评价有代表性，主要根据学生平常表现，参考数学测验成绩。测试题既可由教师独立设计，又可互相分享。由于测验题可以互用，同年级学生的成绩具有可比性。在小学的第一年，评价报告包括学生的口头表述能力。教师也与家长面谈，讨论孩子的未来发展。

4.3.7 比较与思考

由上述可见，六国数学课程的趋向如下：

（1）分合互动。中、法、芬有国家课程，美、澳、德分州管课程。前者重视发挥地方的积极性，后者注重促进地方的联合发展。从分到合是课程发展的趋势。

（2）改革力求稳妥。各国每隔 5 ~10 年修订一次课程与教学大纲。

（3）反思存在的问题。对课程发展存在的问题进行认真分析，体现务实态度，课程发展是重大工程。

（4）关注学生的发展。重视发展学生的数学才能，把天才教育看成数学教育必不可少的部分。

第十三届国际数学教育大会 ICME －13 于 2016 年 7 月在德国汉堡召开，又有 5 个国家和 1 个地区应大会的邀请在大会上代表各自国家和地区发言，它们分别是巴西、阿根廷、爱尔兰、土耳其、日本，以及湄公河次区（泰国、越南、菲律宾、老挝、柬埔寨等）。

5 中国与亚太六国数学课程的比较研究

新加坡数学课程的最大亮点是图形计算器进入考试，技术的运用与数学内容结合。新加坡考试大纲与英国剑桥大学入学考试大纲接轨，使该国数学有较高的起点。

尼泊尔学校数学课程朴素实用，贴近学生的生活，科学性也较强，数学教学紧密联系学生实际。

韩国成立国家课程发展团队，统一设计各学段的内容，注意学段间内容的连贯与衔接，课程内容由五条主线贯通。各学段相互呼应配合，注意消除学段内容间的空隙与漏洞。

柬埔寨数学课程的初中部分由柬埔寨自编，高中部分则与日本联编，意在加强两国合作，使柬埔寨课程与国际数学课程接轨。

新西兰、澳大利亚数学课程不仅反映了海洋国家特色，也反映了多元民族文化特色，其数学课程具有多样性，反映了不同民族特色。

5.1 对新加坡高中数学考纲的思考

近年来，新加坡的数学教育成绩显著，受到世界各国的称赞。例如，美国《州共同核心数学标准》（CCSSM）中，把新加坡列为数学课程先进的国家之一。在国际教育成就评价协会（the International Association for the Evaluation of Educational Achievement，简称 IEA）发起和组织的国际数学与科学趋势研究（the Trends in International Mathematics and Science Study，简称 TIMSS）项目中，2003、2007、2011 年新加坡学生的测试成绩均列于前三位。在 2015 年国际 PISA 数学和科学测试中，新加坡名列第一，引起世界关注。

表5-1 国际教育成就测试研究（TIMSS，2007年）

8年级（初二）			4年级（小四）		
科目	科学	数学	科目	科学	数学
国家地区与成绩	新加坡 567（4.4）	中国台湾 598（4.5）	国家地区与成绩	新加坡 587（4.1）	中国香港 607（3.6）
	中国台湾 561（3.7）	韩国 597（2.7）		中国台湾 557（2.0）	新加坡 599（3.7）
	日本 554（1.9）	新加坡 593（3.8）		中国香港 554（3.5）	中国台湾 576（1.7）
	韩国 553（2.0）	中国香港 572（5.8）		哈萨克斯坦 549（2.1）	日本 568（2.1）

注：①括号左边的数字是该国或地区受试学生在测试中的平均分，括号内的数字是考生成绩的标准差。②由表5-1可知，中国台湾、中国香港、韩国、日本，也在测试评价中取得了优异成绩。

新加坡考试大纲指出学生数学学习需要有坚实的基础。考纲的重点是理解与应用数学基本概念，掌握统计技能，要求学生利用技术设备，分析与解释数据，根据有关信息做出判断。

5.1.1 借鉴英国，立足东亚

新加坡是亚洲国家，保持了亚洲国家学生勤奋学习、重视考试的传统。在历次TIMSS、PISA国际比较研究中，新加坡与中国大陆、香港、台湾及韩国等国家和地区并肩前进，分别取得优异的成绩。同时，作为英联邦国家，新加坡善于借鉴英国的有益经验，从中受到启发。新加坡剑桥O水准考试（Singapore-Cambridge General Certificate of Education Ordinary Level Examinations，简称GCE "O" Level）是由新加坡教育部和英国剑桥大学考试局共同主办的统一考试，也是新加坡中学生在4年中学教育结束后参加的考试。考试一年举办一次，学生的考试成绩为英联邦各个国家所承认和接受。考生可以获得的成绩为根据申请进入新加坡初级学院、理工学院或工艺教育学院，这也适用于海外英联邦国家的初级学院或大学预备班的录取。

5.1.2 考纲目标，技术兼容

新加坡考试大纲的重点是理解与应用基本概念，掌握统计技能，要求学生利用设备，分析与解释数据，根据有关信息做出判断。考试大纲的一般目标是使学生能够：

（1）获取与日常生活相关的数学概念与技能，这些概念与技能正是学生学习数学和其他相关科目所需要的。

（2）加深对数学学习过程的感悟，获取学习数学知识的能力，以及应用数学概念与数学技能的能力。

（3）提高数学思维能力，用公式表示情境的能力，解决问题的基本技能，以及综合运用数学知识与技能解决问题的能力。

（4）认识各种数学思想的联系，以及数学与其他学科之间的联系。

（5）端正正面认识数学与积极学习的态度。

（6）有效地使用各种数学工具（包括信息工具、交流技能工具），以便更好地学习数学。

利用图形技术（GC）：

期望学生在考试中利用除了计算机代数系统以外的图形计算器，在考试时，默认学生拥有并能运用图形计算器，一般来说，如果不允许使用图形计算器，则会在试卷上做出说明。如果允许用图形计算器求解，则在卷面上不予以标注，应试者需要画出草图作为解答的一部分。如果写出正确使用图形计算器的步骤与理由，将受到奖励。

图形计算器有一定的局限性，例如，利用跟踪法求一个方程的根，未必能求得根的准确值。为考生列举试卷的结构与要求，体现了整体性与应用性。

试卷不固定于大纲中的某些专题。考试中的某些问题比一个问题更具有整体性，试题侧重于测试对某问题情境线索的理解与数学的应用。期望学生做到以下两点：

（1）从数学思想得到启发，产生富有想象力的、创造性的工作能力。

（2）发展逻辑推理能力、数学交流能力、独立学习与合作学习的能力。

5.1.3 应试者需具备三个水平的能力

考试中，对学生的学习评价应考查其三个水平的能力：

AO1　在各种不同的线索中理解和运用数学概念、数学技能，包括数学表述、数学操作，以及运用图形计算器的能力。以上第一个水平的能力是对数学知识与技能的理解、掌握、感悟与运用，图形计算器是这一能力的组成部分。

AO2　数学的推理与交流的能力，书写数学表达式的能力，数学论理与论证的能力，表述数学推论的能力。第二个水平的能力是考生与他人交流、论理、表述的能力，即考生的能力需要得到别人的认可、理解和肯定，这也是考生取得好成绩的保证。

AO3　解决不熟悉的问题，把现实线索中的一般问题，转化为数学问题的能力。对所得的数学结果进行评价，根据结果做出在某个线索中的预告。这个水平的能力是转化与运用的能力，是从实践的探索到数学模型与现实情境的相互转化、相互检验与相互运用的能力。

5.1.4 三类考卷的面向对象与考试主题及内容

三类考卷的面向对象与考试主题及内容如表5-2所示：

表5-2 三类考卷的面向对象与考试主题及内容

考卷类型	面向考生	考试主题与内容
H1	财经、商贸、社科	①函数与图像；②微积分；③概率与统计；④二项式定理与正态分布；⑤抽样与假设检验；⑥相关与回归
H2	物理、数学、工程技术	①函数与图像，图形技术；方程与不等式；②序列与数列，算术数列与几何数列；③向量，向量的数量积；三维立体几何；④复数，复数的极坐标表示；⑤微积分：求导，麦克劳林级数，不定积分，定积分；⑥排列，组合，概率；⑦二项分布，泊松分布，正态分布；⑧抽样与假设检验，假设检验；⑨相关系数与线性回归
H3	自我抱负高，有志于创造性思维	①函数与图像，序列与数列，微积分；②组合论，利用计数原理；③与组合问题相关的递归公式

5.1.5 不同考卷的卷面设计

新加坡国家考试虽是国家统一考试，然而，对于不同考生却有不同的要求。考试时间、卷面结构，以及分值都不一样，反映了考卷设计的多样性。

（1）考卷类型H1——一份3小时考卷，共95分。

A段：纯数学——35分，由5道长度不同、分值不同的考纲中的纯数学试题组成；

B段：统计——60分，由6~8道长度不同、分值不同的考纲中的统计问题组成。

（2）考卷类型H2——由两份3小时考卷构成，每份占总分的50%，每份总分为100分。

第一卷（3小时）：由10~12道不同长度与分值的考纲范围内的纯数学试题构成。

第二卷（3小时）：本卷由A节和B节构成。

A节（考纯数学，占40分）：由3~4道不同长度与分值的考纲范围内的纯数学试题构成；

B 节（考统计，占 60 分）：由 6 ~ 8 道不同长度与分值的考纲范围内的统计试题构成。

（3）考卷类型 H3——一份 3 小时考卷，共 100 分，全卷约由 8 道长度不同的试题组成，每题分值约 9 ~ 16 分，各专题所占的分值见表 5 – 3。

表 5 – 3　H3 类考卷的设计

	考试专题	约占分值
专题 1	函数与图像，数列，级数，微积分	40
专题 2	组合数学	25
专题 3	微分方程与数学建模	35

5.1.6　反映差异，严格要求

新加坡数学教育受到各国关注，并非一日。1999 年，IEA 的国际数学与科学趋势研究项目，在对 38 个国家的数学教学进行评估时，把新加坡列为第一位，美国则仅排第十九位。此后，新加坡的数学教育一路领先，美国则持续相对落后。到 2003 年，新加坡仍然是第一，其 5 年级学生的成绩平均为 605 分（满分为 1 000 分），韩国（589 分）、中国香港（586 分）、中国台湾（585 分）、日本（570 分）紧随其后，美国以 504 分排在第十五位。被评估国家和地区的平均成绩为 467 分。

新加坡数学教育要求：

（1）面向高校学习及未来职业需要，设财经、商贸、社科、数学、物理、工程技术等科目。

（2）要求学生使用现代数学技术，反映国内外数学教学内容的重大差别。

（3）考纲的重点是理解与应用数学基本概念，掌握统计技能，要求学生利用设备，分析与解释数据，根据有关信息做出判断。

1. 纯数学（函数与图像）

（1）指数函数、对数函数，以及相应的绘图技能，包括：

①函数的概念。

②对诸如 $f(x) = x^2 + 5$ 的记号的理解与运用。

③函数 e^x，$\ln x$ 及其图像；对数法则；函数 $y = e^x$ 和 $x = \ln y$ 的等价性。

④利用图形计算器，画出给定函数的图像。

⑤函数图像的特点，如对称性，与坐标轴的交点、拐点以及渐近线等。

⑥函数定义域与值域的概念。

⑦对函数记号的理解与运用。

（2）方程与不等式，包括：

①解联立方程；用代入法解由一个线性和一个二次方程构成的方程组。

②二次方程有实根或有等根的条件。

③解一元二次不等式。

④常有正根或常有负根的条件。

⑤通过图解法解一元二次不等式。

⑥根据问题情境构造一个方程。

⑦用图形计算器求一个方程的数值解。

2. 微积分

（1）导数，包括：

①函数 $f(x)$ 的导数作为曲线 $y=f(x)$ 在一点处的切线的斜率；利用标准记号 $f'(x)$ 和 $\frac{dy}{dx}$。

②对于有理数 n，求 x^n，e^x，$\ln x$ 的导数；同样，对于常数倍数，求两个函数的和、差，以及两个函数的导数。

③运用链式法则求 x^n 的导数，其中 n 是任意有理数；求 e^x，$\ln x$ 对 x 的导数。用常数数乘某函数的和与差，使用链式法则。

④对于 $f'(x)>0$，$f'(x)=0$ 和 $f'(x)<0$，给出几何解释与图示。

⑤对图示的解释；图形中的不动点，包括最大值点、最小值点，以及拐点的位置。

⑥用图形计算器求函数在给定点的导数值。

⑦求曲线的切线方程与法线方程；解决与求导数有关的实际问题。

⑧求函数的一阶导数。

A. 求函数的积、商的导数。

B. 求隐函数，或求用参变形式表示的函数的导数。

C. 求没有稳定点的函数的拐点。

（2）积分，包括：

①把不定积分作为求导数的逆运算。

②对于任意有理数 n，求以下各函数的导数：x^n，e^x。

③用常数乘两个函数的和或差的不定积分。

④求 $(ax+b)^n$，e^{ax+b} 的不定积分。

⑤把定积分作为某曲边梯形的面积。

⑥估计一个定积分的值；求介于某曲线，两条平行于坐标轴的直线的区域的面积，或两条曲线之间的平面区域的面积。

⑦用图形计算器求定积分的数值。

⑧把定积分作为和的极限。

3. 概率与统计

①利用表格、维恩图、树图计算独立事件与互斥事件的概率，包括概率加法与概率乘法。

②利用公式计算简单情况下的条件概率：

$P(A')=1-P(A)$，$P(A\cup B)=P(A)+P(B)-P(A\cap B)$

$$P(AB)=\frac{P(A\cap B)}{P(B)}$$

4. 二项分布与正态分布

(1) 二项分布。

①对于正整数 n，有关二项式展开式的知识。认识和利用记号 $n!$ 以及记号 C_n^r。

②有关二项分布 $B(n, p)$ 的概念。

③利用二项分布 $B(n, p)$ 作为一种概率模型。

④利用二项分布的均值与方差（不要求证明）。

⑤对于其他概率问题，有关均值与方差的计算。

⑥解决含有二项分布的问题。

⑦解决其他分布的均值与方差问题。

(2) 正态分布。

①正态分布的概念，其均值与方差，利用 $N(\mu, \sigma)$ 作为一种概率模型。

②标准正态分布。

③给出 x_1，μ，σ 的值，求概率分布 $P(X<x_1)$ 的值。

④利用正态分布的对称性。

⑤给出 $P(X<x_1)$ 的值，求 x_1，μ，σ 之间的关系。

⑥解含有正常变量的问题。

⑦求解含有利用均值 $E(aX+b)$ 与方差 $\mathrm{Var}(aX+b)$ 的问题。

⑧求解含有利用均值 $E(aX+bY)$ 与方差 $\mathrm{Var}(aX+bY)$ 的问题，其中 X 和 Y 是独立变量。

⑨用正态分布近似表达二项分布。

⑩求概率密度函数与分布函数。

⑪计算均值 $E(X)$ 与方差 $\mathrm{Var}(X)$。

5. 抽样与假设检验

①抽样，包括随机抽样、分层抽样、定额抽样。

②总体与样本的概念。

③不同抽样方法的优势与不足。

④来自正态总体的样本平均值分布。

⑤当总体足够大时，利用中心极限定理处理样本均值以及样本方差。

⑥用无偏估计方法，估计总体均值以及样本方差。

⑦解决与样本分布有关的问题。

由新加坡数学课程的发展可见，数学课程要紧跟时代的步伐，紧跟科学技术的发展，尤其是紧跟数学学科的发展。数学课程要能满足师生的要求，又能带领师生走向认识数学的新起点。

5.2 中韩数学课程的比较研究

5.2.1 韩国国家数学课程评介

韩国国家数学课程由教育部统一领导，建立了小学、初中、高中统一的课程体系，数学课程整体要求较高，管理规范。韩国数学课程的特色是：

（1）成立国家课程发展团队，统一设计各学段的内容，重视学段间内容的连贯与衔接；各由五条主线贯通。各学段相互呼应配合，注重消除学段内容之间的空隙与漏洞。

（2）重视学生的创造性与自主发展，重视吸收各发达国家的数学课程理念。历年来，随着国际数学教育交流的发展，韩国数学课程的核心理念几经变化，如表 5－4 所示。

（3）近十年来，韩国为高中生开设内容丰富的选修课，选修课具有真正的适切性与可选择性，实施顺利，对我国高中数学选修课的开设有较大的参考价值。

表 5－4　韩国数学课程核心理念变化沿革

顺序	公布时间	核心理念
第 1 次	1954. 04	以现实生活为中心
第 2 次	1963. 02	以数学结构为中心
第 3 次	1974. 12	以新数指向为中心
第 4 次	1981. 12	以回到基础为指向
第 5 次	1987. 06（小）；1988. 03（中）	以问题解决为指向
第 6 次	1992. 06（小）；1992. 09（中）	以问题解决为中心，满足信息社会的要求
第 7 次	1997. 12	以学生活动为中心
第 8 次	2007. 07	以学生为中心，以问题为导向
第 9 次	2011. 09	发展个性，培养创新精神

5.2.2　数学课程目标与内容

韩国提出小学、初中、高中数学的总体目标：获取对数学知识和技能的理解，认识数学文化，培养数学思维能力、数学交流能力，能用数学眼光看待各种各样的现象和问题，做出数学的解答，形成对于数学的正面态度。各学段数学课程由五条基本线索构成。小学的五条主线：数与运算、图形、度量、模式、概率与统计，如表5－5所示。初中的五条主线：数与运算、字符与表达式、函数、概率与统计、几何，如表5－6所示。高中的五条主线：数与运算、变量与表达式、函数、概率与统计、几何，如表5－7所示。

表5－5　韩国小学（1～6年级）分级数学课程内容一览

主线	1～2年级内容	3～4年级内容	5～6年级内容
数与运算	四位数的加减法，以及两位数的乘法	多于五位数的加法，三位数的减法，乘除混合运算，自然数、分数、小数的混合运算，分数、小数混合运算	因数与乘法，分数的加减法，分数与小数的乘除法
图形	立体图形，平面图形，平面图及其构成	图形的基本原理，平面图形的运动，圆的构成，三角形，四边形，多边形	全等与对称，矩形与立方体，棱柱与棱锥，圆柱与圆锥，立体图形与空间图形，空间感
度量	量的比较，读时间，度、分、秒与时间的长度	时间，长度，体积，重量，角度，估计，四舍五入，数的范围，大于等于，小于等于	平面图形的周长、面积与面积单位，圆的周长、直径和面积，表面积和体积
模式	模式的确认	模式的确认，模式的一致性	比与比率，比例表示与比例分配，正比例与反比例
概率与统计	分类，分类图与画图	数据的组织，条线图与折线图	机会与平均数，数据列表，比率图，棒图与饼图

表 5－6　韩国初中（7～9 年级）数学课程内容分布

主线	7 年级内容	8 年级内容	9 年级内容
数与运算	质因数分解、最高公因式、最低公倍式； 整数有理数四则运算，实数的概念与比较	小数复习； 有理数与循环小数复习	平方根的概念与性质，无理数； 实数与根式四则运算，实数的比较
字符与表达式	字符表达式的性质与运用； 代数式的值，线性表达式的加减； 线性方程组	指数多项式的加减法； 多项式的乘法及乘法公式； 多项式除法的表达式； 方程的变形	因式分解，二次方程，多项式除法； 方程的改进； 联立线性方程组； 不等式的性质和联立线性不等式组
函数	函数的概念，有序数对，函数的图像	线性函数图像及其利用； 线性函数和线性方程的关系	二次函数的概念； 二次函数的图像和性质
概率与统计	分类，分类图与画图	数据的组织； 条形图与折线图	机会与平均数； 数据列表，比率图，棒图与饼图
几何	点、线、面、角； 点、直线、平面的几何关系，平行线的性质，画三角形； 三角形全等的条件，多边形的性质；圆心角，圆弧，弧长与扇形面积的关系，立体图形的表面积与体积，四边形的性质，相似图形的性质，相似三角形的条件	等腰三角形，三角形的外心、内心和重心； 四边形的性质，相似图形的性质，相似三角形的条件； 三角形的比例线段，相似图形性质的运用，扇形的弧长与面积的关系； 多面体的性质，立体图形的旋转，立体图形的表面积与体积	勾股定理，三角比，四边形的性质，相似图形的性质，相似三角形的条件，平行线截得比例线段定理； 圆中的比例线段定理，弦，弧，圆周角，弦心距与切线长定理，圆周角定理

表5－7 韩国高一（10年级）数学课程主线及内容

主线	10年级内容
数与运算	逆向，逆命题，对照，必要条件，充分条件，集合及其运算，实数与复数
变量与表达式	多项式，多项式的因式分解，多项式的乘法与除法，方程与恒等式，余式定理，用有理数和无理数表示二次方程的判别式，二次方程的根与系数的关系，简单的二元二次方程组； 不等式的性质与应用，绝对值不等式，二次不等式组
函数	函数与图像，复合函数，反函数； 二次函数，有理函数，无理函数，一般角与圆弧的度量； 三角学，正弦定理，余弦定理，三角方程，三角不等式
概率与统计	加法原理，乘法原理，排列组合
几何	两点间的距离，直线方程与圆的方程，线性不等式与区域，旋转与对称变换

5.2.3 数学教学与评估

1. 教法与学法

教师要关注对数学内容的解释，关注学生对数学原理、数学规则、数学推理的理解，引导学生进行数学交流，指导学生解决有关问题。学校在有效的数学的教与学中发挥指导作用。例如，通过班级管理，使学生不低于所规定的数学最低水平。教师要使用灵活的教学方法，如发现法、探索法、合作学习等，鼓励学生独立钻研等。

2. 评估

教师提供积极建议，引导学生学习和发展。评估应该不只注重结果，也要注重认知的过程，提出以下要求：①理解数学的基本概念、原理、法则，发展应用能力；②理解数学的表述，正确进行数学表述；③理解数学的知识与功能，并利用它们进行推理；④在各种各样的情境中，通过数学思考，解决各种数学问题的能力；⑤在日常生活中，用数学眼光对各种自然现象、社会现象进行观察、分析，形成独立见解；⑥通过合理的数学交流与推断，得出各自结论。

5.2.4 高中选修课系列的处理

数学选修课的课时为每学期17周，由课程班的每周六门课组成。强调数学的创造性，鼓励构思数学问题的解答过程，提出某些新的观点。数学的创造性具有天赋成分，同时也需要在学习过程中逐步培养。

1. 重视数学的过程

数学的过程包括问题解决过程、数学推理过程、数学交流过程。它是一种动态的现象，师生要关注数学内容与各种现象的联系，过程在解决问题中形成。

2. 数学选修课的结构

高中课程由选修课构成，允许学生选择适合他们自己的、对其未来生涯有用的课程。此外，数学科程分为一般科程、基础科程和高级科程，让学生根据个人水平和兴趣做出选择。高中开设的数学选修课的结构如表 5－8 所示。

表 5－8　韩国高中数学选修课的结构

一般课程	基础课程	高级课程Ⅰ	高级课程Ⅱ
数学Ⅰ	微积分Ⅰ，微积分Ⅱ	基础数学	高级数学Ⅰ
数学Ⅱ	几何与向量	概率与统计	高级数学Ⅱ

3. 数学选修课的选课要求

部分高中生至少要修满三门数学选修课。大多数学生都选择了三个以上科目。如果基本数学技能较差，可以完成三个选修课科目，其中要含有基础数学。基础数学的内容由完成普通数学科目所需要的基本知识和初三水平的数学知识组成。如果学生的高级数学Ⅰ、高级数学Ⅱ学得好，他们也可以学习更加深奥的数学。

表 5－9　韩国高中数学选修系列

系列	数学Ⅰ	数学Ⅱ	微积分，概统基本原理	积分与统计	几何与向量	数学的应用
内容与专题	矩阵与图，指数函数与对数函数，序列，序列的极限	方程与不等式，三角函数，函数的极限与连续性，求导数	函数的极限与连续性，多项式函数的导数，多项式函数的积分，概率，统计	积分，排列与组合，概率，统计	线性变换与矩阵，二次曲线，空间图形与空间坐标，向量	命题与逻辑，指数与对数，序列与级数，概率与统计，几何

表 5－10　高中数学选修课主干内容 1

数学Ⅰ	数学Ⅱ	概率与统计	微积分
多项式方程、不等式及其解、多项式运算，余式定理，因式分解，复数与二次表达式，二次方程与二次函数，平面直角坐标系，直线方程，圆的方程，几何变换，不等式的区域	集合与命题，函数，序列，指数与对数，函数，有理函数与无理函数，等差数列与等比数列，数列求和，数学归纳法，指数与对数的概念、性质与运算	排列组合，二项式定理；概率的概念与用法，条件概率；概率分布，统计性估计	序列，序列的极限；函数的极限，序列的连续性，函数的连续性；微分系数；导数，导数的应用；不定积分的定义，多项式函数的积分，定积分定义的应用

由于选修科目的水平因内容而不同，因而必须根据选课的不同水平而做出选择。总的来说，能够给学生考虑的选课结构有五类，这五类选课结构如图5－1所示。其中第 4、5 类推荐给那些有志于在自然科学、工程技术方向发展的学生，其余三类推荐给往人文、社科与体育艺术方向发展的学生。

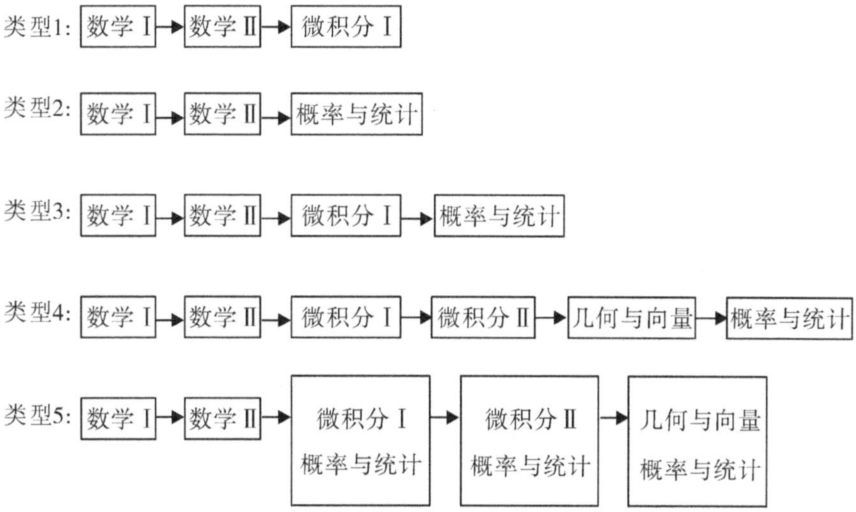

图 5－1　韩国高中数学的选课结构

表 5－11　韩国高中数学选修课主干内容 2

微积分Ⅱ	几何与向量	基础数学	高级数学
指数函数与对数函数的概念，指数函数与对数函数的求导法，三角函数概念与图像，三角函数的导数，求导法，导数的应用，不定积分，积分定义的应用	二次曲线，平面曲线的切线，向量的运算，平面向量的分解与点积，在平面上的运动，空间图形，空间坐标，空间向量	数的运算，应用代数式的计算和表述，多项式的运算，线性函数与线性方程，二次方程与二次函数，勾股定理，三角比	向量，矩阵与线性方程组，线性变换与矩阵，矩阵的幂和特征值，图表的意义，各种图形的使用

表 5－12　中韩高中数学选修课比较

中国高中选修专题	中国高中选修专题	韩国高中选修专题	韩国高中选修专题
系列 3	系列 4	数学Ⅰ，数学Ⅱ	排列与组合
数学史选讲，信息安全与密码，球面上的几何，对称与群，欧拉公式与曲面分类，三等分角与数域扩充	几何证明选讲，矩阵与变换，数列与差分，坐标系与参数方程，不等式选讲，初等数论初步，优选法与实验设计初步，风险与决策，开关电路与布尔代数	微积分Ⅰ，微积分Ⅱ，函数，序列，平面曲线，向量与矩阵，矩阵的幂与特征值，线性变换，线性函数与线性方程，平面上的运动	概率与统计，指数与对数，空间坐标，空间向量，图论初步，平面曲线及其切线，不定积分，积分定义的应用，平面向量分解与点积
意在开阔学生的数学视野，加强数学基础，了解数学史上的重大问题	意在打好数学基础，加强数学思想方法的应用，提高学生数学应用能力	有利于加强学生的数学基础，与前后内容相互衔接，与基础课学习联系紧密，大部分专题都为学生选学	有利于学生数学基础的补充与加强，各专题之间联系紧密，与前后学段衔接自然，适合教师的备课与学生的学习
开设以来，报读学生不多	实际上只有其中 3～4 个专题为学生报读	所有专题都为大部分学生报读	所有专题都为大部分学生选读
专题较分散，准备不足，实施受阻	师生都偏向于过去较传统的几个专题	师生易了解，各专题之间联系紧密	专题紧密联系高中基础，与未来学习紧密衔接

韩国2009年数学课程修订本已于2013年实施。课程强调发展数学推理能力、交流能力、问题解决能力。此外，新修订的数学课程的重点是理解数学的价值、发展对数学的积极态度、培养对数学的情感以及运用数学的能力。新修订的数学课程以培养创新型人才为主要目标，因此提高教师的数学创新能力是十分必要的。中韩高中选修课相比较，互有可借鉴之处。

5.3 柬埔寨基础教育数学课程评介

柬埔寨王国（简称柬埔寨）地处亚洲中南半岛，东邻越南，北接老挝与泰国，南临泰国湾，靠近我国南海。柬埔寨数学课程形式多样，在义务教育阶段，由柬埔寨教育部、青年与运动部制定1～9年级数学课程纲要等文件。10～12年级的数学课程，则由柬埔寨教育部、青年与运动部，以及日本对外文化协会合作编制。

5.3.1 课程目标与课时安排

发展学生对数的概念的认识，形成心算技能。培养读数、写数和算数的能力，尝试解决问题的方法。认识度量单位、度量工具及使用范围。在几何中，学生认识二维图形、三维形体的特征与性质。在模式与代数中，发展对数的相互关系的理解，利用符号进行交流。认识统计的意义，活用统计知识，初步掌握统计方法。在重复试验的基础上，分析频率的稳定性，从而推断事件的概率。培养解决常规与非常规问题的能力，掌握解决问题的过程与方法。

表5－13 各年级每周数学课时数

年级	1～3	4～6	7～9	10	11	11	12	12
每周课时数	7	6	6	6	4	8	4	8
学段水平	初小	高小	初中	高一	高二基础	高二提高	高三基础	高三提高

5.3.2 数学课程的特色

数学是中小学的基本课程，学生要从具体经验开始，逐步感知数学的对象，认识数学概念。

1. 五条主线，引领全局

数学课程由五条基本线索构成：数、度量、几何、统计与概率、模式与代数。各年级数学课程围绕主干内容循环上升，逐步提高。数学课程注重培养学生的推理能力，形成数学思考的习惯，并从中获得快乐，学会分析与解决问题。

2. 突出度量，联系各科

度量把数与量联系起来，使得数的学习有了具体的意义。度量作为独立的主线，既能反映几何图形性质，又与现实生活紧密联系。与我国数学课程相比，柬埔寨数学课程更重视对度量的认识与运用。课程引导学生认识度量的含义，引入具体的度量单位，尝试对同类度量的不同单位进行转换与比较。

3. 缓步前行，高初有别

柬埔寨义务教育数学课程内容略显单薄，推进速度相对较慢，或许这样比较适合该国学生。然而，柬埔寨高中数学课程比我国同级课程推进较快，初中未能学习的知识，要求在高中予以补救，高中课程具有更多和高等教育接轨的色彩。

5.3.3 七年级学习目标与要求

1. 数

引导学生认识正负整数、小数与分数，熟悉四则运算，正确掌握运算顺序。认识大、中、小括号对运算顺序的要求。利用四舍五入，正确表述小数的近似数，使之达到规定的精度要求。认识平方数、非负整数，回忆并恰当利用 100 以内的平方数与算术平方根，解决正比例问题。掌握简单的消费问题，如利息问题、折扣问题。表述一个量作为另一个量的百分数，利用比或比例解决问题，如决定用药量等。能对同类度量的不同单位进行比较。能正确地表述百分率的变化，如增加 200%，减少 10% 等。把增减的百分数转化为用数值表示。把量的表述转化为百分数或分数的形式，例如，把水泥、沙砾和碎石按照1∶4∶5的比例混合，那么，水泥占混合物总量的 10%，沙砾占总量的 40%。能选好度量单位进行测量，如汽油的含油量为 4% 等。

2. 度量

掌握带有时间单位的四则运算（时、分、秒）。认识和求出若干个角之和或差，执行同类不同度量单位的相互转化，如度、分、秒的相互转化等。在长度、重量、容量、时间等方面，掌握较大的单位与较小的单位之间的相互转化。能正确说明变化百分率问题。

3. 几何

认识并证明一个三角形的外角和是这个三角形的内角和的两倍。已知三角形的两边及其夹角，两角及其夹边，三角形的三边，求作这个三角形。仅用圆规、直尺，作 90°、60°、45°、30°等特殊角；作出、比较和描述二维图形；利用几何术语及符号表述几何对象，如角、射线、垂线等。识别对称几何图形的对称轴；利用公式求圆的周长、半径、直径、面积；已知扇形的角与半径，求该扇形的面积。定义并找出全等图形，画出常见图形的草图。认识并能证明三角形的内角和定理。证明三角形的每一个外角等于与它不相邻的内角的和。根据给定条件，利用相似三角形的性质求该三角形的未知角。根据给定的数据，构建并标记三角形，用圆规和直尺二等分一个角。

认识两条平行线被第三条直线所截而得到的角，根据三角形的内角和定理以及平行四边形的性质，求三角形和平行四边形的未知角；求三角形的边长和高线长；利用勾股定理求直角三角形的斜边长；利用三角形的性质，求三角形未知边的长；利用公式求三角形、正方形、矩形、菱形、梯形、平行四边形的周长与面积；画出并测量一些立体图形，包括立方体、长方体、圆柱体、圆锥体、球体等。

4. 统计与概率

利用 0 ~ 1 数轴表示概率，说明概率的限制范围。用分数、小数、百分数表示事件发生的概率；制作数据表，表示和说明数据，用更复杂的统计表陈述数据；用图表形式，陈列和比较两组单变量数据（如用条形图），进行有关概率的推理与计算。利用分数、小数和百分数表示事件发生的概率（包括频率分布表）；区分求某些集中趋势度量的意义和目标；在反复进行简单实验的基础上，根据频率，估计概率（如重复投掷骰子）；做出实验结果的预告；区分各种试验的目标；根据实验数据构建柱状图。

5. 模式与代数

用符号“<”“>”“=”表述数的大小比较信息，例如，如果两个数之和必须介于 6 和 20 之间，用不等式组表示就是：$6 < x + y < 20$；解简单的一元线性方程；识别与使用正整指数幂运算法则，解一元线性分式方程，其中分母不含未知数。解二元一次方程组。构作线性方程 $y = ax + b$ 的图形（其中 a 和 b 是整数）。发现现实生活中的问题，利用一定范围的数学技术解答该问题。例如，A 君购买 2 公斤鲜鱼和 6 公斤大米，共用 29 000 元，B 君买鲜鱼和大米各 1 公斤，共用 11 600 元，请问鲜鱼与大米每公斤多少元？

6. 数学推理

做出有关解决简单的两步问题的决定，把一个问题分解为若干个小问题并予以解决。解释一个用于解决简单问题的推理链，构思问题的推理思路，其中涉及对数据的分析，思考并找出求解的方法与思路。

5.3.4　8 年级学习目标和要求

对正负整数、平方数、立方数、小数、分数，进行比较与排序，执行四则运算。把分数转化为与之等价的小数（如$\frac{3}{8} = 0.375$，$\frac{1}{3} = 0.333\cdots$），能运用 5 以内的正整指数幂（如 $5^2 = 25$，$3^5 = 243$ 等）。用科学计数法表示现实生活与科学测量中的数据，如 $A \times 10^n$，其中 $1 \leqslant A < 10$，n 为正整数。利用指数幂化简含根式的算术表达式。会用立方数和立方根表示正整数。能用正比例与反比例解决有关

问题。能计算消费问题、连续打折问题、简单的盈亏问题，用百分率表示简单的利息问题和贴现率问题。

1. 数

对整数、分数和小数进行比较与排序，执行四则运算。以规定的精度写出小数的近似值，精确到百分位。写出指数为5以内的幂（如$5^2=25$，$3^5=243$）；回忆并且准确地使用100以内的平方数与算术平方根（如$\sqrt{81}=9$）。利用反比例进行计算（如6个工人工作12天就完成一项工作，那么，9人进行这项工作，需要多少天才能完成）。计算简单的折扣率问题、借款问题、货物销售问题等；表示一个量是另一个量的百分之几。

2. 度量

选择适当的米制度量单位进行测量（如测量一棵树高米数，一台机器所占体积的立方数）。在长度、重量、容量和时间等方面，掌握较大的单位与较小的单位之间的相互转化。对含有时间单位的度量执行四则运算（如有关时、分、秒的转化）。正确地说明一个变化的百分率问题，并把增减的百分数转化为用数值表示。把量的表述转化为百分数或分数的形式。选择合适的度量单位进行测量；能够进行长度、面积、体积的单位转化（如公顷与平方米的转化，立方米与立方厘米之间的转化）。计算不同国家和地方之间的时差与转化。

3. 几何

能准确画出草图、示意图等二维图形，给出图形的简单定义。认识平行四边形、菱形、梯形、正六边形、正八边形等。正确利用公式求梯形、平行四边形、菱形的面积。按照给定的数据，构造与标识简单的四边形，用尺规作已知直线的平行线与垂线。计算两条平行线被第三条直线所截得到的相关角，如同位角、内错角、同旁内角等。画出立方体、长方体、圆柱体、棱柱体、棱锥体，并求它们的表面积和体积。通过图形的放大与缩小，探索图形的不变性质。通过轴对称，说明以下图形的性质与关系：弦、弧、弦心距、圆心角。利用圆规、直尺画出全等三角形。利用三角形全等和三角形相似的条件，求相应三角形的未知边与未知角。

4. 统计与概率

求一组说明集中趋势度量的数据，包括平均数、中位数和众数，制作频率分布表等。区分求某些集中趋势度量数据的各自目标。在反复进行简单实验的基础上，估计一个事件发生的概率（如重复掷骰子），根据实验结果做出适当的估计。

5. 模式与代数

用“>”“<”“=”等符号表示以非正式的词语叙述量的关系的信息。解一元线性分式方程，其中分母不含未知数。发现某些实际问题，通过实际测量，收集数据，做出解答。

6. 数学推理

做出有关解决简单的两步问题的决定，把一个问题分解为若干个小问题并予以解决。解释一个用于解决简单问题的推理链，构思问题的推理思路，其中涉及对数据的分析，通过选择和使用一定的数学技术。发现现实生活中的一些问题，利用一定的数学技术，思考并找出解答的途径。

5.3.5　9年级学习目标和要求

熟练地进行有理数与无理数的四则运算和混合运算，比较数的大小，对数据做排序。能求出整数的平方数、立方数、平方根与立方根。识别有理数和无理数，能用计算器求有理数与无理数的近似值，包括求平方根的近似值。解决航船问题，船速、水的流速，以及混合速度等实际问题。

1. 数

能解决更复杂的问题，如水的流速与船度问题，比率、百分比问题，从一种比率向另一种比率转化的问题。例如，要将米/秒转化为公里/小时，可以利用心算策略进行计算。比较实数的大小并排序，包含完全平方数与立方数。执行更复杂的问题，如有理数与无理数的混合型运算。认识与解释无理数的有关术语，执行实数的四则运算，利用计算器进行实数的估值，认识含有复名数的度量单位问题。

2. 度量

选定标准，正确进行单位转换，掌握英制单位与公制单位之间的转换，如公斤与磅、克与盎司、寸与厘米等。构造规则与不规则多边形，求多边形的内角和与外角和。选择公式，求立方体、长方体、圆柱体、棱柱体、圆锥体、棱锥体、球体等形体的表面积与体积。以精确的比例尺求几何形体的未知度量。

3. 几何

认识圆的切线定义。过半径的外端且垂直于半径的直线是圆的切线。定义并求出相似几何图形。利用几何术语以及圆的性质解决有关问题。例如，过圆外一点作这个圆的切线等。探索两个相似图形的表面积与体积的关系，应用有关法则证明两个三角形相似，据此求出其中一个三角形的未知边与未知角。利用勾股定理或相似三角形的性质，求直角三角形的斜边和直角边的长。认识平面直角坐标系，利用公式求线段的中点，求两点间的距离和直线的斜率。

4. 统计与概率

通过大量重复试验，记录事件发生的频率（如天气数据），从而估计事件发生的概率。根据分组数据构建频数分布表。由一组给定的数据，构造一个图形，计算单一事件发生的概率。利用多次重复试验所得的数据，分析频率，估计概率。计算复合的独立事件的概率加法。根据需要，设计简单的调研，收集数据，构造柱状图和条形图。设计调研，收集数据，对数据分组，构建频数分布表和频数多边形。根据所得的图表，说明实验对象的情况。

5. 模式与代数

化简与延伸有关的代数表达式，包括简单的代数分式。解二元一次方程组，解含一元分式的线性方程（分母不含未知数）。认识幂、平方根和立方根，解决更复杂的二元一次方程的问题，包括运用图解法、代换法、消元法。解决涉及二元一次方程组的应用问题，发现现实生活中的问题，利用数学技术求解。

6. 坐标平面

用公式法求线段的中点，求平面上两点间的距离，在坐标平面上求直线的坡度。求线性方程 $y = ax + b$ 的图像，用公式法求直线的斜率与截距，其中 a，b 是整数。反之，利用图形的某些特征，求出待定系数的值。

5.3.6 高中数学内容

数学是高中的基础学科。课程要帮助学生掌握该科目扎实的知识和技能，把它作为工具，有效地用于日常生活情境和进一步的学习中。在 10 年级要填补初中基础知识的缺漏。在 11 ~12 年级，数学课程分为基础系列与先进系列。

11 ~12 年级的数学能力要求：训练学生发展数学能力，使之能适应未来高等教育要求。培养学生的推理能力、创造能力，以便解决各种各样的问题。指导学生学好数学知识，参阅相关文献，研读和理解数学原理，加深对数学内容的理解。11 ~12 年级的数学包含基础系列与先进系列。基础系列提供基本的数学知识与技能，学生可以将其运用于日常生活和实际岗位中。先进系列向学生提出更有挑战性、趣味性的问题，以适应其未来升大学和就业的需求。

表 5－14 高中各年级数学内容

10 年级	11 年级（基础）	11 年级（提高）	12 年级（基础）	12 年级（提高）
逻辑集合与数，多项式，方程与不等式，平面图形，函数，三角比，统计，排列与组合，平面向量，平面图形变换	序列，指数函数与对数函数，三角函数，矩阵，微分，概率，统计	序列与数学导引，指数函数与对数函数，三角函数，矩阵，复平面，微分，概率，统计，平面向量	极限，微分法，变量与函数图像，积分法，统计，圆锥曲线	极限，微分法，变量与函数图像，积分法，微分方程，概率，统计，空间向量的交与积，圆锥曲线，算术与计算

5.4 朴素而实用的尼泊尔国家数学课程

尼泊尔联邦民主共和国（简称尼泊尔），位于喜马拉雅山脉南麓，北与我国西藏相邻，东部、西部和南部均与印度接壤。

5.4.1 数学课程的目标

尼泊尔数学课程用该国文字编制，为方便与国外交流，尼泊尔教育部契彻丽卡女士（Mrs Chitralekha Yadav）把课程译为英文。课程的目标包括数学观、数学价值、数学能力、数学感知等方面。

（1）正确认识数学价值，树立对数学的正确态度。

（2）培养数学观察能力，包括用个人标准寻找数学结论的能力；鼓励学生参与数学实践活动，获取数学发现的乐趣。

（3）数数，度量能力，比较技能，如量长度、称重量等，通过数学实践，培养良好的数感。

（4）认识与数量相关的术语，如“许多”“多于”“大”“小”“可用的”“周围的”等，在实践中培养度量感。

（5）通过数数实践，列举具体事物，感知数的相互关系，加深对数的理解，形成良好的度量感。

（6）认识表示外形、大小与度量的术语，并应用于日常生活中，形成正确的空间感。

5.4.2 核心内容引领，螺旋上升结构

突出数学课程核心内容的引领作用。核心内容包括五条主线，这五条主线贯穿于中学始终，随着年级上升而逐步丰富。学生的数学基础逐步夯实，数学观得到健康发展。以下列出 6 至 10 年级数学课程的核心内容，11 至 12 年级没有专设数学课，其他课程按需要与数学结合起来。

表5－15　尼泊尔数学课程核心内容

年级	数学课程核心内容	评述
6年级	(1) 集合：符号，表示，元素，包含，有限集与无限集，集合相等与等价，空集； (2) 算术：全体整数，正整数，分数与小数，度量，盈亏账目，单位方法，单利； (3) 统计：频数分布表，条形统计图，条线图； (4) 代数：代数式，方程，不等式，代数曲线图； (5) 几何：直线与线段，角，三角形，四边形，多边形，立体图形，面积与体积；平移，对称和镶嵌，图形的操作，实验与感知	五项核心内容贯穿于中学的所有年级
7年级	(1) 集合：集合运算，维恩图； (2) 算术； (3) 统计； (4) 代数：通过活动与交流，上述三项的学习、思考、认识有提高； (5) 几何：用变换观点看平移与反射，认识原象与象，进一步认识图形特征；通过动手操作，了解镶嵌的特征	对核心内容的认识逐步发展
8年级	(1) 算术：整数，正整数，平方根与立方根；有理数和无理数，分母有理化，比与比例，百分率，盈与亏； (2) 统计：中心趋向度量，统计图表； (3) 代数：代数表达式，指数，因式分解，最高公因式，最低公倍式，线性方程和二次方程； (4) 几何与坐标；角，相交线与平行线，三角形与多边形，构造全等三角形与相似三角形，几何证明，几何度量，几何变换，按比例作图	对五项核心内容的认识有显著提高
9年级	(1) 算术：手续费，税收，单利问题； (2) 代数：指数法则，指数方程，比与比例，线性联立方程组，二次方程，解不等式； (3) 几何：勾股定理，平行四边形相关定理，圆、弧、弦、半径有关定理；作图及相关定理； (4) 三角：三角比，正弦、余弦、正切、相关定理与公式，0°、30°、45°、60°、90°等特殊角的三角函数值及其运用； (5) 统计：频数分布曲线，柱状图，饼图，直方图；平均值，中值，众数，四分位数； (6) 概率：引入，概率比例尺，概率计算公式	大幅补充几何、代数的内容，有些地方超越我国初中水平

（续上表）

年级	数学课程核心内容	评述
10 年级	（1）度量：三角形面积，三棱柱体的表面积与体积，圆柱体，球体，半球体，圆锥体，两立体图形的组合体，正三棱锥和正四棱锥的表面积与体积； （2）代数：分式化简，指数式，指数方程，分式与根式，根式方程，联立方程组，二次方程的文字题； （3）几何：三角形，四边形，圆的定理及其应用，切线；构造三角形与四边形，使之等积，通过实验来检验； （4）三角：正弦定理、余弦定理，三角形的高； （5）统计：平均数、中位数、分组数据的四分位数； （6）概率：独立事件的乘法原理，相关事件，互斥事件，概率树状图	大幅补充度量、几何，增加概率。接近我国高中必修的水平

5.4.3 发展计算能力，继承东方传统

尼泊尔的两大邻国中国和印度都具有崇尚计算的传统。受两大邻国的影响，尼泊尔数学课程也颇具计算特色。计算是课程的一条主线，数及运算始终在课程中占主要地位。

1. 认识数与不同的记数特征

课程引导学生用集合的观点认识数及其运算，认识阿拉伯数字和罗马数字的记数特征，能在它们之间熟练地相互转化；能把合数分解为素因子的连乘积，求若干个整数的最大公约数与最小公倍数。

2. 执行数的基本运算

判断 2、3、5、7、10 是素数还是合数；求一个已知数的平方和立方；求已知数的平方根和立方根；识别几个数的模式；执行有理数的四种基本运算；用科学计数法写出一个大数。

3. 数的不同表达形式及其互化

用国际通用方式和本地方式写出数，整数运算的化简；验证有理数加法和乘法运算的性质；比较几个有理数的大小；求解与分数乘法相关的文字问题；执行小数的运算；实行百分数、分数与小数之间的相互转化，求解有关的文字问题。

4. 数的不同进位制及其相互转化

区分两个集合是相等的或等价的；确认一个集合是否为空集；确认整数集；求已知集合子集的个数；确认一个集合的真子集与非真子集；执行集合的运算；把十进制数转化成二进制的形式，反之亦然；把一个小数转化成五进制的形式，反之亦然；执行二进制和五进制数的加减法；求一个数的平方根与立方根；求一

个数的近似数，准确到1、2、3、4位有效数字；用整数去除小数；把一个数四舍五入，达到规定的精确度要求。

5. 认识数系的扩张原理

初步认识数系的扩张原理；认识有理数集与实数集，求集合之间的关系；用维恩图表示集合间的关系；解简单的文字题；用混合方法解决比与比例问题；求不同集合的基数；解两到三个集合的文字题；用科学计数法写出一个数；认识自变量和因变量的值，给定自变量，求因变量的值。

5.4.4 面向现实生活，解决常见问题

数学课程注重适应国家的经济发展水平，注重解决常见问题。例如，时间、金钱、长度与重量等计算问题；确认成本价和售出价；解答盈亏问题。课程内容大部分以问题的形式出现，用以引导学生思考。

1. 居家生活账单核算

居家生活账单核算包括求解简单的利息问题，核算电力收费账单、用水收费账单、电话费账单等问题，核算各类税收收据等。

2. 收入支出核算

收入支出核算包括各种奖金与津贴核算，各类支出与花费核算，银行利息核算，按给定的汇率求解货币兑换问题，物品折旧费用估计。

3. 工场商品费用估价

根据单价估计售价，如估计某地毯的售价，估计某油画着色费用，估计某建筑物墙面所需石灰水的费用，估算某一面墙所需要的砖块数目，估算造价，估计某商品的成本价、售出价，以及所得利润等。

4. 面积、体积，以及造价的相关问题

学校运动场的跑道外侧和内侧分别由两个半圆形以及矩形两对边构成，计算运动场的跑道面积；估算简单建筑物横截面面积，长方体和圆柱体的表面积与体积。

5.4.5 对代数、方程和不等式的认识

课程的代数内容丰富，涵盖了我国初中代数的大部分内容和高中部分内容。但没有谈及复数，对函数的阐述也过于简单，在各国的横向比较中处于后进地位。

1. 对代数式及其运算的认识

代数式及其运算包括单项式、多项式、整式与分式、有理式与无理式、指数式、指数运算法则。识别代数式的系数、底数和指数；根据底数、项数，对多项式进行分类；根据变数取值的不同，求代数式的值；执行一个代数式的四种基本运算；多项式乘法与因式分解，认识整式与分式、有理式与根式。

2. 代数式的恒等变形

正确使用指数运算的基本法则，执行指数式与根式的相互转化，重视指数式与根式对字母取值的限制；实施多项式乘法与多项式因式分解，灵活运用因式分解法；求几个单项式的最高公因式与最低公倍式；合并同类项，运用指数律化简一个表达式。

3. 解方程与解联立方程组

解一元一次方程，解一元一次方程的文字题，识别一元二次方程；用因式分解法解一元二次方程；正确使用一元二次方程的求根公式，用不同方法解线性联立方程组；求一元二次方程的根；解一些指数方程，解二元一次方程组；解一个二元二次方程和一个二元线性方程构成的方程组；解指数方程、根式方程、二次方程的文字题。

4. 解不等式，认识不等式组解集的几何意义

解一元一次不等式、一元二次不等式，用数轴表示不等式的解集，认识不等式组解集的几何意义。

5.4.6 对几何的处理超过一些西方国家

几何学习从小学一年级开始，具有实践多、方法活等特点；六年级学生已经掌握较丰富的几何知识。课程既鼓励动手操作，又重视逻辑推理训练，其对空间观念和几何论理的要求，在某些方面超过一些西方国家。

1. 认识和利用直角坐标系

识别坐标轴与坐标原点；根据给定点的坐标，在坐标平面上画出点；在平面上给出一点，测定该点的坐标，识别并画出平行线与垂线。

2. 认识并做出常见的平面图形和立体图形

识别并画出平行线与垂线；利用量角器画出大小不同的角；画出三角形，按标准对三角形分类；求多边形的内角和；构造正多边形；识别多面体的面、棱、顶点、二面角，构造立体图形；求平面图形的周长；求矩形和正方形的面积；求长方体和立方体的表面积与体积；画出平面图形的对称轴；识别圆及其构件，如半径、弦、圆周角；说明轴对称图形与对称轴；理解对顶角、互补角的性质；利用圆规构造75°、105°、135°、150°、165°等角。

3. 图形的镶嵌

利用正三角形、正方形、正六边形等，对平面区域进行镶嵌；思考什么图形能够实现平面镶嵌；认识平面镶嵌的意义，构造一些平面图形，使之适合平面镶嵌；认识有一些图形不能进行镶嵌；思考立体图形在空间是否能实现镶嵌。

4. 图形的旋转与反射

利用坐标轴作为反射轴，做出某个图形的反射像，分别进行反射与旋转；求某个点经过反射与旋转后的像；在坐标平面上画出给定的点；研究旋转变换与反

射变换中的不变因素。

5. 图形的性质及其论理

求正多边形的内角和外角；理解不同类型的四边形的性质；解三角形问题；判定三角形与四边形的内角和；发现并运用勾股定理；求全等三角形的对应角与对应边；解决全等三角形、相似三角形的问题；确认全等三角形的公理，如SAS、ASA、RHS、SSS等；证明三角形的有关定理，用实验方法验证上述定理；证明平行四边形的有关定理，用实验方法予以验证；证明相似三角形的有关定理；利用相似三角形性质证明勾股定理；用实验法及论理法证明圆的有关定理。

6. 图形的构造与计算

求从已知点到另一点的方向；求两点间距离，根据数据画一个简单的地图。解相似三角形问题；利用相似三角形证明勾股定理；证明圆的有关定理；证明圆半径、弧、弦的命题；按照条件构造三角形与四边形，使之等积。

5.5 澳大利亚数学课程结构内容

澳大利亚人口少，幅员辽阔，民族人口众多，造成该国数学教育的多样性。本节阐述澳大利亚数学课程的背景以及最近发展的趋势。

5.5.1 课程背景

在澳大利亚，八个州的教育分州管理，导致不同州的教育有差异。从2013年起，全面实施国家统一的数学课程标准。

1. 课程改革

各国数学课程的发展，正在由分散走向统一。数学是最先实行全国统一课程的科目之一。建立全国课程后，减少了教学上的随意性，缩小了各州之间的差距，节约了教育资源，排除了交流障碍，因而受到教师的热烈欢迎。

2. 班级划分

学生水平的划分在班内进行。大部分学校将8年级的学生划分为两个水平，即标准水平和先进水平。有些学校还增加一个优秀水平。实际上，达到标准水平的学生，如果经过自学，掌握了高年级数学内容，就可以不经考试，直接转入班级的先进水平。数学课每周四个学时（240分钟），其中8年级每周200～210分钟。

5.5.2 数学课程目标

国家课程委员会主持中小学数学课程设计、分析与决策。

1. 数学提供更多的机会

给学生提供基本数学知识和技能，发展未来公民所需要的计算能力，让学生形成基本的科学素养，领悟数学基础知识、数学应用知识，学会欣赏数学推理的优雅与魅力；认识、理解和运用各种数学思想，经历探索和发现；认识数学文化，经历运用新思想、新工具的过程；知道数学仍在不断发展。

数学课程的重点：发展计算与表述的熟练性，提升学生的数学理解，发展思维的流畅性，发展逻辑推理能力、分析思维能力、问题解决能力，能应对熟悉或不熟悉的情境，利用适当策略，做出预见，有效地解决问题。

2. 数学的联系

数学内部之间，数学与其他学科之间，构成紧密关联的知识体系。学生运用数学，超越于数学课本身。例如，在科学上，认识误差产生的根源，以及误差对学习信心的影响；在地理课上，借助数学模型，解释数据，说明自然环境对人口增长的影响；在历史课上，学生可以设想时间与某些事件的和谐性；在英语课上，认识时间信息与空间信息是理解课文意义的关键。学校教育使学生从数学推理和应用中，体会数学的魅力，理解数学的创造性与有效性。数学课程给学生提供经过细致安排的、有一定深度的、关键性的概念与技能。通过学习数学，学生变得奋发有为、充满自信、敢于质疑、积极参与、勇敢挑战，积累了丰富的经验。

3. 数学为未来提供高素养的劳动者

未来公民都受到适当的数学教育，他们将要适应全球经济的不断变化，适应社会的不断变革，认识各经济体参与全球的竞争，能直面形势对公民的要求，能适应、发现和分析数学信息。

数学的至关重要性体现在数学课程的假设中，反映在学习课时的分配上，反映在教师所授的课程中，反映在数学教学的大纲上，还反映在教学资源的分配上、对课程实施的支持和数学教研成果的推广方面。

4. 数学提供美的感受

数学课程的基本目标是把学生培养成积极的、能理性思考的公民，能够解释世界现象，善用数学处理个人财务，在其他学科和实践中善于思考，进行预测，做出决策。

数学有广泛的美学价值，学生将能数学地思考，体验数学的高雅与魅力。它让人感到愉悦。这种美的感受，在师生数学交流中不期而遇，在数学学习的过程中，获得对该学科的正面感受，受到积极向上的鼓舞。

5.5.3 课程的四个主干方面

数学课程含有内容、技能熟练性、计算能力与解决问题、专题研究四个方面。这四个方面互相配合，共同实现课程目标。

1. 内容

数学概念和相关的术语，是数学课程的基础。这些概念与术语最大限度地互相连贯起来，用清晰的语言予以表达，分为各个内容序列。根据数学教学的因果关系，国家数学课程内容包括三部分：数与代数，几何与度量，统计和概率。

2. 技能熟练性

技能熟练指数学应用与动作行为熟练，包括应用程序和行动程序。常用能力表述为流畅性，解决问题，数学推理，对已有建议的改进。指出能力熟练的有关含义，描述对能力的期望，以及对能力本质的认识。

理解概念，建构坚实的理论基础，领悟概念间的内在联系；能利用不同理论间的相似性发展新思路，形成一些新观点。对于数学概念与原理，思考“为什么”以及“怎么样”等问题。具有数学学习的流利性，包括选择合适的程序，灵活地予以运用；执行程序，准确、有效地予以实施，顺利回顾并运用学过的知识。

3. 计算能力与解决问题

广义的计算能力包括选择、解释、构思、建模和调研问题状况的能力，有效地交流拟订解决方案的能力，推理能力；包括逻辑思考和行动的能力，以及分析、论证、评估、解释、推断、证明和推广能力。

解决问题泛指学生对做数学题，达到课程要求的信心与意向；应用数学解决问题，满足进一步学习的需求；在学校、家庭、工作、社会生活等领域运用数学的要求，强调学用结合；利用数学解决其他学科的相关问题。

4. 专题研究

第一类专题，直接研究数学中某些重点与难点的处理，以便按计划实施教学，如分数与小数的比较与相互转化，中心趋势度量与离中趋势度量，整数与小数的位值，二维图形与三维图形的关系，心算要求，勾股定理的应用等。注意专题之间的联系与区别。

第二类专题，面向数学课程的实施，教师的教与学生的学，如某些专门问题教与学的处理；数学教与学的途径，探索与发展；数学的思考，做数学题的方法等；对数学的探索与描述等活动，对思维方式的开发等。

5.5.4 数学课程的核心内容

数学课程的核心内容有三个部分。

1. 数与代数

低年级集中学习数的认识，在义务教育结束前，内容重点由数逐步转向代数，并加强两者之间的联系。在中学甚至小学的后期，利用代数的观点处理数的教学问题，把数与代数整合起来，进一步表述关系，使中学代数变得更有意义。这种整合的观点，就形成了函数、集合与逻辑。

2. 几何与度量

在数学课程中，几何与度量具有多方面的联系，反之亦然，其中有不少是重叠的。一些新的主题，如网络等，又与几何有重叠。在许多课程中有关空间的术语，是描述与形状和位置的数学概念，例如，地图和比例尺，都与测量相关。它们长期用于描述几何对象的形状与属性，进而给出图形的逻辑定义，要求学生逐步学会清晰的推理过程。

3. 统计与概率

学生由浅入深，逐步认识数据、机会、统计与概率等术语。这些术语，更多用于描述学习目标与性质，或学生活动的类型。例如，陈述、说明、分析某个事物，指出所得到的数据或统计数据是否充分等，这些都与统计有关。在中学结束前，机会这个术语多次地、连续地与学生见面，并与有关内容紧密联系，其重要性不断增加，并在概率与统计的方方面面呈现出来。

内容的术语涉及大量的数学分支学科，可以更准确地反映学习这些分支的目的。把这三部分内容予以简化，将使得这些内容呈现相关性与一致性。它有助于数学三部分的紧密联系，使课程更加清晰、简明，从而反映数学的广泛性与统一性。

对各年龄组的数学教学，教师要分别说明其重点内容，并指出相关概念与原理，让学生感悟其探索、引入、巩固与延伸的过程。

5.5.5　学段划分与教学要领

学前到12年级的数学课程随着学生的年龄同步发展。课程对学生进入各年级的年龄提出的建议如表5-16所示。

表5-16　澳大利亚年级与学生对应年龄的建议

学段	学生年龄	年级	中国对比学段
1	5~8岁	学前至2年级	学前至小二
2	8~12岁	3~6年级	小三至小六
3	12~15岁	7~10年级	初中至高一
4	15~18岁	11~12年级	高二至高三

1. 学段1（5~8岁）

本学段是数学学习的初始学段，让学生自然地感知重要的数学思想，既与当前课程学习内容紧密相连，又为下一个学段的学习做准备。认识与使用适当的数学语言，在交流中接触并逐步运用。例如，对于数、顺序、序列、模式的感觉，对于量和它们之间的相互关系的认识与表述，对于事物属性的认识与收集，对于位置、运动与方向的认识。知道收集数据，认识表述数据的多样性，有能力做出有关事件机会的预告。

在入学的早期，这些理解与经验逐步得到发展，为代数与统计的学习，为学段 2 乘法思维的发展做好铺垫。根据早期打下的数学基础，学生能提出与周围生活环境相关的问题。鉴别求解答的调查策略，说明并解决对个人有意义的问题，判断哪些问题对个人有意义并说明理由。

2. 学段 2（高小，8 ~ 12 岁）

学生所学的数学，应该是连贯的、有意义的、目标明确的，并与现实生活有紧密联系的。引导学生积极地体验，允许他们构建、感知重要的数学思想，使用模型、图画、符号来表达这些思想，发展学生对数学的进一步理解，扩展对数、度量、几何与统计的理解，为未来的学习打下基础。这可以通过强调模式，使模式一般化，通过收集与展示数据，描述关系，做出预告，提出具有挑战性的新专题，如分数与小数的比较等。

在这个学段，要加深学生对整数的深入理解，构建分数与小数的推理，加深对位值的理解，进而发展比例推理，提高心算技能，提高计算的灵活性，从而培养数感，发展统计的流畅性。

3. 学段 3（初中，12 ~ 15 岁）

此学段数学的特点是，含有一大堆关键的概念与问题，抽象思维迅速发展，例如，学生需要探索某种模式适用于某种情境的原因。在这类活动中，学生的抽象思维逐步形成并能运用，这种思考所联系的类型也得到加强。在这个学段，学生以前所建立的基础得到巩固，并与新的、不熟悉的序列结合起来，解决非常规的问题，进一步发展更复杂的数学思维。注重促进学生理解各种数学概念的联系，认识它们在现实环境中的应用。解决问题的思路得到强化，线索与模式逐步形成，学生从中直接受益。

在初中，学生需要用各种方法表示数，通过构建代数模式和应用，加深对代数优越性的理解，认识代数在几何上的各种应用，反之亦然。估计与选择合适的单位，探索处理数据的方法，允许使用多种方法表示数，在调查与观察的基础上做出预告。

课程将细分为一些专题，鼓励发展重要的数学思想，并让学生理解概念之间的内在联系。学校应该关心那些想要升高中的学生，帮助他们做好准备。如有需要可以扩展一些数学专题，使学生能熟练地应对挑战。这样可以帮助学生更有能力地用数学去解决在初中水平上的非常规的问题，为适应下一学段的数学学习做好准备。

4. 学段 4（高中，11 ~ 12 年级，学生 15 ~ 18 岁）

国家数学课程的前 10 个年级属于义务教育，这对于打好基础进入高中是十分重要的。学生可以选择个人发展的途径，选择有创造性、多样性的出路。学校要给学生提供可选择的、更高水平的数学课程。

高中数学课程存在 4 种类型，既面向拥有不同爱好的学生，又适应想要升学、就业以及未来发展等不同需要的学生。

类型 1（普通高中）：注重基础，面向应用。联系日常工作和生活，能用数学眼光观察现象，分析问题，应用数学策略，解答问题。

类型 2（商务经济类）：数学教与学的途径稳健，包含诸如商业或经济类数学、概率、统计应用、几何和度量。在某些情况下，还包含某些诸如航海、应用几何与网络学等课程。

类型 3（面向大专类）：使学生的数学知识得到真正的发展，适合有志于升入大专学校的多数学生，其课程包含图论、函数与关系、微积分、统计学、概率与分布。

类型 4（面向理工类）：面向对数学有强烈兴趣的学生，满足有志于在大学理工科学习的需要，课程包含复数，用三角形式表示向量、运动学、动力学、微积分、概率、统计等。

第 4 类课程通常会与第 3 类课程相结合，这有利于节约课程资源。学校需要研究高中数学课程的性质，应对各种关键因素，重视学生的创新能力。

5.6　新西兰国家数学课程标准的内容与特色

新西兰是太平洋西部国家，资本主义高度发达，面积为 26.8 万平方公里，与英国的面积相近。该国实行中小学义务教育，学生在 19 岁以前享受中小学免费教育。该国教育方式受美国、英国、加拿大、澳大利亚等国影响较大，被认为是世界较先进的教育体系之一。新西兰国家数学课程标准是为数学教师、校长、家长和学生本人而准备的，同时面向关心数学教育的社团研究人员。新西兰数学教育水平较高，国际数学教育委员会（ICMI）的重大项目——克莱因项目就挂靠在新西兰，项目主持人比尔·巴顿（Bill Barton）是新西兰的大学教授。本节评介新西兰国家数学课程标准，说明其内容与特色，同时对中新两国数学课标的一些方面予以比较。

5.6.1　巧用资源优势，强化合作学习

电子数学（eko-maths）是一种创造性的教学资源，用以支持学生的数学学习，帮助他们克服障碍。师生利用电子设备发展有声知识，重视对数学基本概念的阐述。电子数学是对课堂教学的补充，也是对现行数学教学大纲的支持。它不限定一种突出的教学概念与工具，意在对现行教学大纲、教学资源进行补充与整合，这是一种支持性教学资源。它努力适应学生年龄特征，促进教学过程整体

化。电子数学的特色：

（1）每个学生都有个人学习账号，享有独立用户名，能以个人的步伐探索教材；各班建立单独的电邮地址，如果愿意，可以相互分享。

（2）以班级为单位，实行互联网学习模式，分享经验，研讨问题。

（3）广泛使用网上资源，开阔数学视野，探索克服困难的途径，最大限度分享国家电教设备。

（4）学生能够自由选择可行的学习方式，不断化解学习难点，分享成功的喜悦。

（5）各班级设有电子教学屏幕，方便学生寻找各自的匹配任务，多元选择问题，寻找简答途径。如“几何与度量”的电子数学，为师生提供26个思考点。

（6）电子数学既有利于学生独立思考，也有利于教师与一个或多个学生交流与互动。

5.6.2　评价多样灵活，有利于激活思维

1. 活用数学评价方式

新西兰学习评价摆脱单纯重视笔试的传统模式，且根据实际情况，灵活采用以下评价方式：

（1）谈话式的评价。通过师生面对面谈话，了解学生掌握知识、解决问题的达标情况。

（2）任务式的评价。给学生提供一些任务，任务要能反映学生1～2个成就水平。教师根据完成任务的情况，评价学生的学习。数学被分为不同的学习模块，按照模块进行测试评价。

（3）发展式的评价。例如JAM（数学评价）的发展模块，利用它可以取代诊断式的面试。如果学生的成就超越了原有的测试要求，可以采用其他项目代替原有测试评价方式。

（4）参与全球发展测试策略。部分或个别知识的测试，与全球PISA测试接轨。

（5）教师关注学生的进步与成就，记录学生的进步轨迹，把学生的学习档案作为今后教学的鲜活材料。

2. 多方理解数学概念

帮助学生从不同角度理解数学概念的意义。以分数为例，它可以被理解为整体的一部分，可以等价表示为除法，也可以表示为小数、比值、百分数等。例如：

$$\frac{7}{10}=7\div 10=7:10=70\%$$

3. 注重算理算法

重视代数思想的引入，如数的加减法原理与法则，方程思想，对相等与不等

的探索，设元思想及其在建立方程中的应用，等式的性质及其在解方程中的应用，相等与不等，探讨运算间的关系，记录解方程的过程与思路，方程与表达式，逆运算思想及其在解方程中的运用等。

4. 发展模式与关系的思想

从数的模式发展为简单代数式的模式，进而发展为数列的项的模式，到求数列的通项，学生的模式化思想逐步发展。能把方程与表达式结合起来，并能区别开来，标志学生在学习中获得进步。模式与关系是水平 8 的重要数学思想，据此可以建立具有物理背景的数学模型。有时解决问题的方法已经被发现，就不必重新探究，可以直接根据有关公式予以解决。例如，学生会对表达式$\frac{x^2}{a^2} \pm \frac{y^2}{b^2}$的外形感兴趣，这也是非常正常的现象。

5.6.3　夯实课程结构，加强内在联系

数学课程标准是全国数学教与学的指导性文献，各学校按照标准执行。教师要探索课程原理，在实施过程中，课程目的不断更新，对课程作用的理解不断深入。标准的设计思想以及各部分的联系如图 5－2 所示。

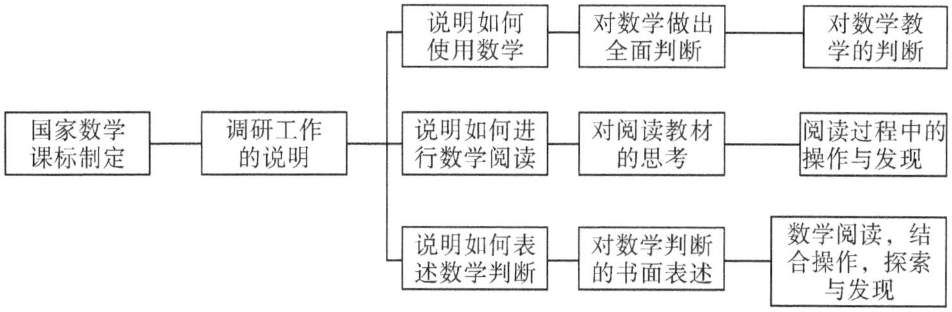

图 5－2　标准的设计思想以及各部分的联系

5.6.4　特色鲜明，理念先进

1. 标准的内容安排特色

观点新，研究运动的不变性。内容具有稳定性，重视数学思想的渗透，特色鲜明，理念先进，富有魅力。

2. 中新两国数学课程的相同点

（1）两国都关心中小学生的认知特点，力求使课程安排符合学生的认知规律。

（2）新西兰 6～8 年级数学课程每个重要的知识点，在下一年级不仅会重现，

还有显著深化。中新两国标准呈螺旋式上升；我国课程也重视学生认知特点，许多思考题具有趣味性。

(3) 两国课程都全面阐述几何变换，我国尤其注重几何变换的不变性质。

3. 中新两国数学课程的不同点

(1) 与我国同年级课程相比，新西兰略显其先进性。例如，我国初中课程重视学习数、代数式与方程，而新西兰初中课程重视序列、模式与关系。

(2) 我国7~9年级数学课程较重视常规图形的全等与相似，而新西兰6~8年级课程不但重视近似图形的相同特征，也重视图形的差异。新西兰进一步引入平面网络与空间网络，创意突出。

4. 新西兰6~8年级数学内容呈螺旋上升

新西兰初中数学课程重占内容如表5-17所示。

表5-17　新西兰初中数学课程重点内容分布

	6年级	7年级	8年级
数与代数	灵活运用加法和简单乘法策略，加减运算法则，加减法互逆运算	运用加法和简单乘法法则于整数、等价分数，包括百分数	运用加法和乘法法则于比、等价分数、小数和百分数
	求出某集合、某量以及某图形的一部分	应用加法策略于小数，用于正量、负量的平衡	在整数范围处理乘除互逆运算，活用加法策略于小数
	给出序列前若干项，决定这些项的模式	描述一些特殊的平面与空间模式	求出或表述空间关系，认识数的模式与关系
	描述一些特殊数的模式	表述数或空间模式的关系	用列表法、图示法表示模式
	利用列表、绘图或给出的法则，描述数的模式	利用列表、绘图或给出的法则，表述数与空间模式	用方程表示线性关系，用迭代法表示非线性关系
几何与度量	利用对象的某种特征，选择合适的标准单位	用米制和适当单位，度量时间和对象的某种特征	用米制和其他标准单位，在单位间做简单变换
	对二、三维图形（含棱柱）分类，考虑图形是否同时具有给定的性质	对二、三维图形分类，考虑图形都出现或缺少一个或两个特征	对二、三维图形分类，考虑两类图形之间的关系，确定所做的判断

（续上表）

	6 年级	7 年级	8 年级
几何与度量	表示与陈述图形的反射、旋转与平移的结果	确定与描述由图形或模式变换所产生的结果	确定经过变换，图形或模式哪些有变化，哪些没有变化
	确定由长方体所构成的网络	产生和确定长方体网络或其他简单的立体网络	产生和确认长方体网络，对网络提出特殊的要求
	描述位置与方向，利用格子、转角、指南针做参考	描述位置与方向，用格子、比例尺、指南针做参考	描述位置与方向，用格子、方位角、坐标做参考
概率与统计	通过使用统计循环问卷调查，整理并概括整数数据	通过使用统计循环问卷调查，整理并概括度量数据	通过使用统计循环问卷调查，整理并概括多元度量数据
	对循环问卷数据或区间数据进行分类	对数据分类，以多种途径展示，确定变量与模式	用多种方法展示数据，确定模式与关系，用均值展示分布
	在线索中说明结果，接受样本的变化；在线索中分析结果；认识量的变化	说明线索中的结果，确定变量或两个变量无关；在线索中分析结果	对调查进行总结与比较，通过循环问卷，研究变量关系；收集数据，进行多元分类；利用均值与散布图分析结果，识别不确定因素
	预定结果的或然性，用概率表示，对实验的可能结果建模	情况涉及机会，存在各种可能的结果，检查实验各种结果与模型的一致性	用概率表示各种可能的结果，检查它们与实验结果的一致性

5.6.5 重视核心思想的引领作用

新西兰课程重视数学思想的引领作用，特别突出其中的 12 个核心数学思想（Key Ideas）。根据学生经验与学龄发展，对 12 个核心数学思想分别用 80 个节点阐述，并一一予以评价。限于篇幅，这里仅略述其中 6 个核心数学思想。

表 5－18　新西兰国家数学课程核心的数学思想（共有 8 个学业水平，分布在 12 个年级）

学业水平		1	1～2	2～3	3～4	4～5	5～8	6～8	7～8	7～8	8
所在年级		1	4	5	6	7	8	9	10	11	12
学生年龄（岁）		7	8	9	10	11～12	13～14	14～15	15～16	16～17	18 以上
核心数学思想分布	数的策略	K1		K2		K3	K4	K5	K6		
	数的知识	K1		K2		K3	K4	K5	K6		
	方程与表达式	K1		K2		K3	K4	K5	K6	K7	K8
	模式与关系	K1		K2		K3	K4	K5	K6	K7	K8
	微积分									K7	K8
	度量	K1		K2		K3	K4	K5	K6		
	外形	K1		K2		K3	K4	K5	K6		
	位置与方向	K1		K2		K3	K4	K5	K6		
	几何变换	K1		K2		K3	K4	K5	K6		
	统计与调查	K1		K2		K3	K4	K5	K6	K7	K8
	统计文化	K1		K2		K3	K4	K5	K6	K7	K8
	概率	K1		K2		K3	K4	K5	K6	K7	K8
K＝Key Ideas		本文解释为在相应水平上的核心数学思想									

1. 方程与表达式

对数表达式涉及指数、对数与无理数。它不仅作为变量 x 的函数，且对数方程与对数表达式能够经历各种变换，最后保持解答原状。利用对数变换，可开发新的解题思想。因 $a^x=b$，两边取对数，得 $x\log a=\log b$，故 $x=\dfrac{\log b}{\log a}$。

2. 微积分

微积分与函数及其图像，与曲线的斜率和变化率相联系，也与运动学中瞬时速度有关。函数的导数能够用多种方法予以探索，并有许多应用，是非常重要的数学思想。在多项式的研究中，微积分的应用也很重要。函数及其导数，函数与不定积分，对本水平的学生而言，是基本的、常用的思想方法。求函数的导数与求不定积分联系紧密。学生要初步探讨函数的连续性、函数的极限和微分方程等相关问题，要加深对求导技术与积分技巧相互关系的理解，要注意函数的可微性，理解并不是所有函数都可积，还要注意不定积分的不确定性。

3. 位置与方向

位置与方向的核心思想是直线和曲线上的点的运动（称为动点）规律。用它们的关系描述某些固定的物体与运动物体的相互关系。由于研究天体运动规律的需要，驱动数学家发现了微积分。例如，行星运动的轨迹是椭圆，它绕着固定对象——太阳运行，可见在现实世界中存在点的运动。对动点运动位置与方向的研究有现实意义，这要借助平面直角坐标系来表示。例如，生产一定数量的产品，其成本可以用方程描述。对点的活动范围的限制，使得可以用平面区域展示某些可行的解的范围。然而，对曲线的进一步研究还要借助微积分才能得以解决。

4. 度量

解决问题要用到有关准确性的数学思想，源于对抽象数学公式的理解，它能够用于解决实际问题。度量的准确性有重要的现实意义。如何实现度量结果的准确性？这不仅依赖于测量仪器以及给定的问题情境，还需要使用有意义的数字限定精度范围。要引导学生分析准确性的等价水平。例如，4.80 米和 480 厘米，纵然数字不同，其准确程度是一样的。与新西兰相比，我国对度量及精度的要求阐述不足，这部分内容在我国新课标中有待加强。

5. 统计与调查

统计的核心思想是，在一个数据丰富的社会里，学生将要成为知识渊博的消费者。在水平 8，学生应具有能力与智慧，经过更广泛和更复杂的调研，系统地报告他们的统计与调研工作，包括鉴别因果关系、解释工作边缘误差。调研报告的范围包括民意调查、实验和观测研究。报告可以有多种来源，包括媒体、杂志和政府报告。用好这个核心思想是统计的基本素养，学生可以用各种统计数据说明自己的工作。应熟练运用统计技术，系统地报告调研问题的信息。学生的工作包括问题、计划、数据、分析、结论。统计的核心要求是：设计一个原则，进行一个实验，获得相关结论。

6. 概率

它的核心思想是使用概率的概念，调查有关机会和分布问题。学生调查关于机会的情况，使用随机性概念，能够求组合事件的概率，互斥事件有一个发生的概率，相互独立事件同时发生的概率，条件概率和数学期望值，离散型随机变量的概率分布等问题。要求学生能够建立机会的模型，利用离散型概率分布和连续型概率分布，包括泊松分布、二项分布和正态分布等。他们利用概率的理论模型，通过实验，对事件的概率给予适当的估计。对于连续变量，能熟练地使用相关工具与方法解决问题。

6　国际数学教育大会

国际数学教育大会是由国际数学教育委员会（IMCI）主办的世界各国数学教育工作者的学术大会。第一届国际数学大会（ICME－1）于1969年在法国里昂召开，第二届国际数学教育大会（ICME－2）于1972在英国埃克塞特召开，以后每四年召开一次，成为常态。2016年，第十三届国际数学教育大会（ICME－13）在德国汉堡召开。本章结合作者数次参加大会的经历，阐述第十届至第十二届国际数学教育的情况和相关问题，并根据网络上有关ICME－13的资料，概括ICME－10以来历次ICME大会的盛况和成果。

6.1　第十届国际数学教育大会

第十届国际数学教育大会（缩写为ICME－10，简称“大会”）于2004年7月5—11日在丹麦首都哥本哈根召开。来自世界106个国家和地区，约1 750名数学教育工作者参加了大会，其中中国与会者77人（含大陆59人，台湾12人，香港6人）。这是21世纪以来国际数学教育的首次大型盛会。

6.1.1　大会的背景和基本情况

大会的日程丰富多彩，包括8个全体会议，5个新颖的调查分队报告，80个正式报告，这些报告反映了数学教育的最新成果和问题。大会组织了多种交流活动，包括29个专题研究小组（TSG），24个讨论小组（DG），5个下午主题研讨，5个国家报告会，46个工作车间，252篇大会公开张贴大字报，扩展性旅游，数学杂耍，各种数学出版物的非商业性展览等。尽管与会者兴趣各有不同，但都收获巨大。

6.1.2　大会的主旨

国际数学教育协会秘书长摩根·尼斯（Mogens Niss）在大会开幕式上提出了本次大会的关键词——转变，即20年来国际数学教育重点的转变。ICME－10是一个大型学术会议，各专业的学者人数众多，难以为大会确定单一的主题。然而，某些特定的主题是必须在大会上强调的。调查分队所研究的问题，专题讨论会所讨论的问题，就是大会的主要问题。

1. 强调转变认识

“转变”是这次大会的关键词，它既包含近20年来数学教育重点的转变，也包含数学教育当前面临的新转变。在20世纪80年代，数学教师关心思想和材料的发展，关心在实践水平上的软件和工具的运用。从那时起，对学生个人学习成绩的关心不断增加，这是数学教育重点的一个转变。还应该注意把对数学学习的理解和对数学教学的理解协调起来，使得数学教学成为对数学学习的有力支持，这是我们面临的新转变。

2. 实现相互协调

大会认为要注意克服认识上的片面性，注意各种意见的平衡与协调。美国密执根大学教授，国际数学教育协会主席希门·巴斯（Hyman Bass），做了题为“数学，数学家和数学教育”的报告。他提出了两个相关的问题：①数学家能够带来解决数学教育问题的什么特殊性？②在数学教育中，这种特殊性能够促使数学教学产生什么新内涵？

随着时间的推移，不少卓越的数学家已经把专业注意力部分转向中小学数学教育。数学家关注数学教育已经有很长的历史，对数学教育的争论能够促进人们的思考。数学既是发现和创造的训练，也是教与学的科目。每一种数学新思想的发展，都得到社会的吸收、批评、转换和传播。然而，学习数学以外的相关问题，常常使师生处于困难的境地，他们苦于寻找学校中所学到的数学工具，寻找解决问题的数学思想方法。对于青年学生而言，数学知识和技能既是一种基本素养，也是文化的传承。数学家不能只思考数学问题，也要注意数学教育的规律性。

6.1.3 大会的特色

大会注重对历届ICME的传统专题的整合，推介最近数学教育研究成果，还注重数学活动程序设计的推陈出新。

1. 组织小分队，调研出成果

大会组委会组织了5个新颖的调查小分队，每个调查小分队都要鉴别和描述大会前与该专题有关的重要新知识，研究其近年来的发展、新的前景和当前的紧迫问题。各调查小分队分别提出研究结果，并在大会上做报告。5个调查小分队的内容：①数学教育的研究与实际教学工作的关系；②数学教育中的推理与证明；③数学教师的职业发展；④通过测试改进数学教育；⑤数学教育中的信息与交流技术。

第一调查小分队由以色列、日本、巴西、法国、丹麦等国专家组成。该调查队在大会上报告了他们关于调查组的研究成果。

该专题由以色列海法大学的安娜·斯法德（Anna Sfard）教授主持，报告的题目是“好的研究是否就是一种实践：在数学教育中，研究和实践的相互关系”。对于数学教育而言，当前似乎是特别的时候。公众对此课题的兴趣从来没有这样大。有关数学的教与学的专题引起传媒前所未有的关注。在当前教育全球化的讨论中，这个专题就是其中的热门话题之一。当前这一话题如此活跃的原因，一方面也许是全球性的数学教育改革的努力，另一方面是诸如 TIMSS 和 PISA 这些大型国际比较研究。面对广泛的、时冷时热的宣传，面对诸如国际学生成就测试的结果，不同国家的人们开始考虑，是否有可能系统地改进数学教学的基础研究？ICME-10 程序委员会交给第一调查小分队的特殊任务就是对此进行系统调查，思考以下问题：

（1）在你的国家，或者在世界上，你的工作受到当前数学教育状况影响和鼓动达到什么程度？

（2）近 5 年来，你和你的同事所做的工作是否真正影响到数学教育的实践？

2. 联网示程序，电邮传规范

TSG 23 组（数学教师的教育、职业生活与发展）提出了以下学术规范：①论文必须集中到本组相关的问题上；②论文应该紧扣题组的焦点，即数学教师和教师教育工作者的工作性质及其发展。教师如何学习？如何满足学生的需要？学生是否具有足够的数学知识，这些知识如何在实践中反映出来？教师如何有效地使用技术，在什么问题上使用技术？他们如何以及在什么问题上进行有效的评价？教师的职业发展存在什么问题？也就是说，如何才能发展学生对数学知识的理解，取得更大的成效？如何才能使教师和其他教育工作者更好地合作？

3. 首发两大奖，专家获殊荣

大会首次设立和颁发了两项大奖，用以表彰杰出的数学教育家，这标志着数学教育领域从此有了自己的国际性大奖。国际数学教育评奖委员会主席米歇尔·亚德格教授在说明这两项大奖时表示，评奖是严格而且高标准的。

设立大奖的目的：

（1）强调在数学教育领域内存在高质量的研究工作。

（2）支持和吸引广大数学教育工作者参与本专业的研究。

（3）可推广性——研究成果应该是持续、有效、可推广的。

（4）深刻性——研究应该是原创而且有广泛影响的。

（5）创新性——研究应该有助于更新与提高研究工作的群体。

4. 前辈谈卓识，厚望寄新人

参加大会的有资深的数学教育工作者，也有第一次参加大会的年轻人。为了使年轻人更快获得经验，大会安排了别开生面的公开访谈会。专家访谈四位资深的数学教育工作者，他们根据自身的经历，谈对发展数学教育的理解与看法。

法国巴黎第七大学米歇尔·亚德格教授主持了访谈会，出席的资深专家有巴西的安布洛西奥、加拿大的翰那、美国的亚辛斯、法国的维格诺德等人。

公开访谈会是ICME－10引入的一种新的研究范式。其目的是通过提问某个领域的资深专家，让与会者了解该领域的最新发展状况，分享专家的个人经验。专家们来自不同国家，有着不同的背景和不同的兴趣，以不同的切入点参与研究。他们有丰富的且各不相同的研究经验，因此，访谈能够反映数学教育领域的内在差异。

访谈会包含三个部分：第一，各自在数学教育研究领域的切入口，以及初始进入该领域时的感受。第二，该领域的研究发展，指出必须克服的困难和障碍；说明本人对该领域的贡献，这些成就是如何产生的？还有哪些抱负没有实现？第三，说明对未来数学教育的展望。访谈会以非正式的方式交流个人的经验，给年轻人提供一种丰富的、亲切的、发自内心的感悟。

6.1.4　主要报告概述

大会安排的全体报告和正式报告，是世界各地优秀的数学教育工作者作的正式演讲，这些报告覆盖广阔的主题、专题和问题。限于篇幅，本节只对部分报告予以评介。

1. 理论研究与实践探索的关系

英国南伦敦大学教授斯蒂芬·莱文（Stephen Lerman）所作的大会报告题目是“数学教育为了谁，为什么？在数学教育为大众，以及数学教育为高水平的数学活动之间的一种平衡”（英、美、葡、日、南非组队调查研究成果）。

当前许多国家的数学教育社团面临改革的强大压力，越来越少人在大学里学习数学，年复一年，越来越少人准备从事数学教学的工作。怎样才能够平衡所有人对数学知识的需要？这些知识必须呼唤什么样的关键的数学文化？专门的数学知识是否可以在校外学习？怎样使得具有一定需要、一定兴趣的人群对数学感到兴奋又具有挑战性？我们能够对扩展到多方向的资源进行限制吗？谁去决定什么学生应该接受什么类型的数学教育？

2. 数学知识的重新建构

芬兰图库大学欧内·列丁能（Erno Lehtinen）教授作了题为“数学教育与学习科学”的报告。他指出，存在某种可能的方法，使得科学的传统、数学的训练以及学习科学能够在数学教育中得到考虑。传统的数学教育，特别是在高水平的数学教学中，仅强调数学的学科知识，而没有认真地思考学习和教学的知识。然而，在初等水平的数学教育中，常常强调教学法的知识，而数学学科的知识较少得到认真的思考。在当前主流的数学教育中，数学和学习科学这两方面的训练，或多或少得到平衡，但它们是被分割的，或是作为必要的信息平行地加以处理的。

3. 教师教育研究的新发展

南非维特沃德兰大学基尔·亚德莱（Jill Adler）教授代表第三调查小分队作

了题为“数学教师教育的研究：一个正在显露的领域的镜像”的主题报告。

该调查组队的成员分别是美国的波尔（D. Ball）、澳大利亚的卡兰内（K. Krainer）、中国台湾的林福来（Foulai Lin）、捷克共和国的诺沃特纳（J. Novotna）等教授。报告的要点：当前数学教师教育的状况如何？内在的状况和交叉线索的状况如何？在最近的过去，已经构成了什么核心问题？已经发生了理论上和方法上的什么改变？这些改变能够识别吗？能够解释吗？谁在进行研究？在什么地方研究？已经取得了什么进步？这些进步是经验上的，还是方法论上的？是否存在鸿沟？如果有，它在哪里？这些鸿沟是什么性质的？

报告揭示了两个研究焦点：

第一，对教师学习理论的关注，以及对教师学习的理解。

第二，更直接地关心课程改革方面，教师教育的初始目的是什么？如何使教师教育适于评价？评价研究的范围集中在教师教育对课堂教学改革的影响上。对于课堂教学而言，教师或教学上的需要是什么？如果要指出最近几年的变化，似乎就要从学习方面入手，说明教师教育的主要问题和成功经验，指出在课程改革的起始阶段应该提倡什么。

4. 自然界中的构造——数学模型

德国比乐费尔德大学安杰斯·德勒斯教授（Andreas Dress）作了题为“把在自然中构造的形成，作为一个数学的专题”的报告。报告的主要内容：从原子、分子到水晶，从遗传基因到组织，从山脉到银河系，大自然产生了许多令人神往的结构，由此产生对定律和法则的理解，这些定律和法则支配着基本结构的形成过程。在科学中，结构是最有挑战性的课题。数学的任务就是发展一种理性的工具，使得教师能系统地描述和理解自然界的结构的特征与性质。

5. 数学教育研究的多样性和交叉性

意大利托力诺大学费德纳多·亚萨勒罗（Ferdinando Arzarello）教授报告的主题是“数学景象以及它的居民：感知、语言和理论”。他以微积分中的函数教学为例，说明如何通过实例，设计合适的情境，分析数学概念的产生。他表明，利用这些例子，有可能填补学生认识上的鸿沟，经历现实世界真理与逻辑的真理之间的鸿沟。学生的经历提供了学习数学的感性材料，逻辑的真理表达了数学中严格的、正式的方面。两者的巧妙配合，使数学在学生的认知中得以生存。

6.1.5　我国学者积极参与交流活动

参加大会的我国学者，包括来自大陆、港、澳、台的，都积极参加交流活动。华东师范大学的李俊博士、苏州大学的鲍建生博士分别担任了 TSG 11 组（概率统计的教学）、DG 11 组（数学教育的国际比较）的组长；中国香港大学苏曼强博士、我国旅美的蔡金法博士、旅新加坡的范良火教授分别担任 TSG 17 组（数学史在数学教育中的作用）、TSG 18 组（数学问题解决）、DG 14 组（数学教材）的组长等。一批中国学者被邀请作正式报告，例如，张奠宙、戴再平两位教授作了题为“中国的双基教学与开放问题解决”的报告，刘意竹编审作了题为“数学教材中的实践设计”的报告，香港中文大学黄毅英教授作了题为“孔子的遗产：数学教育由此学习什么?”的报告。上述报告受到热烈欢迎，说明中国学者在国际数学教育交流中发挥越来越大的作用。

6.1.6 大会的一些启示

大会对我国数学教育有许多重要的启示。这里就数学课程改革谈一点认识。

（1）数学课程改革需要兼顾数学与教育两个方面的规律性，片面强调一方面的认识，不利于课程的健康发展；大会所强调的“平衡”与“协调”的精神，值得深入思考。

（2）在数学课程的推进中，应该非常重视调查研究，各种不同的意见都值得深入思考。及时解决在调查中所发现的问题，有利于课程的健康发展。调查小分队的工作为我们树立了合作研究的榜样。

（3）教师教育既是国际数学教育的热点，也是我国课程改革的关键。帮助教师解决课程实施中的具体问题，有利于排除课程发展的障碍。在数学教师培训方面，我们仍然任重而道远。

6.2 第十一届国际数学教育大会

第十一届国际数学教育大会（ICME－11）于2008年7月6—13日在墨西哥合众国第三大城蒙特雷召开。

6.2.1 拉美国家首承办，天时地利中南美

ICME大会首次由拉美国家承办，反映了国际数学教育委员会（ICMI）对发展中国家的重视。大会受到各国数学教育工作者的广泛关注，它在程序委员会（IPC）的直接领导下进行，承办国工作进程卓有成效。大会的会址设立在蒙特雷大学校园内，不少大学生充当大会的志愿者参与了大会的服务工作，给各国代表带来不少方便，展示了承办国卓越的组织能力。大会内容丰富，题材广泛，准备充分，紧张有序，气氛热烈。逾两千人参加了大会，900人参与有关团队，大会报告9个，讨论组28个，专题组38个，多于以往历届。会外活动多种多样，如快乐时刻、各国数学教育成就展览等。大会的资助向拉美国家以及发展中国家的困难者倾斜。

6.2.2 联网交流早准备，精彩纷呈重实干

各种准备工作提前一年开始，大部分网上进行，准备工作顺利完成。准备工作包括准备工作大会报告，分队报告修改与讨论；论文征集、申报、评审与修改；邀请通知；提交会务费，预订旅馆等。

大会力求展示国际数学教育的现状，交流各国数学教育的最新进展，指出世界数学教育面临的问题；与会者相互学习，探索数学科学的最新发展，从中获取对数学教育的启示。大会既要关注实际的从业者，也要关注政策的制定者。重视新理论、新技术，更注重在实践中的成效。

尽管大会在发展中国家召开，但是此次大会信息化水平较高，大会设立了工作网页，大部分准备过程都利用互联网进行操作。大会按照不同的思路，精心设计了分组和各组议题，会前各组公布研究提纲，向有意参加大会者征集论文，各项工作按既定的时间执行。

6.2.3 报告示主旨，面向新世纪

1. 什么东西是十年前不知道的——两个不同观点者的对话

我们向大会程序委员会建议本届大会通过对话形式组织大会报告，如论述当今数学教育中我们所知道的东西，而这些东西是人们在十年前所不知道的。我们需要哪些类型的证据，而这些证据在数学教育当中是可以得到的。什么是大众社会对数学教育的期待，我们应如何回应社会对数学教育的期待？对于数学的教与学的一些明显的特征，它们超越于教育与文化线索的多样性，我们能看得多远？在大会报告中，从事一种对话。陈述各自的观点，展示本领域近10年到15年的研究动向，说明当前我们面临的主要挑战，以及如何应对这些挑战。

2. 我们要知道什么？当前的研究是否既涉及实际工作者，也涉及政策制定者？——开放性的小组座谈

这是特殊形式的大会活动。一组专家在座谈会上探讨由实际工作者以及政策制定者提出的问题，这些问题是在大会前六个月内提出的。本报告的目的是，探索是否具有这样的可能性，即制定一个研究大纲，所研究的问题，不仅是实际工作者关心的，也是政策制定者所关心的，或者是某些当前尚未被有效进行研究的问题。本大会有意提供一个平台，使实际工作者和政策制定者能够互相交流。

3. 技术与数学教育

通过数字技术给学习者以及教师的数学教学活动带来转变，通过动态的和可视的技术，使得人们有可能探索数学，分享发现。

可以使数学研究内容拓宽：从经典代数、几何、概率统计，到微积分；也可以对数学教师自身进行开拓性的研究；对数学活动中符号表示的研究更加深入；数学教育研究需要更多的证据；数学教与学的见识能超越教学情境与文化的多样

性。本报告的灵感来源于皮亚杰等人的研究工作，以及第一组专家有幸与同事们多年来在数学教育以及教育技术方面的精诚合作。根据我们的研究与实践，该组专家首先展示了潜在的信息与交流技术（ICT）在转化数学的教与学方面的发现。专家们认为它能够：

（1）提供探索数学的动态和可视的工具，使得数学成为一个大众可分享的空间，教师和学生在这个可变化的空间中教数学，学习数学。

（2）提供资源丰富的教学处理能力，使得学生在数学学习中相互合作，相互影响，把注意力集中在数学学习的过程中。

（3）提供一种揭示数学内部构造的新的表述形式。

（4）提供一种开放的、连通的机会，分享认知结构，使学生能够自主地进行数学探索。

（5）提供一种联系，使得学校数学与学习者之间，学习者的文化差异之间，架设起桥梁，也在学校数学与现实世界真正的问题之间架设起桥梁。

6.2.4 分队调研及四海，交叉合作显优势

ICME－11 力图把握数学教育的时代脉搏，追踪数学教育中最受关注的问题。根据程序委员会（IPC）的建议，ICME－11 组建了 7 个执行国际合作调查的小分队，了解自上届大会以来数学教育中某些专题和问题的最近发展状况，着重探索相关领域的新知识、新观点，以及正在形成的新挑战。小分队将在大会上作报告，说明调查研究的最新成果，从而保持国际数学教育大会的连续性。

1. 第一调查小分队：在不同的国家，大学数学新生的补充，入学的条件

该分队的出发点：各国学生的人数不断增加，进入大学的机会反而减少。数学是入学考试的重要科目，因而成为备受关注的实际社会问题之一。分队的任务是调查和回顾对这个问题负责任的所有因素，包括大学对学生的选择，入学的条件，大学数学如何满足学生学习的需要，构建教学大纲参数的选择，数学考试的操作等。这些因素还包括社会的理解和优先考虑的方面，以及对毕业与就业的看法。同样，还要考查各国数学教学大纲，进行比较研究；进一步考虑与数学教育相关的测量与评价问题。

2. 第二调查小分队：发展中国家的数学教育研究面临的挑战

该分队的出发点：发展中国家的数学教育研究面临各种各样的问题，如优先权问题、机会问题，以及诸如以下的问题：

（1）研究的适当性与研究质量之间的平衡问题。

（2）执行研究时有权使用经济手段和人类资源问题。

（3）研究的方法对有关文化的多样性是否适合，是否切合社会的需要。

（4）环境的、健康的以及营养学的因素是否影响数学教育。

调查小分队力求探索与确定发展中国家在数学教育方面的主要挑战，并力求

处理这些挑战。

3. 第三调查小分队：在数学教育研究中的发现对学生数学学习的影响

该分队的出发点：数学教育研究工作的最终结果是为探究有效的方法，用以进一步促进学生的数学学习。当然，这种促进不必是立竿见影的。数学教育研究对学生数学学习可能的影响：通过教学，重点强化学生的数学意识，这种意识的成分包含对数学课程、数学结构、课堂教学活动、教学评价、测试以及考试方法等的正确认识。调查工作的任务是鉴别、测量与回顾数学教育研究成果对学生数学学习的影响，详细阐述“影响”“研究结果”“提高”等的观念与性质，提出有关证据，说明这种影响的性质与影响的力度。

4. 第四调查小分队：在数学的教与学中，数学概念、对象和过程的表述

该分队的出发点：数学概念、对象和过程的表述在数学的教与学中起着关键作用。这些表述可以采取多种方式，包括肢体的、口头的、符号的、列表的、图表的方式，以及多种方式的结合。表述可以是真实的、心理上的，也可以是形象的。该分队的任务是鉴别、调查和回顾研究的过程，发展对在所有数学教育水平上对数学表述的关心，更加关注近十年来这方面研究的新成果。

6.3 第十二届国际数学教育大会

6.3.1 第十二届国际数学教育大会及其启示

第12届国际数学教育大会（简称ICME－12）于2012年7月8—15日在韩国首尔举行。这是四年一度的国际数学教育盛会。大会得到国际数学教育协会（ICMI）的支持，学术上由国际程序委员会（IPC）具体指导，其组织与运作得到韩国地方组织委员会（LOC）的协助。

读者能从网址 http://icme12.org/得到关于大会的信息。本节介绍大会的科学程序、主要活动和相关问题，从中了解国际数学教育的发展趋向。各届国际数学教育大会的年份、届次与承办国如表6－1所示。

表6－1　历届国际数学教育大会的年份、届次与承办国

年份	届次	承办国家	所在城市
1969	ICME－1	法国	里昂
1972	ICME－2	英国	埃克塞特
1976	ICME－3	德国（西德）	卡尔斯鲁厄
1980	ICME－4	美国	伯克利

（续上表）

年份	届次	承办国家	所在城市
1984	ICME-5	澳大利亚	阿德莱德
1988	ICME-6	匈牙利	布达佩斯
1992	ICME-7	加拿大	魁北克
1996	ICME-8	西班牙	塞维利亚
2000	ICME-9	日本	东京
2004	ICME-10	丹麦	哥本哈根
2008	ICME-11	墨西哥	蒙特雷
2012	ICME-12	韩国	首尔
2016	ICME-13	德国	汉堡
2020（即将）	ICME-14	中国	上海

1. 大会目的——促进教学，推动研究

大会聚集了一批高水平学者，包括数学教育研究者、数学教师和数学教育的热心人。大会力求：

（1）展示世界数学教育现状，研究数学教学新进展。

（2）提出数学教育的困惑和挑战及其应对策略和措施。

（3）学习数学教育先进理念、杰出经验和前沿成就。

（4）交换世界各地数学教育的信息。

（5）推介数学教学的优秀案例，促进数学教育发展。

（6）引入优秀数学案例，提高师资培训质量。

2. 国际数学教育大会理念——人人平等，认真交流

大会有两大目标：第一，提供学术机会，提高数学教育水平，促进同行交流，探讨研究动向，推介前沿理论，学习最新成果。第二，会址既是大会场地，又是交流讲坛。各类专家学者，济济一堂，以多种方式阐述理论观点，交流不同见解。与会者可根据本人兴趣，选择参加各类活动，包括大会报告、正式报告、小分队调研成果展示、专题研究组交流、其他论坛等。报告经过精心挑选，有较高的学术水平，具有广泛性与代表性。

提倡自由交流，平等对话，求同存异，各取所需。大会做出努力，让母语非英语的与会者，能顺利参加各项精彩活动。华东师范大学的李仕锜教授被选为大会程序委员会（IPC）成员。

3. 全体活动——引领方向，进入前沿

全体活动是本次大会的主要内容，全体与会者出席。大会上安排 8 次全体活动。每次报告后，都由参加者与报告人直接见面与讨论。与会者的姓名，所在国

（地区）目前已经决定。大会的报告人是各国有威望的数学家或数学教育家，既有个人演讲，也有团队代表的报告，报告的主题和内容包含了引人注目的新观点和新成果，带动国际数学教育研究的前沿与方向。大会的全体报告如下：

（1）全体报告1：数学概论；报告人是 Etienne Ghys，法国数学家。

（2）全体报告2：数学教育研究与实践的演进；报告人是 Hodgson，加拿大数学教育家。

（3）全体报告3：国家课程体系中的数学教育；报告人是 Don Hee Lee，韩国数学课程专家。

（4）全体报告4：数学教育的多语言性；报告人是 Setati，南非数学教育家。

（5）全体报告6：数学建模和它的教育；报告人是 Blum，德国数学教育家。

（6）全体报告7：教师教育及其发展研究——学习数学教学；由澳大利亚团队 Krainer 报告。

（7）全体报告8：东亚数学教育（韩—中—日）。报告人是梁贯成（中国香港）、徐斌艳（中国内地）和韩、日专家。

4. 调研小分队——国际合作，重视实证

大会力图把握数学教育的时代脉搏，追踪数学教育中最受关注的问题。根据程序委员会建议，组建了五个国际合作小分队，分别对五个重点问题调研。从组建时起，直到大会期间，确立各专题或问题的新知识、新动向、新进展。国际合作调研，是小分队工作的特色；及时报告最新进展，是取得成效的动力；与时俱进，讲究实效，是小分队的指导思想。例如，性别对数学学习的影响，是各国普遍感兴趣的问题。近年来，各国女生数学学习有显著进步，令人刮目相看，因而 ST2 小分队的调研格外引人注目。五个小分队调研专题分别是：

ST1　数学教育研究与课程设计之间的关系；主持人：美国格林达（Glenda）；成员：中国华东师大鲍建生和英国、巴西、日本、纳米尼亚等国专家。

ST2　性别与数学教育的再研究；主持人：澳大利亚基拉赫（Gilah）；成员：澳大利亚、瑞典、印度、摩洛哥、美国、墨西哥等国专家。

ST3　数学史对数学教育各科目的支持；主持人：希腊麦克（Mike）；成员：德国、丹麦、巴西、中国香港、荷兰等国和地区专家。

ST4　核心数学概念从中学到大学的转换；主持人：英国伊莲娜（Elena），成员：莫桑比克、美国、巴西、韩国、中国等国专家。

ST5　社会经济学对学生成就的影响；主持人：丹麦鲍拉（Paola），成员：美国、黎巴嫩、澳大利亚、南非、巴西等国专家。

5. 正式报告——精心准备，精彩纷呈

大会安排了78位杰出专家分别作报告，涉及数学教育的广阔范围，他们以精彩的案例，从理论上或实践上，阐明最新研究成果。例如，美国华人蔡金法教授以具体的例证，对中美数学课程改革进展做了生动比较（报告5）；韩国 Kyung

Yoon Chang 先生介绍如何指导学生设计，激发数学学习热情（报告 9）；莫桑比克教师 Marcos 引导学生学习数学的同时，探索发现其中奥妙（报告 10）；印度 Jonaki 先生提出了利用技术改进建模学习（报告 17）。报告的主题新颖醒目，给读者许多启示。

6. 专题研究组（TSG）——程序规范，推陈出新

小组专题研讨是大会的主要交流形式。每组设两位联合组长，由小组成员推荐，分别组成核心团队，组织专题研究活动。各组有人负责与程序委员会联系，及时解决有关问题。

专题研究组要站在国际的视野上，陈述本专题的当前状况与最新发展。国际数学教育的特点是具有包容性，不同国家与地区的观点和经验能相互传播，使之植根于本国本民族的土壤上。理论研究、实践研究、个案研究各有优势。大会强调不同观点和方法的平衡。

每个专题研究组有四个半单位时间用于研讨。各组提前制定研讨纲要，作为征稿导引。与会者根据纲要，提交电子稿件。所提交的建议，安排的时间不一，除了小组发言，另有与会者被安排作其他表述，如简短口头发言、张贴大字报等。

以笔者参加的 TSG10（几何的教与学）为例，提出的征稿启事与思考纲要如下。

本组重点征集研讨文章，欢迎按以下要点投稿。投稿应紧扣几何的教与学，包括理论的、实验的、正在发展中的问题：

（1）新课程的实施研究，问题与挑战，特别是向量与变换在课程中的地位问题。

（2）几何在现实世界以及在其他学科中的应用，特别是在数学中的应用。

（3）仪器，如计算机等，在几何教与学中的运用。

（4）在几何教育中的解释、推理与证明。

（5）关于二维空间与三维空间的几何论理与空间能力。

（6）几何教育中的师资准备。

来稿从历史的、认识论的、认知的符号等方面的观点出发，指向学生学习的困难，以及与此相关的课程与教学设计问题。

各专题组预先发出征稿启事，公布研究导引。数学教师和研究生，可以从研究导引中获得有关科研与教学的许多感悟。各专题组的网站不断更新，标志着大会的准备工作日益完善。

截稿期限：2011 年 11 月 1 日，提交初稿；2012 年 1 月 15 日，发出接受通知；2012 年 4 月 10 日，提交定稿。

部分专题研究组（TSG）的构成（同时列举我国相关的学者）：

TSG 1 学前数学教育；　　TSG 2 大学数学教育；

TSG 3 具有天赋的学生活动与大纲；
TSG 4 特殊需要的学生活动与大纲；
TSG 5 职前数学教育；
TSG 6 数学的文化素养；
TSG 7 数系与算术教学，着重小数教育；
TSG 8 度量，着重于小学教育；
TSG 9 代数的教与学；
TSG 10 几何的教与学（华南师范大学王林全）；
TSG11 概率的教与学（华东师范大学李俊）
TSG 12 统计的教与学；
TSG 13 微积分的教与学；
TSG 14 数学教育中的推理与证明；
TSG 15 数学教育中的问题解决；
TSG 16 数学教与学中的可视化；
TSG 17 数学教与学中的应用与建模；
TSG 18 技术在数学教学中的应用分析。

7. 讨论组——志同道合，精心准备

和历届大会的讨论组（DS）不同，ICME－12 讨论组的问题是根据志同道合者的提议而产生的。小组将讨论这些问题，真诚地交换意见。组员有特定的兴趣，他们浮想联翩，敢于直面疑难和困惑，与同行探讨可能的应对方案。会前充分准备是本届讨论组的特色。每个讨论组有两个 90 分钟的时间，讨论的问题预先经过认真思考。

8. 对 ICME－12 预告问题的思考

ICME－12 提前预告了一大批前沿问题，展示了数学教育令人兴奋的前景。概括地说，ICME－12 的问题有如下特点：

（1）时效性。

所有问题都在会前一至两年提出，有关的报告提前一年做好准备，走在时间的前面。对数学教学有效性的研究引起广泛关注，例如，对课堂资源的有效运用（正式报告 18），课堂师生对话的有效性（正式报告 29）等。教师职业发展是近年研究的热点，对教师知识的研究是数学教育研究的重要方面（专题组 22、23、24、26）。

（2）实践性。

对理论研究和实践研究同样关注，连续三届大会都组建了调研小分队。通过调研，把有关问题从隐性变为显性，从感性上升为理性，实践研究受到更大的关注。ST1～ST5 是兼有时效性与实践性的研究课题，有良好的现实意义与参考价值。

6.3.2 ICME－12 讨论组

讨论组（DG）是历届 ICME 的重要组成部分。本届大会在问题的提出与设计、研讨的方式上有许多创新。本节评介 ICME－12 讨论组的创新特色，并探讨几个有代表性的问题。

1. 问题设计——来源广泛，思考深入

过去讨论的问题主要由大会领导者根据实际情况提出。本次讨论的问题是根据志同道合者的提议而产生的，分别由多至五个不同地区的与会者提出。设计讨论组的目的是，聚集对讨论某些问题特别感兴趣的与会者，让他们各抒己见，敢于直面疑难和困惑，与同行探讨可能的应对方案。讨论组与专题组有不同的关注重点，它们更详细地讨论某些特定的问题。

2. 问题研讨——明确目标，说明原理

会前充分准备是本届讨论组的特色。讨论问题的研制，先经过认真思考，预先提出一套系统的研究方案，包括：①说明专家与提案组织者的学术背景；②详细叙述专题所包含的预期目标和专题的基本原理；③指出本讨论组需要考虑的关键问题；④精确地描述两个单位时间讨论的预期结构，小组的提案、讨论的框架等要预先提出，次要问题将不使用口头发言的形式进行表述。

3. 问题联系——追踪背景，探索趋势

讨论组中，针对 17 个问题，每个问题都有专门的核心队伍，分别设立了专门的网页，研究该问题的背景、意义、界定、来龙去脉，以及它和其他相关问题的联系区别，对其理论框架的思考，已有的研究成果，主要论点等。

4. 高中以上非大学数学教育的问题与挑战

（1）目标与原理。

本组讨论各国大专学校数学教育的问题与挑战，正如过去历届大会所指出的，学生学数学，较多关注数学与未来职业的相关性。部分学生希望获得某类学校两年制的学位，还有一些学生对自身有更高的期望。正如 ICME－11，TSG 23 以及其他国际组织所讨论的，学生学习的关注点不同，随着各自职业生涯的目标而产生差异。

本组会议的预定目标：分享与探讨共同的核心问题，应对共同的挑战，让世界各地大专院校数学教育分享彼此的机会。本组也是对本届大会讨论组 TSG2（大学数学教育）研讨问题的一种延伸。

（2）关键问题。

以下问题是对 ICME－11 讨论组 DG 23 当前大专学校数学教育面临的问题与挑战，以及本届大会 TSG 2 当前大专学校数学教育的补充。本届大会讨论组重点研究以下问题：

①大专院校的数学教育（NTME）师生，在课程的教与学中，面临何种特殊的挑战？

②大专院校的数学教育（NTME）师生可以得到哪些机会是传统的四年制学生没有被提供的？如何应对这些机会与挑战？

③中学里的数学学习能够为学生进入大专学校做很好的准备吗？

④用什么途径和定位测试来决定学生在数学方面已经为大专数学学习准备就绪？

5. 在数学教育中的创新

（1）目标与原理。

数学的创造性和数学的天赋是数学教育的两条主线。它们既相关又重叠，但仍然有各自特殊的问题和框架。有关创造性和天赋的国际小组（MCG）是 ICMI 的附属组织，它的核心工作是围绕着这两条主线展开。

（2）关键问题（略）。

6. 线代数教学相关的问题目标与原理

（1）目标与原理（略）。

线代数是数学、科学、工程类和经济类的数学教育中最重要的课程。国际线代数学教学协会于 1989 年成立，它的一般性活动包括线代数的教与学，认为线代数是数学教育中最重要的课程之一。线代数学委员会提倡设计和运用该科目教与学的软件。

运用专门的软件工具进行线代数教与学，方案包括，在不同地方举行研讨会，委员会提供更多机会给数学家、数学教育家，支持他们在 ICME－12 的讨论组中研究该问题，包括动机问题，挑战性的问题，可视化问题，学习技术问题，在中学的线代数准备问题，线代数的历史问题等。

（2）关键问题。

①线代数的意义是什么？

②如何提高学生对线代数概念的理解？

③如何鼓励学生思考外部世界的数学？

④学生在学习线代数时主要会遇到什么困难？

⑤我们希望学生从线代数课程中学会什么技能？通过考试能够真正测试出这些技能的掌握程度吗？

⑥当我们看线代数时能感受到它的可视性和几何意义吗？如何启发学生感受到线代数的美，体会其重要性？

⑦讨论组的建设和革新的途径，是在现代数的教与学中利用技术吗？

⑧是否应该要求只要是面向科学、工程的中学生都要学习线代数的中级课程？如果是，我们在这种中级课程中应该学习线代数的哪些内容？

7. 数学教师在实践与交流社团的演进

（1）目标和原理。

教学改革的成功实施，教师的专业学习，以及他们把改革的思想转化到实践中的能力是一种非常自然的行为，同时也是非常复杂的实践。大多数教师的教学是单独进行的，他们与同事的交流与反馈有限，因此要各自做出计划和决定，并解决教法的问题。我们注意到在过去 10 年中，数学有了更高的要求，给教师带来了更大的压力。参与专业社团，分享知识，交流经验，即给数学教师补充营养，这是数学教育社团的最基本目的。

（2）关键问题。

1988 年，建立了“实践社团”（COP），主张社团应该有几个特点，这些特点在文化上是并列的。

①范围。成员是跨国的社团，他们兴趣的共同范围可以识别。

②共同体。它的成员从事相互结合的讨论与活动，分享信息，建立联系，从而互帮互学。

③实践活动。COP 的成员是实践者，他们发展一种资源共享的机制，如经验共享，经验分享，材料工具互用，交流一些常见问题的处理经验等。

他们在许多国家召开职业发展研讨会，阅读职业发展学术刊物，分享职业发展经验，互相学习。然而，在一个大范围内，许多数学教师都缺乏这样的社团。在分享技术专长与资源方面，得到的发展范围比较有限。甚至在这些数学教师的社团中，教师得到这些资源，常常要靠这些社团的领导把资源集中起来，让整个社团共享。根据以上所述，讨论组将集中研究由数学教师所构成的共同体，从理论和实践的角度，研究这些社团的运作。

8. 数学史料在小学初中数学教学中的运用

（1）目标与原理。

20 多年来，研究历史与数学和数学教学的关系的人数稳步增长，其中 2000 年 ICMI“历史在数学教育的作用”专题研讨会是一个里程碑。它对这个领域的研究提出一个综合性的总的看法。该会议的出版物，提醒人们注意数学史在数学教学中的作用。

某些材料让学生不自觉地经历数学的历史过程，包括解决问题、证明结构等。数学史材料扩展了学生对数学性质的理解，让他们知道数学没有结束，而是在继续进化中，数学思想指导着变化。历史与数学教学关系国际研究小组（HPM Group）于 1976 年成立，除了出版数个刊物和参加一些研究会外（如欧洲夏季大学等），HPM Group 还主办了每四年一次的 ICME 卫星会议。虽然这些会议产生了一些结果，主要研究结论是有关 6～16 岁的中小学数学学习的，但是有关可用于数学教师（教 6～13 岁学生）的结果还不很丰富。由对 2000 年和 2008 年 HPM 卫星会议 130 篇论文的分析可以发现，适合 14～19 岁学生学数学的材料，远比适合 6～13 岁学生的材料丰富。在数学史中所包含的初等和中等数学的材料，常常没有进一步扩展为故事材料，而对数学史内容的利用，往往是为了提高学生的学习热情，而不是深化学生的数学学习。然而在一般的文献中，还有其他例子，例如，研究数学的历史来源，包括数学图画、课文中的历史线索和其他来源。

（2）关键问题。

①HPM 的哪些想法可以用于 6～13 岁学生的学习？用哪种方法可以达到神奇的效果？例如，提高学生的学习参与积极性，对学生的学习可以产生正面的影响。

②如何选择与发现材料的标准使之能用于6～13岁学生的学习？

③相比于数学教育社团分布更加广泛，而且既保证材料的高质量，又能覆盖产生并分享大量不同的专题，HPM社团有何独到之处？

9. 现代数学概况

（1）目标与原理。

本讨论组的目的是阐述数学科目的多样性，探索、分享现代数学的前景，提供认识数学、数学教师、数学学习者的新视野。其中两个关键的视点：①数学作为一个学科，其多维度、多构成的结构特征；②数学作为人类的科目，它自身（包含教师、学习者和研究者）的发展前景。

根据以上要点，可以组织两个议题：

现代主义拒绝用单一的、权威的观点来看待数学、教师、学习者和研究者，它们每一方都可以用多重观点予以观察，数学可以用公理化的眼光来看，它是用逻辑方法导出的，其结论具有不可置疑性，同时也可以看作直觉的、好玩的、开放的、令人吃惊的、幽默的，其可作为通俗数学形象化和漫画的一个证据。此外，它又可以看成是在科学、信息学、交流技术、日常生活、民族数学上的应用学科。所有这些维度都可以令数学的各种观点同时存在。同时，这样的认识观也是重要的，即所有人类的科目，都具有多自我性。具体地说就是，我们所有与数学相关的人，包括数学家、数学教师、数学学习者，都有进入数学的不同途径，权威的认知者、研究者、学习者、欣赏者、其他文化人、数学大众使用者，对数学各有所观，各取所用。也就是说，在数学课上，数学教师既能够把数学看成是认识论的权威之作，也可以看成是不熟悉的待探索的领域，既是数学，是文化，也可以作为在马戏团中表演的指导者。学生既可以看成是数学知识的接收者，也可以看成是对数学饶有兴趣的探索者。文化的领域同样与数学相联系。

所有这些观点和对数学的自我观，都是一种教学资源，使我们能够提高数学教与学的水平。但是近来对数学的一些看法却是一般化的或排他性的。讨论组的目的是对上述观点予以讨论、提升、探索，并产生一些与课堂教学相关的例子。本组大部分时间用于讨论，发言稿于会前准备好，力求简短。

（2）关键问题。

①什么是当前的数学观和数学教育观？它与原有的观点相比有何新颖和不同之处？数学研究与数学教育有何不同的含义？

②给出一种多元的数学观，它阐述了什么？有何令人惊奇之处？在数学及其教学、学习中，在各学科教学的来源中，包含数学史、民族数学、科学、信息与技术交流、艺术创作、故事、漫画、电影、笑话、歌曲、难题等的数学来源。

③数学观中的新重点，现代数学观的不同前景，它对中小学数学教学有何影响？能够举出不同的具体例子说明这些观点吗？

④有关人类科目的多重观点，如何反映在数学的教学和数学教师的培养中？

多样化服务的观点给教师教育提供何种方便?

10. 在数学课中进行数学问题解决的教学

(1) 目标与原理。

自从1954年，波利亚的名著《怎样解题》等出版以来，特别是20世纪80年代以后，我们看到在数学课程中，问题的解决一直处于中心地位。然而，对问题解决的教学往往是强调学习探索法，而不是数学家所使用的数学思维的方法。因而运用在学校数学课程中所教的方法去解决问题不能取得成功。在认知水平较低的情况下学习问题解决的策略，就会较难灵活自如地应对复杂的问题情境。在应对国家考试时，生硬地套题型，往往不能取得成功。当前是数学问题解决的时代，对问题解决的教与学的研究，与学校期末考试的要求往往相互矛盾，学校教的方法所得到的结果往往欠精确、欠严谨。

(2) 关键问题。

①在学校数学课程中，问题解决的教学处于什么地位?

②与其他教学部分比较，问题解决部分应该用多长时间?

③在数学教师心中，数学问题解决的重要性是怎样的?

④如何评价学生在问题解决中取得的成绩?

⑤应该如何解决数学问题?提供一堂示范课的教学录像。

6.3.3 ICME-12的组稿、评审

1. 准备工作特色

大会得到国际数学教学协会(ICMI)支持，其学术活动由国际程序委员会(IPC)具体指导。它的组织与运作得到韩国地方组织委员会(LOC)协助。大会还设立了:①专家咨询委员会，负责指导相关技术问题;②秘书处，负责大会文件处理;③国家顾问委员会，表示韩国作为承办国，在各方面对大会的支持;④数学教师职业发展委员会，负责向教师传播大会成果与各国先进经验;⑤文化活动委员会，负责会场内外文化、教育、娱乐活动。与历届ICME大会相比，ICME-12大会的准备工作扎实而有效。

韩国国立首尔大学赵昇济(Sung Je Cho)教授担任大会主席，兼任国际程序委员会(IPC)负责人。华东师范大学李仕锜教授、香港大学梁贯成教授分别当选本届国际程序委员会成员。

(1) 时效性。

ICME-12的准备工作，从2008年ICME-11结束时就已开始。当前，大会的第三次通知已经公布，对主要科学活动做了详细预告，读者能从中了解活动内容和要求。

大会主要准备的是拟定大会报告、正式报告、专题组论文、讨论组提案，它们分别通过了严格的审定。报告人和提案人分别接到大会的审定意见，并对提案

进行修改完善，于4月15日前向大会提交论文或报告的最后定稿。大会准备工作紧张有序，讲究实效。各组预先制定了完成任务的时间表，各组工作进程基本一致，又略有差异。

例1　第一专题研究组（TSG 1，学前水平的数学教育）说明提交稿件的步骤与时间。

①在2011年11月30日之前提交。用电邮发给本组两位联合主席，通过网络在线提交给大会官方网站，稿件长度须在2 000～3 000字之间。

②在线提交。进网站首页，进入<My Page>，点击<Submit your proposal>，进入提交状态。

③时间表。2011年11月30日交初稿，2012年1月15日发接受通知，2012年4月15日在线提交论文定稿。

（2）有序性。

ICME－12继承了历届大会（ICME－1至ICME－11）的传统规范，在活动内容、组织形式和准备工作上，又有不少创新。为了保证各项活动高效有序开展，大会提前两年就指定每组由两人担任联合组长。根据联合组长提名人选，并与大会商讨，分别构成各组的核心队伍，负责组织该组活动，称为核心小组。大会程序委员会委托其成员分别担任各组联络员，形成大会程序委员会—地方委员会—各小组的核心组构成的大会的骨干体系。骨干成员提前进入工作状态，使准备工作能够积极、有序、有效、按时展开。

（3）规范性。

各项工作有明确的程序，例如，预先指出论文内容、范围、容量与格式，提出论文的基本要求，提交论文的步骤，确定论文评价原则与标准。这样有利于论文的收集整理，方便各组的比较与交流，有利于成果的传播与推广。了解这些原则与标准，对于国际学术交流，以及数学教师的职业发展，也有重要参考价值。

例2　第九专题研究组（TSG 9）对于论文的撰写，提出如下指导意见。

代数的教与学征稿导引

征稿目的：把关注学校代数的教与学的研究人员、核心人员、数学教师聚集在一起，调研代数教与学的理论框架，撰写与本专题相关的稿件。稿件应阐述在各种不同班级中，以代数教学实验研究从小学到大学不同层次的代数推理和相关的教学改革，稿件要围绕代数教与学的问题展开。

①什么是代数？它的性质是什么？儿童的代数思维能力以及符号处理能力如何？中高年级学生如何应对代数学习进一步的挑战？该做什么？不该做什么？

②在代数教学中使用计算机技术的问题。在代数的教与学中开发技术，运用技术，应对挑战。它与传统教与学中以纸笔计算为主的方式有哪些相同之处，又有何差异？它的贡献在于促进教师对学生代数思维的理解，促进学生代数思维的发展，包括对符号及其操作的理解。

③与证明及论证相关的问题。学生如何理解代数中的证明？学生在证明过程中所遇到的困难是什么？如何理解证明中的数学思想？如何帮助学生正确理解证明的思路？对代数任务和目标的理解与表述，语言和交流在证明中起到什么作用？如何在课堂教学环境中，在任务中帮助学生发展代数学思想？仪器与技术在其中作用如何？

④与问题解决有关的问题。引领学生探索解决问题的方法，学生在问题解决中遇到的困难，教师对思维过程的引领导向，学生在问题解决中的失误，技术在符号表述及操作中的作用。

⑤与普遍化有关的问题。学生用符号或手势探索和表述模式，表述他们在一般化过程中遇到的困难，理解用符号或用语言表述的一般化过程。在数学递归的过程中利用从特殊到一般化的范例。对一般化与抽象性的探讨。

⑥与符号化有关的问题。在代数的教与学中，符号对理解交流过程有何意义？因为新符号或记号系统对学生而言是棘手的，但在学习过程中，学生的符号感得到发展，逐步理解新符号的意义。

⑦与代数课程设计有关的问题。引入代数的途径，学生在特定的课程线索中对代数的理解，各国代数课程的比较，各种教材的特色，它们对学生发展代数思维的支持。

（4）交互性。

大会为热心于国际数学教育研究的学者提供了学术交流的平台，这种交流体现在大会各类学术活动中，也反映在准备工作中。学术活动的准备过程，就是相互合作、相互探讨、交换观点、求同存异的过程。

大会力图把握数学教育的时代脉搏，追踪数学教育中最受关注的问题。根据程序委员会建议，组建了五个国际合作小分队，分别对五个重点问题进行调研。小分队建设体现了准备工作的交互特色。及时报告最新进展，是取得成效的动力。

例3　第四小分队的调研。

该小分队调研的问题是核心数学概念从中学到大学的转换。

主持人是新西兰的迈克·托马斯（Mike Thomas）教授，成员包括英国、莫桑比克、美国、巴西、韩国、中国等七国专家。小分队需要调研各国大中学校数学核心概念的教与学的情况，如数系的发展、函数概念的发展等。我国清华大学谢金星教授是该小分队成员之一，他就我国大中学校核心数学概念的衔接与发展问题进行了大量的调研，取得大中学校教师的大力支持。研究中需要在相关学校进行广泛调研与交流。在小分队内，对所收集的各国情况进行综合整理，也需要交流，从而体现小分队调研工作的交互性。

和历届大会的讨论组（DS）不同，本届大会在提出问题、应答问题方面也有所创新。ICME－12 讨论组的问题是根据志同道合者的提议而产生的，分别由多至五个不同地区的与会者提出，小组针对某些问题真诚地交换意见。设计讨论问题的目的是，聚集对讨论某些问题特别感兴趣的与会者，他们各抒己见，敢于直面疑难和困惑，与同行探讨可能的应对方案，从而也体现交互的过程。

(5) 群众性。

通过网站建设，大会以多种渠道向与会者宣传大会的理念，推介各项主要活动，向参与者提出各种建议与要求。通过网站，大会主持人和各组的骨干成员与各项参与者建立了动态性的联系。

力求让热心人在不同岗位上发挥作用。每人在大会中只担任一种主要职责，如大会报告、专题报告的报告人，专题组、讨论组、调研小分队的联合组长等。人们也可以自愿发挥其他辅助作用，如海报张贴等。大会网站及时推送电子新闻，发布大会准备工作的最新进展。

例4　ICME－12 电子发表了如下新闻标题：

①大会资助的申请与评审已经结束；2012 年 3 月 1 日前将公布评审结果。

②致大会全体发言者的信，说明大会发言的模板与格式。

③致全体海报张贴者的信，指出张贴海报的格式和提交的时间。

④通报论文评审时间延后，评审程序将延迟到 2012 年 1 月 19 日结束。

⑤向与会者介绍韩国首都首尔的文化、历史、交通和商贸概况。

⑥专题研究组 TSG 论文评审启动，目前已收到论文 1 823 篇。

⑦通报讨论组全体成员：如何进入有效的评审程序？

随着时间的推移和准备工作的进展，大会新闻不断充实更新。

2. 论文的撰写，提交与评审

小组专题研讨和大会专门设立的讨论组是大会的主要交流形式。高质量论文的产生，是与会者交流的基础，也是大会取得成功的基本保证。

专题研究组要站在国际的视野上，陈述本专题的当前状况与最新发展。国际数学教育的特点是具有包容性，不同国家与地区观点和经验能相互传播，使之植根于本国、本民族的土壤上。理论研究、实践研究、个案研究各有优势。大会强调不同观点和方法的平衡。各组设立专门网页，公布各自的征稿导引，提出各自的核心问题。根据核心问题拟稿，可以使稿件围绕核心问题，切中各领域的要害。

(1) 稿件的征集与指导。

例5　TSG 10（几何的教与学组）征稿导引。

思考纲要如下：本组征集研讨文章，欢迎按以下要点投稿。稿件应涉及几何的教与学，包括理论的、实验的和正在发展中的问题：

①新课程的实施研究，问题与挑战，特别是向量与变换在课程中的地位问题。

②几何在现实世界以及其他学科中的应用，特别是在数学中的应用。

③仪器，如计算机等，在几何教与学中的运用。

④在几何教育中的解释、推理与证明。

⑤关于二维空间与三维空间的几何论理与空间能力。

⑥几何教育中的师资准备。

来稿从历史的、认识论的、认知的、符号等方面的观点出发，指向学生学习的困难，探讨与此相关的课程与教学设计问题。

大会37个专题组都完成了征稿评审工作，论文都已整理、编序、归档。其中几何组共收到论文41篇，如表6－2所示。从中可发现各国在对几何教与学的研究强度、热度上有很大差异。

表6－2 TSG 10 征稿统计

提交国家（地区）	论文数	提交国家（地区）	论文数
美国	11	中国（大陆、香港、台湾各一）	3
德国	4	古巴	2
埃及	3	意大利	2
日本	3	保加利亚	1
韩国	3	克罗地亚	1
俄罗斯	2	菲律宾	1
西班牙	2	土耳其	1
秘鲁	1	巴西	1

数学教师和研究可以从各组问题的导引中获得科研与教学的感悟。各专题组的网站不断更新，标志着大会渐行渐近，准备工作日益完善。

（2）论文评审的原则与标准。

评审的原则包括科学性、公正性和发展性，体现对与会者的尊重、关心和引导。

①科学性。

强调论文的创新性、科学性和规范性，即观点正确，表述清楚，有独立见解，使用科学的研究方法。设计统一的评审表，根据表中的所提出的项目，逐项进行评审。

②公正性。

用同样标准对待所有稿件，坚持人人平等的原则一如既往地贯彻于评审的全过程。每篇稿件由两位专家评审，审稿人回避评审所在国稿件。如果两位评审人的评审意见相同，则终审意见确定；如两位评审人意见有分歧，可协商解决，如有必要，再请第三位评审员参与。

③发展性。

发展性即对所有的投稿人给予帮助与鼓励，让他们看到成绩，发现不足，学术上有所长进，明确改进的方向。12 届国际数学教育大会各组联合组长综合各审稿人的意见，分别对稿件作者提出评审意见，提出稿件有待改进与完善的建设性建议。让尽可能多的人参加大会工作，让参加者有机会以适当形式表述各自的成果与心得，这是大会的重要目标和宗旨。

例 6　ICME－12 TSG 10 几何的教与学审稿表。

表 6－3　ICME－12 TSG 10 几何的教与学审稿表

<table>
<tr><td>审稿人姓名</td><td>××××</td><td colspan="2">稿件序号</td><td>××××</td></tr>
<tr><td>稿件标题</td><td>比例理论教与学的几何模型</td><td colspan="2">稿件作者</td><td>××××</td></tr>
<tr><td>对本组的贡献</td><td colspan="2">弱，中等，好，非常好</td><td colspan="2">（由审稿人评定一个等次）</td></tr>
<tr><td>稿件处理建议</td><td colspan="2">不接受，海报张贴，短发言，长发言</td><td colspan="2">（由审稿人评定一个等次）</td></tr>
<tr><td>对稿件的
评审意见
和处理建议</td><td colspan="2">（1）稿件与本组主题的关联，能否与几何、几何的课程设计、几何的教与学相关联；
（2）稿件是以某种研究工作为基础（含理论的、创作的、革新的）或仅是一种意见；
（3）无论研究论文或实践报告，方法的阐述是否清晰？如果是，说明是什么方法；
（4）如果是研究论文，是否清楚地说明它的理论框架和相关的参考文献；
（5）如果是实践性的文章，是否存在行动的根本原则；
（7）是否存在某些质量问题；
（8）导出的问题、结果和结论；
（9）需要澄清什么；
（10）总结性评论，推荐或拒绝的理由；
（11）其他备注（如果有需要的话）</td><td colspan="2">（1）利用一组二维或三维几何模型学习比例理论；
（2）稿件含有作者的理论认识，部分展示了试验过程；
（3）方法阐述清晰，能说明所使用的教学方法，也说明研究法；
（4）清楚说明了理论框架，指出了需要解决的问题。图形的设计好，有利于启发学生思考解决问题的方法；
（5）试验设计好，有利于学生的学习。未明确指出试验所得到的结果。所得结果较好，推荐作短篇发言；
（6）建议作者详细说明试验过程</td></tr>
</table>

6.3.4　ICME－12 几何组研究综述

几何的教与学是当前数学课程与教学改革的重大问题，如何设置合适的教学内容体系，如何改进教与学的途径，受到各国教学同仁的普遍关注。2012 年第 12 届国际数学教育大会（ICME－12）的几何专题研究组（TSG 10）对上述问题进行了热烈讨论。笔者与法国科丽特（Colette Labode）教授一起，共同担任该组联合组长，参与了该组论文征集、会后材料整理、总结分析等工作。现把研讨过程、成果与收获做一综述。

1. 研究目的明确，突出六个方向

TSG 10 给参与者提供一个讲坛，用以讨论国际几何教与学的问题，包括理论的、经验的和发展中的问题，几何组征集专题稿件有以下六个方面：

①新课程的教学与实施，问题与挑战。特别关注变换在几何教与学中的地位与作用。

②几何在现实世界和其他科目中的运用。

③在几何的教与学中，使用计算机等仪器的理论与实践。

④几何教与学对概念与原理的解释、论理和证明的作用。

⑤培养学生的空间观念与相关的推理论证能力。

⑥几何教育中的师资培训与准备。

上述热点来自于历史上的、认识论的、认知的以及符号学上的相关问题。在讨论中，持有不同教育观点的学者互相学习，探讨学生几何学习现状，探讨课程未来的发展趋向。

(1) 几何组概况。

几何组（TSG 10）收到并公布论文41 篇，为了便于交流，大会把 TSG 10 分为两个小分组，安排三个时段（3×90 分钟）供各组进行讨论。另设一个时段（90 分钟）供各组张贴海报及自由交流。本组参与者来自南美洲、北美洲、亚洲和欧洲的 12 个国家，共 40 余人。

(2) 核心组织引领，交流形式多样。

大会为 TSG 10 设立了由六位成员组成的核心组。每一篇稿件都要经过核心组两位成员审阅。核心组向作者提出点评与建议。经核心组以电邮方式投票，投稿者分别获得不同邀请：

3 位作者受邀作 40 分钟的长篇发言，他们全部接受邀请，到会发言；17 位作者受邀作 20 分钟的短时发言（其中有 14 位出席，3 位缺席）；20 位作者受邀张贴海报（其中有 16 位出席，4 位缺席）。事实上，由于参加大字报专场的人数超过受邀人数，又因大会给每个小分组安排有专场活动室，在大字报专场的时间，参加者十分活跃，张贴者有幸得到机会，向同行作简短发言。其他参与者积极投入，相互交流，气氛热烈，收到较好的效果。

2. 交流题材广泛，研究内容丰富

(1) 讨论范围宽广，年级跨度较大。

论文范围宽广，从小学到初中，从大专到大学。既论述课程与教材，也论述教法与学法。涉及的数学内容丰富，包括数与形的紧密联系，几何问题研究，数学推理证明，平面几何、立体几何、坐标几何、球面几何、几何变换等在新课程的地位，动态几何环境对数学学习的影响，等等。

（2）探讨图形奥秘，展示研究成果。

如表6－3所示，对几何，可以综合多种观点，从多个角度去探索，用多种途径获得结果。应该注意各种观点的紧密关联性。例如，几何变换这个核心概念，涉及如下主题：它在新课程中的地位，在课程设计中如何突出其核心地位，如何帮助学生克服几何变换的学习难点，未来数学教师应该具备哪些几何变换知识等。“形”的观念可以用动态几何环境予以表述。如果把几何与现实世界的实物联系，“形”的概念可以从单纯几何图形向更一般的形体与实物扩展。“形”的概念有时可以用实物进行类比。例如，角的概念可以类比为“石头的一角”。美国尤西斯金教授认为，“形”的概念可以从以下方面予以表述：

①它是指某图形，如数学课本中许多不同的几何图形。

②它是指一类图形，可以陈述为某个几何对象，具有规定的形状。

③它是指某类图形所具有的特性，比如两个图形全等，可以陈述它们的形状相同，对应度量相等；又如两个图形相似，可以陈述为它们的形状一样。

尤西斯金教授经过调研认为，学校几何中“形”的概念可以在四个方面扩展：

第一，坐标几何。通过坐标系的建立，形的性质可以从量的方面得到精确的描述。

第二，几何变换。通过变换，进一步研究其运动中的不变性质。

第三，几何的应用。它使人们看到“形”与现实生活的联系，展示了“形”的魅力及其在现实世界中的价值。

第四，以几何软件为代表的动态几何环境。它使人们有可能揭示“形”的不常见、不易见的结构与关系，为对“形”的进一步探索打下基础。

尤西斯金让人们对现实世界各种形体重新审视，整体把握。在认识论的指导下，把相关的几何对象用图表联系、串活，形成新的概念系统。这带动了几何教与学的一系列研究。

3. 面向现实世界，联系学生认知

展开深入调研，收集分析数据。在三维情况下，学生对几何图形的认识有更宽广的途径，也面临更多挑战。德国的路德维格（Mattias Ludwig）教授作了一次精彩的研究成果报告。他对242位10～15岁的学生作了一项调查。要他们识别一组多面体，探索它们的面数、棱数和顶点数之间的规律。不同年龄组的学生遇到不同的挑战。低年级学生倾向于使用实际模型，但是他们在抽象概括数量关系方面遇到挑战；高年级学生试图使用计算机制图，但是这种方法的成效也不尽如人意，学生在动态软件的设计方面遇到障碍；部分学生虽然学过欧拉定理，但是他们也碍于思路遗忘，或不能把定理与具体的问题情境加以转换，或思考过程受阻，或符号表述受困。对于12～15岁学生，如果直接告知定理，学生就没有机会享受抽象与概括、探索与发现的乐趣。总之，各法都有得失。一个教师根据数学教育家布鲁纳教学目标分类设计，引导学生对不同的几何体进行度量，鼓励学生对图形进行想象与表述。各种问题存在差异，问题差异或情境差异在较大的程度上影响学生的决策。不同问题使用的不同数学表述形式，也影响学生的数学决定。他们在形成猜想、证明推断方面，受到不同的挑战。

对于12~15岁学生而言，选取某种表述形式解决几何问题，可能会有助于或有碍于构建推理过程。对某个问题，有的学生可能认识某个定理，用它本可以使该问题迎刃而解，但部分学生未必发现解题思路。几何组成员琼斯（Flores V. Jones）举出一些例子说明，如果过分强调某特定的表述，可能会导致识别同一属性其他表述障碍。学生在解释图形方面时遇到困难，会导致其思路受阻。这些情况，在德国、日本和英国都是普遍存在的。几何与现实世界的广泛联系，可能成为发现新思路、新方法的基础。它也许比我们所预想的更为复杂。有时候，联想现实世界的问题，对学生是非常有帮助的。

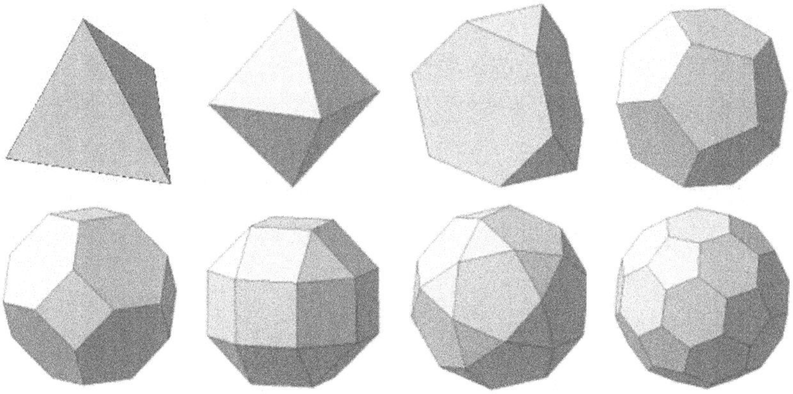

图6-1　不同表述形式的探索

4. *建设动态环境，鼓励探索发现*

现实世界的实物和几何学对象之间的联系，可以让学生从实物操作中获得感受。例如在中学，可操作平面几何图形或立体模型，这可以从操作细绳、剪刀、几何板等开始。意大利教授佛吉亚诺（Faggians）强调儿童的实际操作在构建几何对象的意义和联系方面有重要意义。佛吉亚诺结合动态软件和手动操作得到结论，认为多媒体环境的综合应用，在小学数学教学中具有新的特性，它扩展了操作的范围，也扩展了思维活动的范围。

当学生投入到由教师适当设计的任务中，才能达到有效的构建。一位教师要求学生借助动态的几何环境，把二维图形的某些性质扩展到三维。观察表明，学生不仅验证了这些猜想，而且在后续的学习中还证明了他们的猜想。美国一组大学生通过思考与探索，尝试构建了球面几何的公理体系。

林德曼执行了一项调查，并提出了一个具有挑战性的问题：在大学数学学习中，哪种学习环境收效更大，是传统的学习环境还是动态学习环境？从研究的结果中，人们并未发现它们的显著差异。但是林德曼认为，学生用软件学习，还可以学到与软件相联系的其他性质。

5. 提倡比较研究，鼓励取长补短

（1）土耳其与美国的比较。

人们从两个方向研究它，其一是对几何变换的处理，其二是教师对几何变换的知识准备。土耳其留美教师塞维尔·亚力斯（Sevil Arici）把美国《州共同核心数学标准》和土耳其的数学课程标准做了比较，并在学习美国标准的基础上提高了土耳其当前的课程标准，同时加强了职前数学教师的培训。教育部门采取有效措施，指导职前教师学习几何变换和几何问题解决的知识。塞维尔·亚力斯的报告说明如何用几何变换的观点正确理解相似概念。

（2）西班牙与科索沃的比较。

西班牙与科索沃的教师进行了一项合作研究，它的基本目的是调查教师对几何变换的理解在什么程度上影响学生对概念的理解；通过课堂教学，学生对几何变换概念的理解情况有什么进展？该研究分析复合变换的每个成分、步骤与结果。为此，他们分别对教师进行了问卷调查，结果发现两国教师对几何变换意义的理解既有共性，也有差异。许多教师对几何变换的理解，只停留在概念的定义上，未能举出实例或利用实物说明变换的本质属性，从而造成了学生理解概念的困难。

（3）多种不同解法的比较。

俄罗斯数学家亚历山大·索伊法（Alexander Soifer）指出，数学教育的基本目的是在课堂教学中展示数学是什么，数学家是如何做数学的。要想数学教学取得成功，就不只是通过教学，还在于形成一种氛围，学生在这种氛围中，通过做数学而学数学。一个真正的数学家应该致力于解决问题，这不仅要进行演绎推理，而且要经历解决问题，构建范例，从对问题的求解中，综合运用所学过的各分支、各专题的几何思想与策略。他通过提出组合几何问题，向天赋高的学生发起挑战。

对于梯形面积计算，中国台湾和日本的教师分别引导学生提出可能的解题策略，并用多种方法解决问题。通过这些锻炼，让学生体会到成功的感觉。

（4）中国台湾与大陆、新加坡教材的比较。

台湾大学谭克平教授指出，在台湾有四个不同版本的教材，他分析了各教材在勾股定理的处理上的区别。首先提出了分类法的方案，然后关注在每一种教材中，定理如何提出，如何阐述，如何证明，使用了哪些专业术语，如何解释？在定理的证明中，是否不由自主地使用了以前学过或将要学习的某些定理？有没有循环论证之嫌？论文还比较了中国台湾、中国大陆和新加坡对应教材的联系与区别，并对在中学如何安排勾股定理的教学提出了见解。对新加坡、北京和台湾的教材，指出各地在何年级学习勾股定理，证明定理的方法以及应用定理的途径等。从谭教授的研究可以发现，三地对勾股定理的处理大同小异，共性甚多。大陆对勾股定理教学的研究，已经为台湾同行密切关注。

综上所述，我们认为几何的教与学是一个丰富多彩的领域，海峡两岸同行从各种观点出发，提出行之有效的经验，也指出面临的许多紧迫问题，促进我们面向未来，更多相互学习，达到学习、探讨与交流的目的。

6.3.5　ICME-12的见闻与思考

第12届国际数学教育大会（ICME-12）于2012年7月8—15日在韩国首都首尔举行，会议地点设在首尔市南部的COEX（国际会议展览中心）。国际数学教育大会（ICME）是由国际数学教学委员会（ICMI）主办的系列性国际大会，每四年举行一次，分别在各申办国举行。

1. 大会的起源与机制

第一届国际数学教育大会（ICME-1）于1969年，在著名数学家和数学教育家费赖登塔尔（Freudenthal）的倡议和指导下举行的，大会的目的是展示数学教育研究的现状和趋势，以及在所有层次上的数学教育研究、实践和遇到的挑战问题。每一届国际数学教育大会的具体计划和组织，是由国际数学联盟（IMU）属下的国际数学教学委员会任命的一个国际程序委员会（IPC）独立运作的。具体的会议事项，则由申办国的地方组织委员会负责操作。会议使用的正式语言是英语。

ICME-12是国际数学教育协会第二次在亚洲召开的国际数学教育大会。来自各大洲的与会者共有3 616人，为历届大会人数最多的一次。由于会议地点设在我国近邻，我国与会人数也是历次大会最多的一次，包括大陆281人，香港18人，澳门16人，台湾24人。

大会准备工作认真、内容丰富、安排合理，给各国与会者提供多种选择机会。会议场地分布集中，各组、各分会场电子通讯程度高，便于各国、各组之间交流，也为各国、各地区内部的交流提供诸多方便。

2. 隆重的大会开幕式

大会盛况空前。开幕式前，大厅电灯突然熄灭，会场一片漆黑。随后，灯光渐亮，集中到舞台中央五位穿着民族盛装的美女身上。她们翩翩起舞，歌声悠扬，在欢乐的歌舞中，大会的序幕渐开。大会主席对全体与会者表示热烈欢迎，他邀请五位最先发言者走上主席台。按照惯例，国际程序委员会（IPC）的主席由申办国代表担任，所有邀请信由他签发。本届大会的IPC主席是韩国国立首尔大学赵昇济（Sung Je Cho）教授，韩国国立教员大学的申铉镕（Hyun Yong Shin）教授担任大会地方组织委员会主席。

应赵昇济主席邀请，因事不能赴会的李明博总统发表了视频讲话。总统对大会的各国专家表示热烈的欢迎，他强调了数学的重要性，说数学是全国重视、全民族喜爱的学科。总统还表示，大会在首尔召开，是韩国的荣幸，也是东亚的荣幸，他预祝大会取得成功。

韩国教育与科技部长李祖浩，代表承办国政府致欢迎辞。部长对大会的参加者表示热烈欢迎，他强调了韩国政府非常重视数学教育，并将迅速推进数学及教学改革。

国际数学教学协会主席比尔·巴顿致欢迎辞，他对老朋友、新相知表示欢迎。他说，在此相聚是合作的好机会，与会者能够分享共同的兴趣，迎接面临的挑战。为了准备大会，不同的团队可能已经合作了许多个月。他希望大家把大会的精神铭记于心，把它传播给未能与会的数学教育的热心人。数学是人类生活生死攸关的构成部分。国际数学教学协会是国际社会的基本社团，是由对数学教育有共同兴趣的巨大群体构成的组织。他希望大家享受这次大会，把它看成是数学教育生活中一次难忘的经历。

大会主席赵昇济教授在欢迎辞中说，作为韩国数学协会主席，他对于大会在韩国召开深感荣幸。他说，国际程序委员会多个月来，开过两次预备会议，多次在互联网上交流，委员们不竭的努力、奉献的精神，保证了大会的顺利召开。各协会的成员、发言者、参与者，都对大会做出贡献，使大会得以顺利召开。他对这些人表示由衷的感谢。数学是人类文化、哲学、技术和先进科学的核心，我们无法设想世界的发展可以与数学分开。

开幕式结束时，一组青年歌唱家演出了男声四重唱，他们的声音洪亮，具有磁铁般的魅力，音乐家充满激情地演唱了朝鲜民族的传统名曲《阿里郎》，开幕式在热烈的欢呼声中结束，给与会者留下深刻的印象。节目演出后，大会正式进入实质性程序。

3. 举世关注的国际数学教育授奖

2004 年，在丹麦哥本哈根举行的第十届国际数学教育大会（ICME - 10）上，首次颁发了国际数学教育的两项大奖——克莱因奖与费赖登塔尔奖。从此，数学教育专业有了自己的国际大奖。在 2008 年墨西哥蒙特雷举行的第十一届国际数学教育大会（ICME - 11）上，第二次为数学教育的杰出专家授奖。这些大奖的评审与颁发，是国际数学教育的重大事件，各国数学教育工作者对此密切关注。

大会的授奖仪式由国际数学教育协会大奖评审委员会主持，每四年举行授奖仪式一次，每次授予克莱因数学教育终身成就奖 2 人，授予费赖登塔尔数学教育奖 2 人。大会两项大奖分别用当代伟大的数学家菲力克·克莱因和 ICME 大会的倡导者费赖登塔尔的名字命名。第三届大奖的得奖人被邀请在会上分别作常规报告，介绍各自的研究理念和成果。

上述得奖人在接受奖牌后，分别表达了对所授奖牌荣誉和颂词的感激之情。授奖的那天，恰好是得奖者阿兰·斯堪菲尔（Alan Schenfeld）教授的生日，他激动地说，这个崇高的奖牌，是 ICME－12 送给他最美好的生日礼物。

4. 让世界倾听华人的声音

中国大陆、台湾、香港和澳门在数学教育方面取得长足的发展，引起世人瞩目，海峡两岸及港、澳遇到许多共同问题，普遍感到需要加强合作，共同应对。这一呼吁得到海外华人的支持，也得到大会地方委员会的支持，他们热情回应，提供了时间和地点的周到安排。在多方共同努力下，ICME－12 华人论坛于 2012 年 7 月 10 日在首尔国际会议和展览中心 318 室举行。尽管会议的时间、地点都是临时安排的，但是同行华人两百余人均踊跃参加聚会。

华人论坛的主题：在国际和比较视野下的华人数学教育——特点与不足。

会议的焦点：教学（teaching）、教师（teacher）和教师教育（teacher education）。

会议的主持人是范良火教授。范教授在华东师范大学获得硕士学位，并在芝加哥大学获得博士学位，后分别在新加坡国立大学、美国芝加哥大学任教，现在是英国南安普敦大学教授，以课程论研究而著名。他是本次论坛的策划者之一。

该论坛内容丰富，时间安排十分紧凑，每人发言限制为 10 分钟，超时就被要求停止。台湾谢丰瑞教授表示，世界各地同行华人相聚一堂，倍感亲切。他从事教师职前教育，呼吁加强理论研究，否则滞后于外国，也受制于外国理论。台湾重视教师教育，教师在培训中要进行诸多测试，教授也不例外。

香港大学梁贯成教授批评教师教育研究中的一些不规范现象，如论文中参考文献标示不清，不符合国际研究规范，这会导致混淆了研究成果的来源。他告诫说，这对原作者有失尊重，也是阻碍中外学术交流的原因之一。论坛上，可针对别人不同的意见自由讨论。中国国内有没有自己的数学教育研究理论，这是受到关注的问题之一。

有些教师认为我国应该参加重要的国际数学教育测试比较研究。例如，当前在国际教育的比较研究中，偌大的中国内地只是个别地方参加，这和我国的大国地位不相称。华东师范大学课程教材研究所所长徐斌艳教授应邀作了关于上海学生在 PISA 测试成绩的补充发言，引起大家的关注。

李仕锜教授也是本次论坛的策划者与组织者，他介绍了自己主持的几项教师培训研究，例如，从南加州大学开始的一项中美数学教育比较研究，上海所参加的国际教育比较 PISA 项目，教师专业培训与成长机制研究等。其中，对教师专业成长的跟踪研究令人十分感兴趣。

马云鹏教授阐述他主持的有关优质课的研究，分析华人数学教育的特点，通过对众多优质课的录像进行分析比较，从中选出一批获得一等奖的优秀课例。他剖析优秀课例的若干特征，包括知识、技能、过程、品德等因素，教师对教材的整合，数学活动中的不变因素，以及个人活动与小组活动时间所占的比例等，从而总结出数学优质课的共同特征。

张英伯教授在中外数学教育交流方面做过许多出色的工作，她主编的《数学通报》于2009年办了一期增刊，推介我国数学课程改革的新理念、新内容，让外国同仁更多地看到我国数学课程改革正在阔步前进，该增刊在促进中外数学交流方面做出重要贡献。在培养天才生的数学能力方面，张教授也做过许多出色的研究。

黄毅英教授立足于香港，紧密联系内地，面向世界，是中外数学教育交流的重要推动者。他在内地和香港数学交流、中外数学交流等方面取得丰厚成果。当时他的新作《数学教师所需要的知识》即将出版，此新作非常切合这次论坛的主题。

黄幸美教授在ICME－12中被程序委员会推荐担任TSG 22数学学习与认知专题研究组的组长，她阐述了台湾在教师教育方面的经验和想法，她特别说明自己在数学学习与认知方面取得的一些引人注目的研究成果。

蔡金法教授近十年来，参加了三个方向的研究：①课程改革的纵向跟踪调研；②学生的数学学习，数学问题的提出与解决；③多民族地区学生的数学学习。他获得美国政府的科研经费资助达500万美元，分别担任三个（美国、澳大利亚、德国）国际数学教育研究杂志的主编。他的发言题目是“课程改革与数学学习”，他是ICME－12主要报告人之一。

5. 中日韩数学课堂教学的比较研究

韩国的地方组织委员会，专设了中、日、韩数学教师专题活动，包括教师现场教学，录像课分析研究，安排教师分别到大、中、小学校听课，举办学习班（代数、几何、统计、技术……）等，总计（包括同时举办的活动时间）达60小时。事实上，不只是中、日、韩三国，其余各国同行对现场观摩课也兴趣盎然。

中、日、韩三国，语言文化背景相近，且在最近的国际数学教育比较研究测试中，分别取得较优异的成绩，为国际数学教育界所瞩目。在第二次国际数学教育测试评价（IAEP）、第三次国际数学教育测试评价（TIMSS），以及21世纪以来的国际学生比较评价项目（PISA）中，中、日、韩三国学生分别取得较好的成绩，究竟三国数学的教与学有何异同？三国学生数学学习有何异同？中、日、韩三国的教师和专家怀着浓厚的兴趣设计了这个比较研究现场教学观摩活动。活动分为高中、初中和小学学段，三个学段分别举行，另有日韩教学观摩比较。笔者只参加其中的中韩高中数学观摩比较。

观摩活动的设计：华东师范大学李仕锜教授。

观摩活动的组织：各国派优秀教师任教，他们分别是参与试验年级的优秀教师；受试学生是韩国首尔最好学校的高中一年级学生。

参加观摩的各国教师十分踊跃，由于三个学段的观摩同时进行，现场观摩教室受限，观摩人数过于拥挤。笔者只能选择高中数学教学的现场观摩。即使这样，听课教室仍然座无虚席，后面还拥挤着不少站立的观摩者。

教学主题：函数，这是中韩两国高中数学的核心内容。

中国教师：大连旅顺中学高级教师主讲，辽宁师范大学金美月教授负责中韩语言互译。

韩国教师：受试班级的原任数学教师。

使用幻灯片，中韩文字对照显示。做好语言文字的及时互译，保证师生可以互相理解，交流顺利。

教学过程：提出问题—学生思考与回答—教师点评与引导—提出新的问题—循环展开，螺旋上升。一节课的教学分为 4 个阶段进行。

（1）两个变量间的对应关系与函数的复习。

（2）集合间的对应关系与函数——对应，映射；函数，包括一次函数、二次函数、反比例函数；已知函数的表达式求函数的定义域，求函数值$f(a)$，$f(x-1)$ 等。

（3）根据图像分析函数的性质，包括函数定义域、值域、单调性等。

（4）函数性质的简单应用，相关的数学史料等。

教学过程的评价：虽然学生、教师彼此都是首次见面，但是双方对教与学的内容都比较熟悉，师生三方（包括翻译，幻灯片的使用）相互配合默契，教师的教学设计符合学生实际，在教学中使用了鼓励的语言，能够调动学生的积极性。学生对教师尊重，回答问题正确，基础知识扎实，教学过程流畅，师生交流顺利。观摩课得到学生、教师和全体参与观摩者的一致好评。

课堂结束时，全体学生起立，班长的答谢辞充满激情，声音洪亮，他代表全班，感谢中国老师的精彩授课。全体师生和观摩教师都为之感动。

观摩课结束后，各国同行进行了自由交流讨论。中韩双方提出了各自感兴趣的大量问题，如两国的课程改革、数学教学常规、学习内容、师资培训等，远远超越了观摩课内容的局限。

6.4 第十三届国际数学教育大会

6.4.1 回顾

由国际数学协会主持，德国数学协会协助的第十三届国际数学教育大会（ICME-13）于 2016 年 7 月 24—31 日在汉堡大学召开。汉堡是德国第二大城市，它为大会提供了完美的环境，又为与会者提供了丰富的经历。ICME-3 曾于 1976 年在德国西南部城镇卡尔斯鲁厄举行，时隔 40 年，德国朋友又再次自豪地欢迎来自世界各地的数学教育家。

从盛会的精彩安排，人们能感受到欧洲内地的数学传统，认识国际数学教育的新发展。本人因故未能直接参加大会，但由于大会设立了丰富而详尽的三级网页，人们能从网上了解大会进程，如临其境，如听其音，如会旧友，又识新朋，感受到大会的正能量。

1. 朴素而隆重的开幕式

汉堡大学校长卡布利·恺撒（Gabriele Kaiser），德国数学会主席鲁道夫（Rudolf vom Hofe）共同主持开幕式，他们欢迎各国专家和贵宾赴德开会，传播经验。各国教育专家、数学教师、数学教改热心人纷纷赶来聚会，共商大事。这是对国际数学教育的宝贵支持。

图6-2 汉堡大学校长卡布利·恺撒（Gabriele Kaiser）

图6-3 德国数学会主席鲁道夫（Rudolf vom Hofe）

2. 数字清晰，讲求实效

大会注册人数为3 486人，另有250位德国教师参加大会补充活动。有趣的数字展示了大会盛况：大会收到论文1 952篇，其中533篇作为大字报在会议期间公布，多位新手参加了名为“职业生涯早期研究者的一天”的活动，64位专家受到邀请在大会或分组会上作讲座。42个讲习班和38个讨论组提早被指定，5位ICMI获奖者报告了他们的成果，24位学者各准备了学术报告。5个调查小分队已总结了调研成果，220人获得大会的资助，6个国家在大会上报告了该国数学教育新进展。另有26项调查分别发表，其成员得到批准，直接参加大会。估计还有30几篇专著在会后正式发表。

6.4.2 大会科学程序的特色

克莱因数学家的科学背景，使他对教师教育和数学教学特别感兴趣，他出版的专著《高观点下的初等数学》展示了数学教师的教学标准。克莱因活跃在课程开发和教科书编著领域，热心于数学教学大纲研制，他建议纯数学和应用数学间应该取得平衡，数学与教学应该均衡发展，这种平衡是德国数学教育的传统特征。通过积极参与，他建立了数学界与数学教师间的紧密关系。他的数学教育核心理念是懂原理、悟方法、寻结构、重应用。

1. 弘扬克莱因的数学思想

为了弘扬克莱因的数学思想，大会分别在各个下午，安排“迷你下午”的专题活动，研究数学学科和数学教育的关系。小型会议以某个数学主题为中心，研讨克莱因对这个主题的数学观点，例如他对于算术、代数、几何等问题的观点。研究各领域数学教学和教师教育等问题，也是正在进行的克莱因项目的重点之一。

2. 设立数学活动中心

设立数学活动中心是本次大会的新鲜事物。该中心既是一个大型实验厅，也是一个数学展览厅，它不仅对会议参与者开放，而且对公众开放，尤其针对学童。

中心邀请数学家和数学教育专家举办讲座，解释实验的数学基础。这些活动吸引了来自汉堡和其他地方的访客。精巧的环境设置，优美的内容陈设，展示了数学的魅力。教师们认为，这种设计能弥合学术讨论、数学活动、科学学识之间的差距。人们操作水平存在差异，实验结果各有所得。

该中心的目的：吸引师生和数学爱好者的兴趣；聆听专家的精彩讲座，鼓励对数学问题的思考。中心力求几何形体可视化，鼓励人们思考现实问题的数学蕴含，架设知识互通、学用结合的桥梁。该中心与一般的展览厅相比，其特色：

（1）题材众多，场地宽阔，紧密联系数学。

（2）展品具有可操作性，实验有可重复性，时间有所限制；多个实验可以同时进行。

（3）数学含量高，几何问题可视化，数与代数问题几何化。

（4）鼓励交流，允许讨论，寻找数学解答，思考应用，留下悬念。

大会期待该中心能在数学家与数学教师的共同努力，举办具有德国数学教育特点的各种活动，涵盖历届 ICME 的观点，让各届大会的理念一脉相承。

6.4.3 数学理论与实践的联系

ICME－13 强调欧洲内地的数学传统。其中一个特点是重视推理论证，说明各种原理的意义。德国同行关注改进数学教学方法，帮助师生掌握数学，学会运用。德国学校鼓励和强烈倾向于推理与计算，重视应用程序，提高数学建模的地位。

1. 改进学习环境，缩小实验与实践的差异

在学校教育和教师培训中，首先，要联系学生，联系实际，联系应用。第二，注重理论与实践的紧密联系。第三，看重社会文化和心理视角相结合的数学，注重实证研究。由于数学理论与实践之间联系紧密，数学教学中会产生许多创新，学校数学出现许多新热点，如发现学习、动手操作、解决问题、数学建模

和数学实验等。

2. 数学实验是理想的第一步

数学实验与科学实验相反，不是证明的替代品，而是激发思维的手段。德国设立了面向大众的第一个数学实验中心，例如汉堡有一座能容纳 180 多种实验的房子，自开业以来，它吸引了超过 180 万名参观者，其中的实验包括拼图、镜面实验、肥皂泡实验、随机性实验等。实验中心和活动中心略有不同，它强调实验过程，注重实验操作，可适当改变条件，思考相关的结果。

发展和实验的选择有以下两个原则：

（1）认真对待数学，每个实验都必须有明确的数学背景。

（2）实验应该给参与者广阔的数学视野。许多实验与学校的数学教学有着密切的联系，也有许多实验以外的数学，包括学校里从未教过的数学。所以，数学实验中心提供了有代表性的、鼓励数学思考的系列照片。

3. 认真对待访客，自由思考问题

在实验中心内，每一个游客都受到欢迎，他们可以自选做实验，边操作边思考；可以从中心的任何地方开始（这是没有推荐的游览）；可以随意从他们想做的实验切入（这是没有隐藏的课程）；可以把时间花在实验操作上，避免数学以外的事物（光、烟和奇怪的颜色）分散注意力。我们相信，数学本身具有主要的吸引力。同时，实验看似技术简单，没有语境，实际上这是中心想让客人尽快接触数学现象，让实验效果显著，学有所得。

在实验中心内，参观者还可以与其他访客交谈（有时甚至可以尖叫）；可以与他人谈论实验设置，思考结果，交流心得。当访客看过并理解某个现象，离开数学中心时，比他们进入这个中心前，已经有所感知，走出饶有趣味的第一步。既然解决了某个问题，大脑和逻辑思维就被激发了。即使数学语言偶尔消失，还有机会重来，步骤可以变更，新想法随之产生。

6.4.4 国际数学教育心理组对数学教育的贡献

数学的发展和进步依赖于思维，而思维又是心理现象。基于这种原因，国际数学教育心理组（PME）于 1976 年在卡尔斯鲁厄成立。

1. 脉络分明，主线清晰

PME 专题研究组每年都会在世界的某个地方聚会，现已发展成为研究数学心理的专题组织。它既研究不同的数学主题，又联系某些特定心理规律，沿着特定的主线而展开。PME 不是做一般的研究，它遵循的主要线索就是数学思维现象。

2. 扣紧数学，注重变化

PME 关注对发展变化的跟踪，每次注重不同的数学内容领域（如代数、几何、函数、不同几何变换的特征研究等）。

3. 关注过程，分析主体

重视学习过程心理转向：从个体学习到实验室条件下的某些心理变化，思考变化的原因，研究条件注入强度及其对心理变化的影响。对课堂的研究包括个人、集体的作用，整个班级共同体和教师的作用，并从社会文化和认知的角度进行考虑。

4. 教师中心，跟踪发展

在课堂教学活动中，在对数学教育心理的研究中，教师均处于中心地位。PME 意识到上述的发展是密切相关的，教师的心理变化与学生心理变化可以相互影响，在师生相互的交往中，教师的引导应处于中心地位。最后，还强调科学研究与教育实践的联系，既要区分 PME 在过去 40 年的成果，又要为数学教育心理的未来发展奠定坚实的基础。

6.4.5 发展学生的数学建模能力

数学教育理论与实践之间的紧密联系，体现在对数学建模的要求中，也隐喻在对数学活动的设计和组织中。

1. 数学学习环境的改善

实证研究以社会文化和心理为基础，反之对数学教育也产生影响。这说明了实证研究的丰富性和多样性，包括定性研究、定量导向。尤其在心理方面，依据瑞士心理学家皮亚杰的理论，把理论紧密联系到学生的数学经验活动中，并加以推广和发展，这是德国数学教育的特色。即注重实践活动，直接改善教与学的过程。

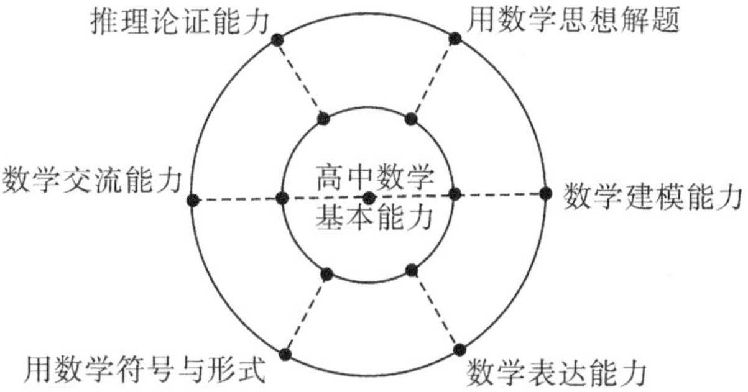

图 6－4　高中数学基本能力

2. 德国数学建模活动的特色

德国数学建模活动有其独特之处。如果说美国把数学建模活动主要安排在高中，那么德国则把数学建模安排在整个中学阶段。德国把数学建模作为中学六大基本能力之一，它既把建模作为数学课程的一项目标，也把它作为培养数学兴趣的手段，更作为简化数学问题解决的要求。德国注重培养学生以下能力：

（1）利用数学概念、结构或比例来改写建模对象。

（2）鼓励学生用相应的数学模型解题。

（3）在相应的范围内或相应的情况下，对结果进行说明和检验。

（4）对一些特殊的数学模型加以强调，如生长模型、进程模型的建模，函数模型的建模等。特别是高中，其数学重点内容都渗透数学建模的思想方法。

6.4.6 国际数学教育的比较研究

该比较研究项目组成员如下：

蔡金法（Cai）　莫艾达（Mok）　维佳（Vijay Reddy）　凯·斯泰西（Kaye Stacey）

图6-5 比较研究项目组成员

Cai——主持人，美国特拉华大学，项目设计，报告拟定审核；

Mok——协作人，中国香港大学，课例设计与改进；

Vijay Reddy——项目组成员，南非，数据的收集与补充；

Kaye Stacey——主持人，澳大利亚墨尔本大学，数据收集、整理、核定。

本项目成果作为大会的主要报告呈现，包括大会发言、图片展示、PPT 报告文摘、统计数据及分析，同时也包括展示各次重大国际科学比较研究的成果等。由于数据翔实，图文清晰，附有实证，因而有较强的说服力。

比较是最基本的智力活动之一。本项目有意识地进行比较，以了解项目组的立场。本项目成果来源于相关国家教育当局、相关学校以及本组成员过去的经验。国际比较教育研究有着悠久的历史。比较研究不仅面向提供信息的学生和教师，而且提供给世界各地各种教育机构作为参考，也期望有助于确定有效的数学教育实践成果，改善数学教学实践。本项目主要研究如何运用国际比较研究来提高学生的学习水平。教育研究的主要目的是提高学生的学习能力，国际比较研究也不例外。项目组使用“国际比较研究”一词来指那些涉及至少两个国家的研究，目的是在国家层面进行比较。比较内容包括样本范围的大小；样本的定性研究和定量研究；分析政府或个体的研究人员的相关倡议。根据这个约定，既有对样本的学习过程进行非正式的观察，也有各样本的性能差异检验、样本的比较研究，并从性能差异的成因理论到行动产生的效果进行检验，从而对各国相关的政策及其效果进行国际比较。在规模上，国际比较研究的范围从小型的研究开始，涉及两国几类大型研究，如 TIMSS、PISA 等。国际比较研究的目的是：

（1）比较不同学校的教育和不同文化传统的学校教育。

（2）确定各样本自身在比较中所处的位置，包括与他人的比较，以及自身前后比较。

（3）认识数学教学中可能存在的不同方法。

例如，由于一些亚洲国家排名较前，各国同行一直对亚洲国家的数学教育感兴趣。过去我们认为有一种基本的数学教学方法，然而，国际比较研究项目组展示了许多不同的数学教学方法。本项目组还了解到，因为学生背景变量（如态度、性别、方法等）不同，可以用不同的方式研究不同国家学生的学习特点。本项目组选择了四个不同的课例，借鉴国际比较研究，改进学生的数学学习，改善各国的数学教学。四个课例的目的分别是：

（1）了解学生的数学能力的现状。

（2）了解学生的数学思维实况及差异。

（3）研究当前各国数学课堂教学改进的策略。

（4）对全球数学教育评估有局部意义，也关注不同语境的教学策略。

前两节课注重学生的数学思维和识字，第三节课重在课堂教学，第四节课侧重于地方语境中的学与教的策略。我们分别使用了小型和大型国际比较研究，用以说明我们可以进行国家水平上的差异比较，吸收各国行之有效的经验，借鉴相关教训。

6.5 国际数学教育大奖及其启示

自然科学领域有诺贝尔奖，数学科学领域有菲尔茨奖，这些奖项在国际上享有盛名。那么，数学教育领域是否也该有独立的国际大奖呢？这是各国数学教育工作者翘首期盼的大事。

6.5.1 国际数学教育的大奖——它的设立，机制与影响

设立这些奖项，是对数学教育杰出学术研究成果的肯定与奖励。它们不仅是对受奖人多年来卓越研究成果的表彰，也是对同行其他人的鼓励。这些奖项奉献于数学教育事业的发展，从而为数学教育领域，树立高标准的榜样。

奖品包括奖章与证书，同时附有颂词。设立这些奖项是国际数学教育委员会（ICMI）的最新举措，评奖工作从 2003 年开始正式实施。以后每隔两年评奖一

次，在每四年一次的国际数学教育大会的开幕式上，分别给获奖者颁发最近四年的奖章和证书。受奖者还被邀请参加国际数学教育大会，并在会上作特别报告。

1. 评奖的机制——规范性与权威性

评奖委员会由六位专家组成，他们是由国际数学委员会主席与 ICMI 执委会以及本专业领域的其他学者商讨后指定的。除了主席本人，评奖委员会其他成员的名字不公开。只有当评委会成员任期期满后，他们的名字才公开。评奖委员会委员的任期为四年或八年，每四年有三位成员需要被更换。续任的三人中有一人被指定担任评奖委员会主席。在评奖委员会于 2002 年组成之初组建，其中三人的任期为八年，另三人任期为四年。第一任主席为例外，他是由 ICMI 执委会选定的。其后，直至当前，ICMI 执委会成员不再参加评奖委员会。

评委会一经任命，它就完全自动、独立地进行工作。除了明显的忠告和建议，以及作为来自专业社团的信息，或者主席应该做的工作外，评委会的工作和记录过程是内在而机密的。在选定受奖人方面，委员会具有完全的权威性，他所作的决定就是最后的决定。一经决定，该决定就由评委会主席向国际数学教育委员会主席报告。

2. 奖牌的设计——严肃性与标志性

受奖的荣誉标记，每一位受奖者都要收到一份证书和一枚奖牌，奖牌的一面，刻有 ICMI 过去的两位主席菲力克·克莱因（Felix klein，1849—1925）或汉斯·费赖登塔尔（Hans Freudenthal，1905—1990）的肖像，他们的名字，分别作为国际数学教育一项大奖的名称。奖牌的另一面，呈现出 ICMI 的标记，用法文写上委员会的名字，围绕着会徽 ICMI 排成圆弧形，而国际数学教育委员会的正式学术期刊也使用了这个名字。奖牌的设计严肃而庄重，反映了数学教育学科泰斗的光辉形象，也标志国际数学教育进入了兴旺发达的崭新阶段。

菲力克·克莱因奖奖牌（正面）　汉斯·费赖登塔尔奖奖牌（正面）　两奖牌的背面

图 6-6　两奖牌正面及背面

6.5.2　大奖的冠名人—学科泰斗的丰碑

大奖分别以两位数学教育大师的名字命名，其中克莱因是跨世纪的数学大师，他开创了以高观点分析中小学数学的范例，他为学校数学的现代化开辟了新的途径；费赖登塔尔是数学教育独立研究领域的开拓者，也是国际数学教育专门学术研究组织的倡导者。他们分别从学科内容上和教学方法研究上对数学教育研究做了奠基性的贡献。

1. 三大几何得统一，致力普及谱新篇——克莱因奖的命名

国际数学教育委员会（ICMI）把数学教育终身成就奖命名为菲力克·克莱因奖。菲力克·克莱因是19世纪下半叶至20世纪早期世界上最杰出的数学家之一。直到今天，菲力克·克莱因的名字，仍然与数学许多重要研究成果，特别是函数论与非欧几何方面，具有紧密的联系。

克莱因最杰出的研究成果是把几何与群论联系起来，他用变换群的观点，把欧氏几何、罗氏几何、黎氏几何用变换群的观点统一起来，他论证了每种几何都有相应的群与之对应。他的这项成果被称为爱尔兰根纲领（1872）。他被授命在哥廷根大学开展数学研究，授命担任最有声望的数学研究刊物的主编。他指导出版了纯数学与应用数学的杂志。此后，他的兴趣逐步转移到学校数学教学方面。

他为中学教师开设了夏季课程，试图把当时最重要的数学发展，结合中学数学内容，用教师所能理解的语言给出，对初等数学予以新的综述。讲习班之后，他把这种思想加以整理，写成《高观点下的初等数学》一书。他用自己的观点，给中学教师呈现出全面的、综合性的基础数学的新视野。1908年，在第四届国际数学家大会上，他担任大会主席，会上克莱因被推举组建国际数学教育委员会，他对中学数学教学方法以及数学教学计划做比较研究，最终发展为范围宽广的国际数学教育研究组织，就是当今的ICMI，而克莱因担任这个国际数学教学委员会主席，直到1920年。

2. 基础拓扑得紧化，ICME面世人——费赖登塔尔奖的命名

国际数学教育第二项奖牌，授予过去10年来在数学教育研究方面获得重大项目成就的人。该奖牌以汉斯·费赖登塔尔的名字为命名。费赖登塔尔是荷兰人，生于德国，于1930年他移居荷兰阿姆斯特丹，在获得博士学位后，他成为数学哲学家布劳威尔的助手。1946年，他被任命为乌得勒支大学教授，主持纯数学、应用数学与数学基础论的研究，他对基础拓扑的贡献是紧化理论，被誉称为费赖登塔尔紧化。此外，他在数理逻辑、数学分析、微分几何和李群等理论研究领域有所建树，从此时开始，他的专业兴趣逐步转移到数学教育问题上。

他创始了数学的教与学的理论研究方法，就是人们所称的唯实主义数学教育方法。1971年，他创立了国际上首个数学教育研究所，在他去世后，该所被命名为费赖登塔尔数学教育研究所。从1963年到1974年，他服务于国际数学教育

委员会，其中在1963年到1974年，他就任该协会主席。他促进了国际数学教育大会的召开，使它从数学研究工作中独立出来。国际数学教育大会既是国际数学家大会的重要部分，又保持了相对的独立性。首届国际数学教育大会，就是在他就任ICMI主席期间，于1969年在法国里昂召开的。1968年，他创立了一份高水平的研究刊物，并多年担任该刊物的主编，这就是著名的《数学教育研究》（*Educatinal Studies in Mathematics*）刊物。该刊物逐步发展为权威性的国际数学教育研究刊物，并与ICMI的官方会刊保持紧密联系。

6.5.3 隔年分别评定两奖，杰出专家获殊荣

ICMI的评奖工作从2003年开始启动，以后每两年评选出这两个奖项各一名获得者。表6－4列举从2005年到2015年的两奖得主专家各6位，共包含获奖的杰出专家12位。以下按照年限顺序，列举获奖专家姓名、国别、奖项名称、评述专家的科学成就和贡献，供师生们参考学习。

表6－4 历届国际数学教育大奖得主（含克莱因奖和费赖登塔尔奖）

获奖年份	数学教育终身成就奖（克莱因奖）	获奖者国别	数学教育积累成果奖（费赖登塔尔奖）	获奖者国别
2005—2007	佑比利特·得安布洛西奥（Ubiratan D'Ambrosio）	巴西	保罗·科布（Paul Cobb）	英国
2007—2009	杰瑞米·基尔帕特里克（Jeremy Kilpatrick）	美国	安娜·斯法德（Anna Sfard）	以色列
2009—2011	吉拉·莱德（Gilah C. Leder）	澳大利亚	叶亦夫·彻瓦拉（Yves Chevallard）	法国
2011—2013	盖伊·布鲁索（Guy Brousseau）	法国	西丽亚·霍伊尔斯（Celia Hoyles）	英国
2013—2015	阿兰·熊菲尔德（Alan Schoenfeld）	美国	路易斯·雷德福（Luis Redford）	加拿大
2015—2017	米歇尔·阿蒂格（Michele Artigue）	法国	梁贯成（Frederick Leung）	中国（香港）

1. 佑比利特·得安布洛西奥（Ubiratan D'Ambrosio）教授（巴西）

国际数学教育委员会（ICMI）宣布：第一枚国际数学教学菲力克·克莱因奖牌，授予巴西的佑比利特·得安布洛西奥教授。得安布洛西奥教授力求把数学教育事业建设为一个真正的研究领域，对全世界，特别对拉丁美洲，发生积极影响。他在社会文化历史的线索中，研究数学教与学的过程方面，发挥着开拓者的

作用。

（1）领军民族数学，开拓功勋卓著。

佑比利特·得安布洛西奥教授认为，高质量的数学教育不能仅作为社会中一部分人的特权，因而他力促数学教育研究在拉美的发展。ICMI 认为，他所发挥的作用，怎样估计也不为过。

1932 年，得安布洛西奥教授生于巴西圣保罗。在巴西和意大利，他被培养为数学家。1963 年，他在圣保罗大学获得自然科学博士学位，直到 1972 年，他花了大部分时间在美国布朗大学学数学，在纽约州立大学（毕库鲁城）学习多元微积分和测度理论。而在同一时间内，他的学习兴趣与日俱增，攻读跨学科的研究生课程。1972 年，他返回巴西，担任坎普纳州立大学（UNICAMP）数学，统计和计算机科学研究所所长。佑比利特教授努力研究许多新课题，如数理逻辑、数学建模、生物数学、计算语言学和人工智能等。他的研究进一步扩大，涉及数学教育。1975 年，他参与开设州立大学数学与科学教育的硕士研究生课程。

图 6－7　佑比利特·得安布洛西奥

（2）参与国际比较，把握时代脉搏。

得安布洛西奥教授参与美洲国家数学教育委员会的活动。他先后当选拉美数学教育协会副主席、主席，因此有更多机会与国际数学教育领导人物接触。这些接触使得他对历届国际数学教育大会更加关注。特别是在 1976 年，他出席了在德国卡尔斯鲁厄举行的第三届国际数学教育大会（ICME－3）。他负责为大会做一个题为“为什么要教数学?”的报告，该报告全面地阐述了数学教育的总体目的。在 ICME－3，他首次指出，数学教育研究与社会文化问题有紧密的联系，也与数学的历史和其他学科有紧密联系。

2. 保罗·科布（Paul Cobb）教授（英国）

国际数学教育委员会（ICMI）宣布：把第二枚汉斯·弗赖登塔尔奖牌授予保罗·科布教授。他的工作使用理论研究，实验研究和实际应用的综合方法。他的工作对数学教育领域产生了重大影响。

（1）新星冉冉升起，成功通途漫漫。

保罗·科布教授从布里斯托尔大学获得学士学位。后来，他成为中学数学教师，从事教学工作几年。1978 年，他修读为期一年的数学教育硕士学位课程，在美国亚辛乔治亚大学攻读数学教育。几年后，他已经是数学教育研究领域中一颗冉冉升起的新星。

图 6－8　保罗·科布

（2）科研堪称典范，观察目光敏锐。

科布教授的研究生涯是多样的：先是开发者，随后又是批评家，他的理论观点从根本而言是建构主义的。科布的研究和发展项目，始于小学数学，继而中学统计，他的研究成果既是一个全面的，精心设计的产品，也是前后一致的、不断更新的研究方案。

他所提倡的新的数学教学规范，已经被吸纳为专业术语。他的贡献是承认和重视数学教育的社会性。以后实践中的发现，进一步证实了他的观点，从而他获得众多的认可。他的研究已经在各国树立了崇高的威望，因此也获得多项奖励。尤其是，作为英国教授，他被选入美国国家教育科学院。

3. 杰瑞米·基尔帕特里克（Jeremy Kilpatrick）教授（美国）

图 6－9　杰瑞米·基尔帕特里克

国际数学教育委员会宣布，2007 年国际数学教育菲力克·克莱因奖授予美国阿辛·乔治亚大学的杰瑞米·基尔帕特里克教授。以表彰他 40 多年来连续不断的奋斗，以及为数学教育付出的所有精力。他对数学教育的研究和发展做出了卓越的贡献。

（1）平衡多种观点，建立全球视野。

杰瑞米·基尔帕特里克教授的成就众多，其中最值得称道的是，他不仅把数学教育看作一个理论研究领域，又深刻洞察到它高度的实践性。他把个人的杰出才能用在对数学教育的反思性分析中，力图抓住数学教育的本质。自 20 世纪早期以来，他广泛吸纳数学教育的各种观点，重视它们之间的平衡。他把各种观点与方法融合到他所进行的研究中。杰瑞米·基尔帕特里克教授的这种研究特点，使他包容各种观点，并以世界性视野看待数学教育。他经常到世界各地进行有关研究，如巴西、哥伦比亚、萨瓦尔多、意大利、新西兰、新加坡、南非、西班牙、瑞典和泰国等。他不断地增进自己对数学教育的认识，并在其数学教育著作中展示出来。

（2）学科功底深厚，研究领域宽广。

综观杰瑞米·基尔帕特里克教授的学术生涯，他所发表的学术论文、出版的著作书籍以及其他文献作品，涉及了宽阔的领域，如数学问题解决、数学教育研究历史、数学教师技能、数学课程变化发展、数学教育评价等。

杰瑞米·基尔帕特里克教授于 1954 年在加利福尼亚一所两年制学院毕业，后来在加利福尼亚大学伯克利分校获得数学学士学位（1956），后又获得教育学硕士学位（1960）。毕业后，他到一所初级中学任教。然后，他到斯坦福大学跟随贝格和著名数学教育家 G. 波利亚工作。1962—1967 年，他担任学校数学教育研究组的助理研究员，在获得第一个数学硕士学位后，又获得数学教育博士学位（1967）。在导师贝格的指导下，他研究 8 年级启发式数学问题解决课题。在职业生涯当中，他多年致力于数学问题解决的研究。

（3）参与多项研究，担任各种高职。

杰瑞米教授经历了多年的教学生涯（1967—1975）。先是在哥伦比亚大学教师学院任职，后在纽约当助理教授，然后又担任副教授。1993 年，杰瑞米教授在亚辛参与了乔治亚大学的教学工作。1995 年，他荣获瑞典哥德堡大学荣誉博士学位。经历了在欧洲和拉丁美洲大学教学工作之后，目前他担任美国乔治亚大学和密执根大学数学教师职业技能中心首席研究员，该中心获得美国科学基金会的资助。

在杰瑞米教授的研究中非常重要的方面是，他为国际数学教育社团做了大量杰出的工作。他担任过许多重要文献的助理主编、主编，撰写过一系列有重要影响的专著，参与过研究和编译工作，如对苏联数学教学与心理学的研究，等等。1969—1975 年，他担任国际权威刊物《数学教育研究》的编委。1982—1988 年，他又担任《第四届国际数学教育大会纪要》的合作编委（1983），《国际数学教育手册》编委（1996），第二版《国际数学教育手册》编委（2003），还参编过《ICMI 数学教育研究领域》（1998），加盟编写过《数学教育》（2001），美国《学校数学的原则与标准》（2003），《数学教育的意义》（2005），等等。

（4）热心国际服务，满载系列殊荣。

杰瑞米教授热心地服务于国际数学教育指导委员会、执委会（1987—1998）三个学期，1991—1998 年他担任两届副主席，1985—1986 年他担任美国科学基金会执行委员，2004 年至今仍然是美国科学基金会执委。他热心服务于美国各种各样的委员会、执委会、董事会，如全美教育科学研究理事会、国家教育研究院等。

杰瑞米教授的著作和会议论文各有数百篇，他又是大批硕士生与博士生的导师，他的学生当中有一些人已经获得国际声望。纵观他的整个科学生涯，他已经赢得大量的奖项与荣誉，包括全美数学教师协会终身杰出成就奖、2003 年数学教育卓越服务奖等。总而言之，杰瑞米教授具有对数学教育不寻常的贡献，他荣获 2007 年国际数学教育菲力克·克莱因奖是众望所归的。

4. 安娜·斯法德（Anna Sfard）教授（以色列）

国际数学教育委员会宣布，2007 年国际数学教育费赖登塔尔奖授予以色列海法大学教育研究所教授，英国伦敦大学与美国密执根州立大学兼职教授安娜·斯法德。这个奖项是对她长期深入地研究数学教育的高度褒奖。

（1）综合多科成果，观点鲜明尖锐。

安娜·斯法德教授按照科学的方法，对数学教育做了深刻的论述。她的研究涉及了数学教育的许多领域，而且对年轻的研究工作者产生深远的影响。

斯法德教授也公开发表了大量论文与专著，涉及的专题的范围广阔。斯法德教授科研成果的特色是：考虑问题周全，观点鲜明而尖锐，常常揭示一些隐含

图 6-10　安娜·斯法德

的、默许的、心照不宣的概念；涉及对这些重要概念认识、理解的途径，也涉及传统的习俗与学识；她通过采用转换、倒叙的方法，常常成功地发现新的原理，形成新的观点，从而化解了复杂而疑惑的问题。

（2）致力学习过程，提出两元观点。

威特、皮亚杰与维果茨基的哲学与心理学的观点，大大地影响了斯法德教授对数学教育交流哲学的兴趣，使她对历史和语言方面与数学教育的关系同样产生了兴趣。安娜·斯法德教授的研究项目，是从20世纪90年代所发表的一系列论文开始的。这些论文涉及数学学习过程的二元化以及数学的具体化。特别是，她从理论和实验的角度对代数及其教学做出论述。这些论文包括：《数学概念的双重性——既反映了过程，也反映了对象，就像同一枚硬币的两个面》，《具体化的过程，既有获得也有失缺》（《数学教育研究》，1991 年第 22 卷，第 1-36 页），《代数的案例》（《数学教育研究》，1994 年第 26 卷，第 191-228 页），《通过比喻，使概念的学习具体化》（《数学教育研究》，1994 年第 14 卷第 1 期，第 44-55 页），《代数学的发展：历史观点与心理学观点的对抗》（JMB，1995 年第 14 卷，第 15-39 页）等。上述论文逐渐成为该领域的经典文献。安娜·斯法德教授的研究项目在某种程度上已经发展成为处理交流与数学教学有关方面的研究领域。

（3）发表权威名篇，建立全新视野。

首先，斯法德教授致力于研究数学教学中隐喻的性质与作用，并认为：“学习中有两种隐喻，如果只选择一种，则存在危险”（JRME，2000 年第 31 卷第 3 期，第 296-327 页）。她认为，在数学教学的过程中，既需要隐喻，也需要严格性。她使用重点分析方法，去调查所浮现出来的数学对象。从 21 世纪初起，她更加关注数学学习与认知、交流的关系。这些新观点反映在她的一系列高水平的著作中，其中包括：《谈话比耳听学得更多：从数学交流中，可以学到以前所不知道的东西》（《数学教育研究》，2001 年第 46 卷第 1、3 期，第 13-57 页）、《学习演讲，通过社会—文化的途径研究数学教育》（《数学教育研究》，2001 年第 46 卷第 1、3 期）、《为什么孩子们看不到实质上同样的东西，而长大后又看不出他们的差异呢——重现早期的数的思考》。今天，安娜·斯法德教授使用经典的二分法原理阐述了认知与交流之间的关系，解答了刚才的问题。2008 年，英国剑桥大学出版社出版了她的有关作为交流思维的专著《人类的发展，演说的成长与数学》。在该专著中，她系统地阐述了她的研究项目的原理和所取得的成果。

（4）受聘多国职位，影响誉满全球。

安娜·斯法德教授于 1967 年就读于波兰华沙大学，攻读物理学，1972 获得物理数学学士学位。1977年，在以色列哈布卢大学获得数学硕士学位。1989年，在以色列耶路撒冷大学获得数学教育博士学位，其学位论文是《高中的算法教学》。其间，她在大学里受聘于各种职位。在获得博士学位后，她作为访问学者访问过美国、英国、加拿大等国家。1995年，她被聘任为以色列海法大学助理教授，从2001年起被聘为教授。2003—2007年，她被聘为物理数学教育教授，兼职于美国密执根州立大学科学与数学系。2007年，她又被聘任为伦敦大学教育研究所教授，同时保留在海法大学的教授职位。

她已经多次被邀请参加一系列国际学术会议，包括历届国际数学教育大会，并应邀在大会上发言、作大会报告等，给同行留下深刻的印象。她同时担任以色列与多国硕士生、博士生的导师。总之。安娜·斯法德教授的杰出贡献令她有充分资格荣获2007年国际数学教育积累成果奖——费赖登塔尔奖。

5. 吉拉·莱德（Gilah C. Leder）教授（澳大利亚）

国际数学教育委员会（ICMI）宣布，2009年菲力克奖牌，授予卓越的数学教育家澳大利亚维多利亚大学教授吉拉·莱德。

（1）重视性别差异，关注非智因素。

吉拉·莱德教授30多年来，坚持不懈，始终如一，用毕生精力，从事数学教育的研究和发展工作。吉拉教授具有中学高级教师的背景，她坚持多步骤完成课题探究，参与整个过程。在漫长的教学与研究生涯中，她对数学学习中的性别差异，数学学习与性别的关系研究尤为突出。她广泛地研究学生的学习态度，信念，自我观念等对数学学习效果的影响。她所研究的数学教育问题范围宽、跨度大，从中小学水平一直到大学水平。她的高水平的研究工作，对本领域的后续研究，有奠基性意义。

图6－11 吉拉·莱德

（2）研究成果丰硕，获得国际赞誉。

吉拉教授已经获得许多荣誉和奖励，1994—1998年她是澳大利亚数学教育研究组织的主席，并获该组织的终身成员的资格。她既是国际数学教育心理学会主席（PME），又是国际数学教育协会成员（ICMI，1995—2002），还是瑞典客座教授（2002—2004）。2002年，她被誉为模范博士论文导师，指导的博士生多于60人，其中多人已经享有国际声望。她担任过以下几本书的主编或合作主编：《数学学习评价》（1992）、《数学与性别》（与芬纳马合编，1990）、《在数学中的一个隐变量》（与尔奇合编，2002）、《数学教育及其影响》（与彼德合作，2005）。她也是专著《数学教学的卓越艺术》其中一章的作者，是《数学教育研究》杂志与《数学教与学手册》的特约撰稿人。总之，吉拉教授完全有资格获得2009年菲力克·克莱因奖。

6. 叶亦夫·彻瓦拉（Yves Chevallard）教授（法国）

ICMI 宣布，2009 年国际数学教育汉斯·费赖登塔尔奖授予法国教授叶亦夫·彻瓦拉，以表彰他近 25 年来在数学教育基础与发展方面取得的丰硕的、有影响的、原创性项目成果。

（1）提出人类行为学数学教学观。

图 6－12　叶亦夫·彻瓦拉

叶亦夫·彻瓦拉教授的研究起始于 20 世纪 80 年代，重点是对教学转换概念的认识。这个程序的第一部分就是把课堂外的数学知识变化为课内的可传授的数学知识。这种思想在 20 世纪 90 年代以后有进一步发展与超越，变成对数学特征与性质的更一般的研究，以及对数学中的文化价值研究。数学也是各种各样的人类行为之一，它与理念与实践结合起来，使得人类行为学理论揭示了数学教学理论（ATD）。这种理论为人类各种各样相关的行为提供了一种工具，用以分析和建模。用这种理论为基础，彻瓦拉教授发展了一种完整的新途径，用于训练教师以促进数学教师职业的发展。

（2）更新情境教学理论。

彻瓦拉教授从盖伊·布鲁索的演说中获得启发，从而建构了他自己的情境教学理论。启发式的人类学理论，由提问的类型产生的教学换位理论，要求更精确地把一些看似相同的事物区分开来，因为它们存在的方式不一样，相互转化的惯例不一样，因而对知识的起源与进化的分析要给予不一样的描述。彻瓦拉教授设计一种知识元素的模式，分析如何运用知识。学生学习数学知识的困难在于，它们不能完全被孤立起来，而应该被看成是聚集体的一部分。根据人类行为学概念，知识的概念模型分为两个构件，即实践与逻辑。知识最初来自于尝试解释数学活动中各方相互关系的努力，来自于各方元素的惯常关系，也来自于例证教学法。因此，人类行为学不被人类实践活动所包围，它也与对人们的实践活动的研究，与科学、个人、机构的常规或特定的实践有关。这样，运用人类行为学的概念，提供一种基本模型，可以理解知识的基本元素，研究知识的转换，以及如何运用这些知识的各种特例。通过建立认识论的各种参考模型，能够更清晰地分析知识转换的现象。

7. 盖伊·布鲁索（Guy Brousseau）教授（法国）

ICMI 宣布，2011 年数学教育终身成就奖菲力克·克莱因奖，由国际数学教育委员会颁发给法国盖伊·布鲁索教授。这种崇高的奖励是对盖伊·布鲁索教授的杰出贡献的认可。盖伊·布鲁索教授推动了数学教育的发展，使数学教育成为一种科学的研究领域。

图 6－13 盖伊·布鲁索

（1）从教师教育切入，建立崭新领域。

40 多年来，盖伊·布鲁索教授一直努力，积极从事理论和实验工作，把个人的研究成果应用在学生和教师的数学教育上。

盖伊·布鲁索教授出生于 1933 年。1953 年，盖伊·布鲁索教授作为小学教师开始他的职业生涯。20 世纪 60 年代后期，他进入波尔多大学学习，获得硕士学位。毕业后继续攻读数学，并在 1986 年获得了数学博士学位。1991 年，他在波尔多大学新设立的教师教育研究所担任教授，直到 1998 年。他是阿基坦大学名誉教授，目前仍在加拿大蒙特利尔大学工作。从 70 年代初开始，盖伊·布鲁索教授成为数学教育的领导者和最初的研究人员之一，他开创了教师教育的新领域。他确信，这一领域必须发展成为一个真正的研究领域，一方面必须重视基本原理和实用性，另一方面理论研究必须和数学的基本训练密切联系。

（2）教学情境理论，引起举世关注。

布鲁索教授的一个引人瞩目的成果，就是详细阐述了数学教学情境理论，这是从 20 世纪 70 年代初开始启动的。此后，他以坚持不懈的努力和创造性，继续发展这个理论。在认知理论占主导地位的时候，他受到皮亚杰认识论的强烈影响。他强调，“数学教育的什么领域需要发展这个理论”不是纯粹的认知理论，而是让我们了解，学生、教师和知识之间的相互作用是如何发生的，在什么条件下发生，学生学到了什么，如何才能学到。这就是情境教学理论的目的，该理论已经逐步成熟，今天已经成为令人印象深刻和复杂的理论。可以肯定的是，这个理论是集体智慧的结晶，但是，该理论每一次重大进展，关键都源于盖伊·布鲁索教授的创造性的研究成果。

8. 西丽亚·霍伊尔斯（Celia Hoyles）教授（英国）

2012 年国际数学教育汉斯·费赖登塔尔奖，授予英国伦敦大学西丽亚·霍伊尔斯教授。西丽亚·霍伊尔斯教授在英国曼彻斯特大学开始学习数学，在大学学习期间她获得了道尔顿奖，这是数学领域最佳学业成果奖。

（1）具有数学天赋，精通教育技术。

西丽亚·霍伊尔斯教授作为一个中学教师开始她的职业生涯。她在伦敦大学教育学院攻读硕士和博士学位，后成为伦敦北部一所理工学院的讲师。然后进入数学教学领域的研究，并于 1984 年成为数学教育教授。她既能利用先进的理论作为指导，又通过一系列全国性和国际性项目，对该领域进行开发研究，其目的是借助于技术，提高从幼童起，直至成人的数学教育水平。

（2）探索 Logo 潜力，集成多种技术。

霍伊尔斯教授在技术和数学教育方面的研究，是从开发 Logo 软件所提供的潜力开始的，此后很快成为这个领域的国际性的领军人物。她所写的两本书分别于1986年和1992年出版，就是《Windows的数学含义》和《学习文化和电脑》。这两本书都是与理查德Noss合作撰写的。这两本书的出版，是她将对Logo的研究转化成生产力的标志。该领域的许多先进理论，都从这两本书中获得灵感，诸如带子的概念、位置抽象的概念等。

图6－14　西丽亚·霍伊尔斯

20世纪90年代中期，她把技术研究、信息和交流技术研究与儿童的发展的关系结合起来，集成的新的研究方向。这些项目得到欧洲联盟的资助。该项目的主旨是让各国儿童设计与共享他们自己的视频游戏，以及最近的网络实验室项目等。该项目的目的是设计和评价虚拟实验室，让不同国家的儿童建立和探索数学和科学思想协作。她被任命为ICMI执行委员会的一个新的研究项目的共同主席。

（3）拓广研究领域，开创新颖方法。

霍伊尔斯教授在数学教育方面的研究远远超越于只把重点放在技术上。自20世纪90年代中期以来，她的研究涉及两个主要的领域。第一，《儿童对证明的理解》，开创了一些新颖的方法策略，把定性的方法和定量分析法联系起来，包括对发展的纵向分析。第二涉及数学的新项目“在工作场所的技术数学文化”，她发展本研究的相关实验，对实验结果进行评价，改进理论与实验设计。她力促数学家与数学教师共同为国家制定政策，她负责英国整个数学联合会，向政府提出报告，涉及大、中、小学数学教育政策等。1999年，她当选为英国数学联合会主席、数学教育咨询委员会（ACME）的成员。2002年，她全面论述了数学教师的职业发展问题，她对全英数学教育做了系统的回顾。对全英数学教育政策的制定，霍伊尔斯教授发挥了重大作用，因而荣获大英帝国数学教育服务奖。

9．阿兰·熊菲尔德（Alan Schoenfeld）教授（美国）

ICMI宣布，2011年国际数学教育菲力克·克莱因奖授予美国教授阿兰·熊菲尔德。熊菲尔德教授是美国加利福尼亚大学研究生院院长、全美教育协会主席、全美教育促进会副主席，他的研究涉及对数学思维、教学与学习的处理，以及数学问题解决。

图 6－15 阿兰·熊菲尔德

（1）深入研究数学，着眼问题解决。

阿兰·熊菲尔德教授的代表著作是《数学问题解决》，书中刻画了数学思维的特点，描述了对课程中数学问题的理解，阐述了数学教育的多样性、理解与应用间的平衡。他提出了数学测量与评价的方案，说明了数学教育的可变性与发展性。他早年在火车上的一项研究，发展了对数学教育和问题解决研究的浓厚兴趣，迅速成为数学问题解决的探索者和学术带头人。1973 年，他获得美国斯坦福大学数学博士学位。1975 年，他成为数学研究讲师，他对数学问题解决的兴趣在大学教育生涯中一直保持着。1978—1981 年，他在哈密顿学院任教，1981—1984 年，他在罗彻斯特大学任教，后又重新被聘在加利福尼亚大学伯克利分校任教，1987 年被聘为数学系兼职教授。1994 年，他被英国诺丁汉大学聘为客座教授。

（2）建设机械模型，刻画教学过程。

阿兰·熊菲尔德教授是全美教师协会《学校数学的原则与标准》9～12 年级部分的主要作者，也是《美国学院数学教育研究的认识与教学》的通讯作者。他发表两百余篇有关数学思维、数学学习的论文。他目前致力于发展一种研究系统变化的机械装置，力图用模式化、机械化过程表述数学教学过程等复杂现象，从而把教育研究与实际联系起来。他的最新著作是《我们如何思考》，该书提供了一种详细的模型，研究人们在数学教学等复杂情境下的思维心理。他致力于产生一种建设性的学习环境，使学生在这种环境下，能进行有意义的、有效的数学学习。总之，熊菲尔德教授完全有资格获得 2011 年菲力克·克莱因数学教育终身成就奖。

10. 路易斯·雷德福（Luis Radford）教授（加拿大）

图 6－16 路易斯·雷德福

ICMI 宣布，2011 年汉斯·费赖登塔尔奖授予加拿大教授路易斯·雷德福，以表彰他 20 多年来在数学教育心理上的符号文化理论原创性的贡献。他高度一致的项目研究以及所取得的丰硕成果，对社会产生了广泛的影响。路易斯教授是符号文化理论的创始人之一。

（1）发展符号文化理论源于对数学史的兴趣。

路易斯·雷德福教授发展了数学学习的符号的文化理论，这些来源于他对数学史的兴趣，以及对认识论、符号学、人类学、心理学、哲学等的扎实功底，也源于他一直以来对学生的代数学习活动的细致的观察研究。

（2）研究数学思维，促进师生发展。

雷德福教授的研究工作涵盖了数学思维的多个方面，其核心是让师生在课堂的教与学中持续不断地发展。作为一个社会学工作者，他力求推动以学生为中心的数学教学活动。他由维果茨基所创立的学校教育的历史文化观出发，创建了数学符号文化理论。

11. 米歇尔·阿蒂格（Michele Artigue）教授（法国）

ICMI评奖委员会宣布，2013年菲力克·克莱因奖授予法国巴黎第七大学荣誉教授米歇尔·阿蒂格，表彰她对数学教育超过30年的、始终如一的卓越贡献，以及她在数学教育研究与发展方面取得的终身成就。

图6－17　米歇尔·阿蒂格

米歇尔·阿蒂格教授的研究，最初在数学领域，后来逐步走向数学教育。20世纪70年代中期到晚期，她一直致力于发展和加强数学教育领域研究的新方向，成为研究高级数学思维的领军人物。她研究技术工具在数学教学与数学学习的作用，研究的主要方向为数学教师专业发展的制约因素，数学教学理论与教学方法的衔接与联系，数学教育研究网络理论框架的构建。

（1）利用多种方法，阐述数学教学原理。

米歇尔·阿蒂格教授的理论贡献包括利用仪器作为实验研究工具，阐述数学原理；她的理论对提高教学质量有重要影响。她精心设计了两个范例，说明其数学教学研究的成果，得到同行的敬佩与肯定。她的研究是国际知名的，创作了超过100篇开创性的文章和书籍，分别到法国重要刊物和国际性学术刊物上发表。她的论著在国内外出版，获得国际数学教育界的好评。过去的5年里，她受邀到法国以外的国家和地区开讲座40余次。她开创性研究的特点是，对数学作深入分析，又从认识论中取得支持。她反思性的研究方法，与她个人的非凡的能力结合起来，使所研究的诸多问题迎刃而解，硕果累累。她丰富了数学教育的理论框架，扩展了研究范围，使各方向的理论研究得到协调发展。

（2）促进国际数学组织发展，建立多国联系。

米歇尔·阿蒂格教授的学术工作由一个优秀的，在国际数学教育界同负盛名的团队予以记录。她在国际数学教育委员会（ICMI）的工作中，展示了强劲的领导能力。在国际数学教育委员会（ICMI）的诸项工作中，在国际合作程序中，在发展中国家数学教育策略合作中，她发挥了核心的作用。她促进国际数学联盟（IMU）和联合国教科文组织（UNESCO）建立关系，基于这些重要协作，她写成了专著《基础数学教育的挑战》，这本书由联合国教科文组织出版，并用多种语言发表。该专著已作为ICMI联络文献，为国际数学教育合作建立网络程序作参考。米歇尔·阿蒂格教授领导的国际合作活动超出欧洲范围，其项目的成员，包括法国、西班牙、巴西、哥伦比亚、阿根廷等国专家。她建立了法国国家数学教学研究所，该所又发展为国际数学教育研究会法国分会，该分会还建立了自己的大学。米歇尔·阿蒂格教授热情服务于国际合作研究，积极从事数学教育文献的编著与出版工作。她应计算机与数学学习的国际期刊的邀请，参与编著了《数学教育百科全书》。她也是几个著名的数学教育学术期刊编委会的常务成员之一。

米歇尔·阿蒂格教授于1972年获得巴黎第七大学数理逻辑学博士学位，于1984又获得该校科学博士学位。1987年，她在巴黎第七大学学习矿山投资，从1970年到1991年，她是巴黎第七大学的讲师，为本科生开设高等数学课程。1991年，她获得教授职称，负责未来中学数学教师的培训工作。1999年，她受到聘请，返回巴黎第七大学数学系担任教授，同时担任该校数学教育研究所所长。2010年9月，她荣获该校名誉教授的殊荣。

（3）建立教学理论框架，思考环境数学学习。

米歇尔·阿蒂格教授任职于新成立的巴黎第七大学时，成为数学教育研究所的首席成员。她对数学教学研究理论的发展深感兴趣，这成为她撰写博士学位论文的主题。她进行的第一项研究，就是把数学课堂教学作为普通学校工程进行建设。她力图把数学课堂教学建设为一个动态系统，用以对抗重现式的课堂教学，这项研究点燃了她的理论建设的激情。当她的研究转向把数字工具集成到高中和大学水平的数学学习时，她发现在数字化学习方面，需要基础理论建设。她带领研究小组，试图建构一个理论框架，同时又避免削弱传统的“技术观念”。她借鉴彻瓦拉教授的人类学的理论、认知功效理论，以及人类环境改造学理论，建立了实用教学工具的理论框架。在参与合作的两个连续的欧洲项目中，她制定了一个综合性的理论框架。在她的论著中，第一次使用了网络理论的语言。她建立了一种结构，使得数学教育不但从理论方面，也从方法论的角度同时得到发展。

米歇尔·阿蒂格教授的理论被有关出版物广泛引用，其中包括数字工具在数学教育中的使用。她当前与数字化学习相关的经典论文有《对环境数学学习的反思：仪器技术和概念教学之间的辩证关系起源》（2002）；她在教学工程方面有开创性的文章，如*Ingénierie didactique*（1989）；她关于认识论和教学论的重要论文是《表象与说理》（1990）、《大学的教学和数学学习》、《在大学水平的教育研究中，我们可以学到什么》（2001）。除了她对出版的贡献以外，米歇尔·阿蒂格教授培养的博士超过24人，她还指导了几个年轻的研究人员，她热情帮助发展中国家研究人员。总之，米歇尔·阿蒂格教授有充分的资格获得2013年菲力克·克莱因数学教育终身成就奖。

12. 梁贯成（Frederick Leung）教授（中国香港）

国际数学教育评奖委员会宣布，2013年汉斯·弗赖登塔尔数学教育积累成果奖授予中国香港特别行政区香港大学教授梁贯成，以表彰他在数学教育比较研究与识别和传统文化对数学教学的影响方面的卓越研究贡献。

图 6－18　梁贯成

（1）探讨儒家文化视角。

梁教授开创性的工作，使他闻名于世界。他从儒家文化的视角出发，解释与阐述一系列国际数学教育研究，如 IEA（国际教育协会）国际数学与科学研究和 OECD（国际经济合作组织）国际学生评估计划等。他阐明了东亚学生在上述研究中取得的数学成就及意义。他的研究工作，从同一文化的角度，阐述了东亚数学课堂教学的特点。他从现代数学文化视角出发，分析东西方数学教学与学习的特点与异同，相互联系与相互影响，及其对数学教学的启示。他促进了数学教育文化观的研究，阐明了教师数学教学知识的内涵，他深入比较了东亚和西方国家之间教学观的差异，他的研究为东西方数学教学交流做出了贡献。他搭建了一个框架，用以阐述数学理解与数学教育的内在联系。

（2）促进东西方数学教育互动。

梁贯成教授的专业活动有重要国际影响力，也影响了各国的教育政策的制定与实施，使之超越固有成见，促进各国相互了解，彼此学习，共同研究。他推动东亚区域数学教育工作者了解其他国家和地区的数学教育，成为这方面举足轻重的人物。例如，他主持了“不同文化传统的数学教育，第十三届 ICMI 研究”“东亚和西方”等活动，他在数学教育比较研究方面有众多的出版物，在东亚和世界其他地方广泛发行。他在许多数学教育组织及相关的东亚区域会议发挥作用。梁贯成教授积极参加在东亚数学教育方面的合作，成为东亚数学教育许多倡议的联络人，他也是东亚和西方学者之间有影响力的联系人。梁贯成教授应邀担任有关数学教育学术会议主调发言人。他还曾参与著名的数学教育国际委员会，成为数学教育国际手册第二册和第三册的编辑团队主要成员。梁贯成教授获得的学位包括：学士（数学，1977 年）、硕士学位学位（测试、测量和评价，1984 年由香港大学授予）和博士学位（数学教育，1992 年由伦敦大学教育学院授予）。从 1977 到 1982，他从事中学数学教学。1982 年，他成为香港大学讲师；1992 年，他担任香港大学高级讲师；2006 年成为香港大学教授。梁贯成教授在美国加州大学洛杉矶分校做访问学者时，获得 2003 年高级富布赖特奖学金；2006 年，他获得香港大学教育学院的杰出研究者奖；2008 年获香港大学优秀研究生导师奖。

（3）从粤港比较到中英比较。

在学术生涯的早期，梁贯成教授就开始对数学教育比较研究产生了兴趣。他的硕士论文，部分是关于数学教育比较研究的（1987），如广州和香港的数学课程的比较。以数学教育比较研究的兴趣作为博士论文的出发点，他进一步地比较中国大陆、中国香港与英国数学课程的发展。在不能完全拥有数据的情况下，他研究并发现了北京、伦敦、香港三个站点的数学教育文化的异同。20 世纪 90 年代，梁贯成教授参加了第三届国际数学和科学研究（TIMSS），成为为香港首席研究员和国家研究协调员。他表明，他的博士论文为 TIMSS 提供了一个适当的文化背景框架，用以 TIMSS 研究说明，东亚国家在数学与科学方面的优越表现。同样重要的是，这也为东亚国家为探索本国的数学教育特性，提供了参考框架。他的论文得到同行的认同，被同行引用。梁贯成教授的研究，从对学生数学成绩比较研究开始，进而反观不同国家的数学教学比较，试图对数学教育的成就进行文化解释，说明数学课堂教学及学习效果与文化背景的关系。1995 年梁贯成教授的论文反映这一方向早期研究成果。（《北京、香港和伦敦的数学课堂教学比较》）

（4）探讨文化背景与教学的联系。

梁贯成教授随后参与制作两个国际课堂教育比较录像，他通过研究 TIMSS（1999）的视频，从学习和学习者的角度，研究学习效果与文化背景的关系。他的有关数学文化视角研究深入发展，可以用其相关出版物说明（例如，《东亚数学课堂的一些特点——基于 TIMSS 1999 视频的数据的研究》发表于 2005 年）。在 2012 ICME－12 全体会议小组上，在他的学术报告中，进一步阐述了儒家文化的特性与数学教学的关系。梁贯成教授的研究工作令人印象深刻，包括 21 个受资助的研究项目和编著或合编的超过 60 本著作。梁贯成教授的工作开辟了一个新的研究层面，从中可见，不同的数学表现和课堂教学实践有一定的联系。他的研究成果，对东亚地区数学教育有重要贡献，促进人们对东亚和西方数学教育之间的异同进一步了解。各国同行一致认为梁贯成教授有充分资格获得 2013 年费赖登塔尔数学教育积累成果奖。

6.5.4 泰斗魅力缘何处？开拓新域不止步——十二位科学泰斗得奖的启示

1. 获奖者的共同亮点

（1）高职称，大贡献。

在 12 位获奖者的成就中，我们发现有以下一些共同点：①有过硬的数学学科背景，获奖者大部分获数学博士学位；②至少在一个方向的研究中，取得国际领先地位，并得到本专业各国专家的认同；③在教学工作中取得瞩目成就，所培养的博士生的工作，不少已经达到国际先进水平；④有国际合作经验，受多国邀请，出国教学及研究，在高水平学术会议上发挥重要作用；⑤在本国和国际学术组织、政府学术部门中担任要职，积极支持和参与 ICMI 的工作；⑥学术著作丰厚，编著、合著、主编数学教育系列丛书与数学（教育）手册，担任高水平数学教育刊物的主编（主笔）等。以上是数学教育国际大奖得奖者的基本共同亮点。笔者注意到，我国一些同行已经在一些方向上朝上述特点大踏步前进，并取得显著进步。

（2）两奖获奖者的共同亮点——跨国界，跨文化。

获奖者的研究成果，大大跨出一国界限，向多国合作研究跨越。例如，米歇尔·阿蒂格教授的研究团队，来自法国、西班牙、巴西、哥伦比亚、阿根廷等五个国家，跨越了欧洲和南美洲；我国梁贯成教授的比较研究成果，跨越了中国内地和中国香港，惠及受儒家文化广泛影响的新加坡、韩国、朝鲜、日本、越南等国家和地区。

获奖者的研究工作，超越数学教育的范围，从其他有关学科中寻找论据，夯实数学教育的理论基础。例如，米歇尔·阿蒂格教授利用仪器与试验建立了教学论的理论基础，利用人类环境改造学理论，丰富了数学教学论的理论框架；梁贯成教授深入研究了儒家传统文化与东方数学教与学的联系，得到广泛认同。两位专家都参加了 ICMI 的重要学术活动，发挥了重要作用。

2. 我国学者获奖的新意义——零的突破，新的希望

2013 年评奖对中国数学教育同仁而言，特别值得庆贺。第一，我国华东师范大学李仕锜教授是该届 ICMI 评奖委员会成员之一，标志着我国专家深入参加了 ICMI 的关键事务，在评奖中发挥了重要作用；第二，香港特别行政区香港大学梁贯成教授荣获汉斯·费赖登塔尔数学教育积累成果奖，这是我国专家首次获得该项殊荣。该次获奖说明我国数学教育的国际影响力大大增强，它标志新中国成立以来在数学教育的卓越工作，得到国际数学教育界的承认与肯定。2013 年国际数学教育两奖的评奖结果，说明我国在参与数学教育评奖的话语权方面，在获得数学教育国际大奖方面，都实现了零的突破，这标志我国已经进入了国际数学教育先进行列。期望我国数学教育同行继续努力，面向世界，虚心学习，戒骄戒躁，在不远的将来，海峡两岸同行并肩前进，继续突破菲力克斯·克莱因数学教育终身成就奖，取得更辉煌的成果。

6.5.5 中国受邀作表述，引来八方知音驻

我国以华东师大前校长王建磐教授，《数学通报》主编、北京师大张英伯教授为首的中国代表，应邀向大会作专场报告，阐述中国数学教育的传统与最新发展，报告的主题是《数学教育在中国：传统与现实》，主要内容有：中国数学教育传统；数学课堂教学；基础教育数学课程改革、目标与内容；中国数学教育评价；少数民族数学教育发展现状；教师教育与数学教师职业发展；技术与数学教育。中国的精彩表述，受到各国代表的热烈关注。中国数学科学教育实力增强，受到举世关注。

我国部分代表受美国中田纳西州立大学邀请，在 ICME－11 召开之前赴美国

参加中美数学与科学教育研讨会。该研讨会的召开，说明中美互有优点可学。中美双方对该座谈会都做了认真准备，分组细，交流认真，气氛热烈。中国学者应邀到美国中田纳西州立大学校长家里做客，并自由讨论历届数学教育大奖评奖的一些问题。

我国部分代表受到美国德克萨斯大学（A&M）邀请，参加中美数学教育研讨会，讨论双方关心的问题。笔者曾在美国德克萨斯大学与美方专家交流，特别荣幸的是，在中美数学教育讨论会上，笔者恰与国际数学教育大师——杰瑞米教授（Jeremy Kilpatrick，2009 年国际克莱因奖得主）在同一个小组讨论，而且笔者和杰瑞米教授恰好相邻而坐。笔者向教授问及美国数学教育的新发展，以及美国在国际数学教育评价中的地位问题，他都虚心地做了回答。在分组讨论会上，教授对中国的数学教育也很感兴趣，他也向笔者提出一系列问题，例如中国的高考问题是否有一些副作用等，笔者也实事求是地做了回答。坦率的交谈，使双方都有收益，互有所学。能亲眼看到克莱因大奖获得者的风采，是笔者的幸运。

6.5.6　成就卓著存困阻，披荆斩棘闯新途

回顾多次大会，中国参会人数逐步增多，高于历届，在大会会务中承担的责任与时俱进；我国数学教育受到前所未有的关注；得到各国同行的充分肯定，反映了我国国力，科学技术水平，数学交流能力的稳健发展。展望未来，挑战犹在，弱项颇多，我国数学教育研究面窄，在许多专题方面的研究乏力，如民族数学教育、性别在学习中的影响等，尚未找到化解某些矛盾的对策。建设高水平的有中国特色的数学教育，我国的科学工作者任重而道远！

7 数学思想方法的鉴赏与应用

本章前七节从中国、美国、以色列等国数学课程研究文献中，选出一批精彩范例，分别说明在课程与教材中，在数学教学中，如何帮助学生发展并活用数学思想方法。各国优秀数学教师，力图把数学思想方法反映在教学过程中，渗透在数学活动中，甚至隐喻在数学游戏中。精彩的数学活动，能提升学生的数学兴趣，指导学生欣赏数学魅力与数学美。本章第八节展示了一份高考数学试题，说明即使在试题中，也存在数学美，也能给读者带来数学美的优雅感受。

7.1 发展学生数感的意义与方法

许多国家把“数感”作为数学课程的重要目标。美国《学校数学教育的原则与标准》(2000 年版) 说明了“数感”的内涵和要求，我国义务教育数学课程标准 (2011 年版) 对“数感”做了中肯的论述。本节拟在上述基础上对“数感”做进一步思考。

7.1.1 数感的意义

数感的含义：理解数的意义；能用多种方法表示数；能在具体的情境中把握数的相对大小关系，能用数表达和交流信息，能为解决问题而选择合适的算法，并估计运算结果，能对结果的合理性做出解释。学生要理解数的基本运算，他们对于数的感知和认识要经历不同的发展阶段。小学是数感的形成和了解的阶段，中学则是数感的深化和运用的阶段。

进行熟练的数字运算，是小学数学教育的核心要求。随着年级的升高，中学生对数的理解应该更深入。用数字、数轴、符号、模型表示数，并把它们联系起来，是中小学数学的基本内容之一。

7.1.2 数感的基本成分

数感包括度量感、顺序感、运算感、估算感、方向感、空间感、整体感等方面，下面介绍前四种。

1. 数的度量感

学前到小学二年级是数感的萌芽阶段。通过读数、写数与记数，学生对于数产生一定的感知，他们能认识物体的可度量属性，知道度量的单位系统，感受度量的过程，学会使用合适的技能、工具和公式进行度量。

通过对实物和模型的测量、触摸、清点，学生感知与认识数。度量感在实践活动中建立和发展，数与量是紧密联系在一起的。数由度量的需要产生，如清点参加某项活动人数就是有意义的实践活动。学生在度量过程中认识数、感知数。他们要学会使用度量工具，认识度量单位，包括长、宽、高、面积、体积等。学生应知道统一度量单位的重要性，认识度量单位之间的关系与转化，学会用数轴表示数。低年级要认识 100 以内的整数。

2. 数的顺序感

实数具有可排序性。例如，比较本班男女生人数，比较两个班在某项比赛中的得奖人数，比较两座房子的高度，比较两座校园的面积等。这既有度量的过程，也有对度量结果的比较。

通过比较，得到对两数相互关系的感知与认识。大与小、多与少、高与矮、相等与不等，分别表示两个数（量）在不同方面的顺序。用数轴可以形象地表示数的先后顺序。

3. 数的运算感

运算感是指对数的四则运算规则的认识。学生运算感的培养，应该包括初步理解数的运算意义，学会各种运算方法，了解各种运算之间的关系，弄清概念，思考情境。通过现实生活经验，使用实验材料，通过计数、分组，认识位值，认识数的读法和写法。

学生要理解各种运算之间的关系。认识加与减、乘与除、乘方与开方，又能相互转化，能用此关系解决问题。这是指对运算规律和运算结果的感知与认识。学生要认识运算的意义、规律和要求。运算是认识数的重要实践活动，学生应能探索各种运算满足的法则，判断结果的合理性。

4. 数的估算感

估算是数感的深化，也是计算能力的升华。学生对于数的运算原理与方法要有一定的熟练程度。理解与掌握估算法，在积累较丰富经验的基础上，对某些数学计算的结果能做出合理的预估。应能审视数学判断过程与根据。现代计算技术不能代替估算，计算过程有时能够优化、浓缩，从而得到简化。

初中生的数学估算感包括认识和进行非负整数、分数、小数、整数和有理数的计算；发展、分析和解释计算过程，形成估算技巧，解释比例的计算方法；从笔算、心算、器算中，选择并使用合适的计算方法，分析与考察估算结果。

对含加、减、乘、除、乘方、开方的计算结果做出预估。乘方涉及指数，开方与根式有关，指数意义需要扩展，它们在有理指数的意义下可以统一起来，指数的意义在高中一年级得以统一。学生在运算实践中应掌握方法，纠正错误，析出错点，分析原因，掌握规律，避免再错。

例 1　一种食物配方中含有五种不同的成分，表 7－1 展示了当一种成分发生变化时，其他成分发生相应变化的情况。这是学习比例中常用的。

表 7－1　××饼干的配方表

调制品杯数	牛奶杯数	鸡蛋克数	食油用量	配料用量
4	2	1.5	1	2
6	3	?	1.5	3

7.1.3　数感的发展

学生的数感还表现为：对于运算原理与方法有一定的熟练程度；灵活运用算理与算法，对计算结果能做出合理预估，能判断其过程与根据。

数感反映在中小学数学学习的整个过程中。随着经验积累，理解不断深化，过程不断熟练，数感发展要经历几个阶段。

1. *数感的初步形成*

学生应对十进制的位值有初步认识，了解各种运算之间的关系，发展对分数的理解。例如，把分数作为一个整数的几分之几，把一个集体划分为几个部分。能用数轴上的点表示数，用数轴解释运算的意义。理解并熟练运用整数加减法与乘除法运算的结果。理解并熟练运用运算法则，如加（减）法交换律、乘法对加（减）法的分配律。扩展对数轴的认识，把它和实际情境联系起来，并灵活运用。初步探究与感知比零小的数，为数系的扩展做准备。

2. *数感的历练*

初中是数学思维的关键阶段。初中生的方向感应基本养成。初高中生将受到多种途径的解题训练。例如，中学生将进一步认识平面直角坐标系，用直角坐标和其他表征系统描述位置和空间关系。几何变换使学生对数的认识从静止状态转向运动状态。例如，把某线段平移，其起点和终点的坐标也随之变化，数数有一定方向：从负数到正数，从左端到右端，反之亦然。角的度量也有方向，顺时针旋转为负角，逆时针旋转为正角。用某个向量表示平移变换，那么，其逆变换就用其逆向量表示。放大变换的逆变换是压缩变换，反之亦然。

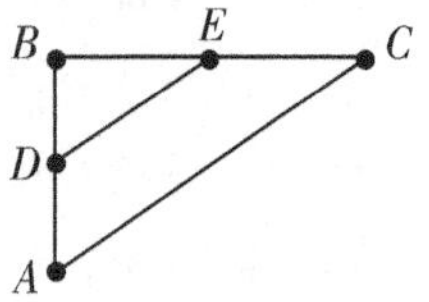

图 7－1　用向量法证明中位线定理

例 2　用向量方法证明三角形中位线定理。

设 $\overrightarrow{AB}=u$，$\overrightarrow{BC}=v$，D，E 分别为有向线段 $\overrightarrow{AB}$，$\overrightarrow{BC}$ 的中点，

则$\overrightarrow{DB}=\frac{1}{2}u$，$\overrightarrow{BE}=\frac{1}{2}v$，

$\overrightarrow{DB}+\overrightarrow{BE}=\frac{1}{2}(u+v)\ =\frac{1}{2}\overrightarrow{AC}$，

$\overrightarrow{DB}+\overrightarrow{BE}=\overrightarrow{DE}$，$\overrightarrow{DE}$和$\overrightarrow{AC}$是共线向量，

即 $DE/\!/AC$，且 $DE=\frac{1}{2}\overrightarrow{AC}$。

3. 数感的丰满与成熟

到了高中阶段，学生的数感将从多方面得到发展。

（1）对于数的认识视野更加宽广。能认识数与量的联系，把数作为度量的结果，又能认识数与现实生活联系起来。把数与坐标联系起来，从而与图形的定位联系起来。又把数与角的度数联系起来，利用弧度制，使得能用实数表示任意角。

（2）数的联系更加开阔。不同的数充实了数的联系，使之更为丰满。学生将逐步发现和理解数有许多不同的表达形式。例如，复数有代数表达形式、三角表达形式、向量表达形式等。学生还要考虑这些不同表达形式的等价性，能否相互转化，各种表达形式在计算上有何优越性，在什么情况下应该使用何种表达形式。

（3）跨越数学的不同范围。从数到模式发展，从数、数列发展到数的模式，例如，从解线性方程组的需要发展到学习行列式的展开，矩阵的乘法，行列式由于解线性方程组的需要而组织起来的一组数，这就不知不觉地进入到线性代数领域；又如解决简单的日常生活问题时，会触及加法原理与乘法原理，当并进一步学习排列数、组合数的计算公式时，其实就已经进入了组合数学领域。

（4）探索新领域，接触新思想。高中生可以运用对数的理解去探索向量和矩阵那样的系统，例如，全面探索、认识数系的概念，各类数的运算性质，运算在某系统中的封闭性。学生数感的发展具有以下特征：从常量向变量发展，从静态量向认识运动变化的量发展，从某些局部的数向对数系的整体认识发展，从单纯的数向数形结合以及对函数的感悟发展。在初中的后期，学生的数感进入了对函数的认识与探索。

7.1.4　现代数学技术有助于数感的形成

现代信息技术可以在数形结合方面发挥重要作用。

例 3　研究二次函数的参变数对图像的影响。对于 $y=a(x+b)^2+c$. 研究 a，b，c 对该函数图象的影响。

分析：如图 7－2 至图 7－5 所示，a 决定曲线开口的上下以及开口宽窄，b 决定抛物线顶点的左右位移，c 决定顶点的上下位移。

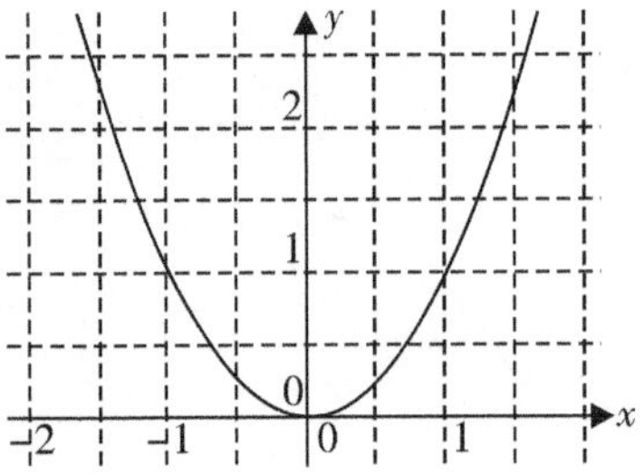

图 7-2　$y=x^2$，$a=1$，$b=c=0$

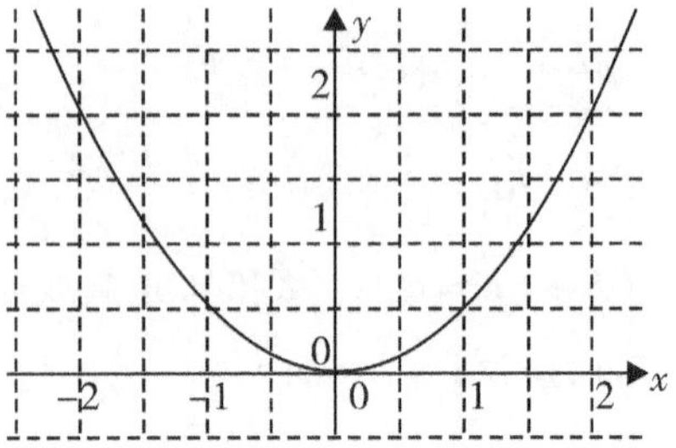

图 7-3　$y=0.5x^2$，$a=0.5$，$b=c=0$

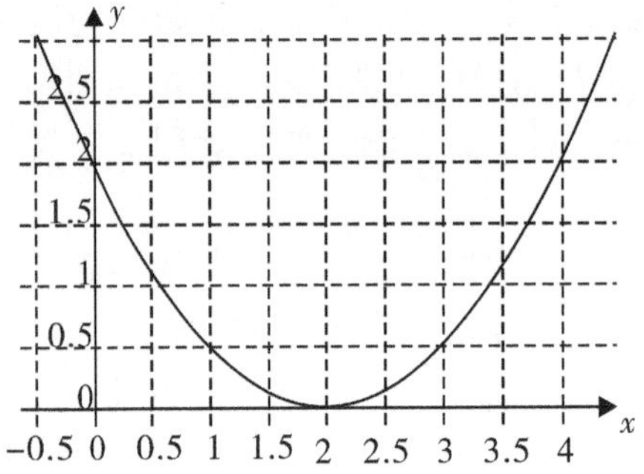

图 7-4　$y=0.5\ (x-2)^2$，$a=0.5$，$b=2$，$c=0$

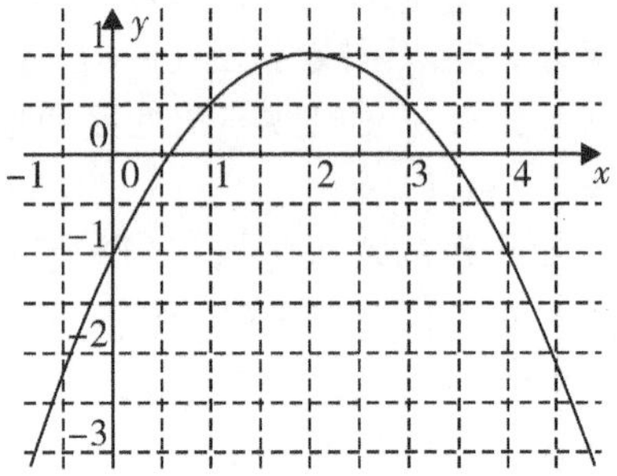

图 7-5　$y=-0.5\ (x-2)^2+1$，$a=-0.5$，$b=2$，$c=1$

7.1.5　数感发展的新特点

使用笛卡儿坐标系和其他坐标系，如航海系统、极坐标系统或球坐标系来分析问题；用变换和对称等原理等分析数学情境与关系；探索维数转换的有关问题；使用各种方法领会简单的几何变换及其逆变换，认识有关复合变换及其效果；各类运算有其逆运算，各类变换也有其逆变换，学生能用变换与逆变换解决有关问题。

1. 向量感及其培养——由分到合

在数学中，向量指具有大小（magnitude）和方向的几何对象，可以形象化地表示为带箭头的线段。箭头所指代表向量的方向，线段长度代表向量的大小。矢量指既有大小又有方向的量，如速度、加速度、力、位移等。在物理学中，向量也称作矢量。学生应能区分哪些是向量，哪些是标量。有些数学问题用向量方法来解决能显示其巨大的优越性。

学生的数感包括弄清向量与非向量的联系，并将它们予以区分。标量运算可依照代数运算的法则，向量的运算要既考虑代数运算性质，更要考虑其几何意义。

方向感也表现为对逆向的认识与感悟，例如，知道某个负数的相反数是正数，例如，$-(-5)=5$，某个向量的逆向量的逆就是原来的向量。0 向量也具有这种性质。

把向量的加法和乘法与数的加法和乘法分别进行比较；把标量加减法运算与向量的加减法运算分别进行比较；把数乘向量的乘法与两个向量的数乘运算比较，又与两个向量的向量积进行比较，包括它们的几何意义及其计算公式；认识平面向量与二阶方阵，认识矩阵及其性质，认识逆变换与逆矩阵的关系；能利用矩阵解线性方程组。

数感形成存在个体差异，帮助学生发展数感，要因人而异，分别采取不同途径。例如，以多种形式表示向量，包括平面向量与空间向量，不仅要关注量的大小，更要关注它的方向。学生应该能够用多种方法与符号表示向量，包括用箭头表示，用粗体字母表示，用坐标表示，体会用向量方法解决问题的优越性。

例 4　最短连通途径。设计小镇间最佳道路连通图。某县几个小镇间原有泥路相通，各段路长的公里数如图 7－6 所示。为改善该县交通条件，县里打算在小镇之间铺设水泥路，使得：①各镇之间可以直接或间接用水泥路联通；②为节约成本，要求设计该县各镇间水泥路连通图，使得每个镇都可以有水泥路通过，全县没有环路，总长公里数最短。请你为该县设计一条符合上述条件的水泥连通路径。

教师让学生尝试设计符合条件的最短连通途径，经过学生思考，有人提出方案，从最短路径出发，首先找出最短路径 $AB=10$，再找出与 AB 连通的最短一段 $BD=13$，以后依次找出 $BF=15$，$FE=14$，$FG=18$，从而学生为该县设计的水泥道路连通图共 88 公里（图 7－6 和图 7－7）。

由例 4 可知，发展学生的数感，必须首先符合问题规定的条件，又要联系现实生活，讲求实效。

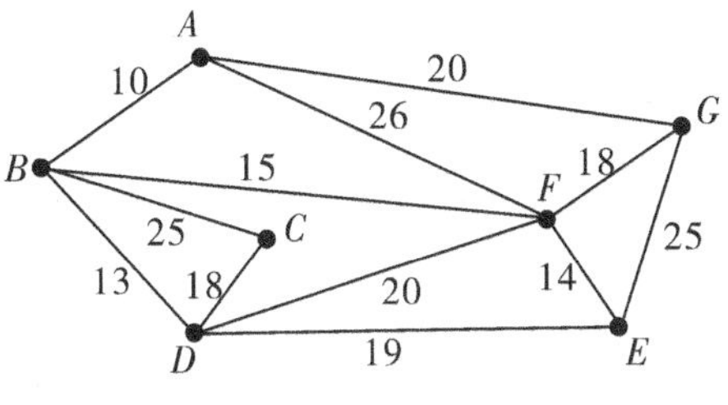

图 7－6　小镇道路原连通图

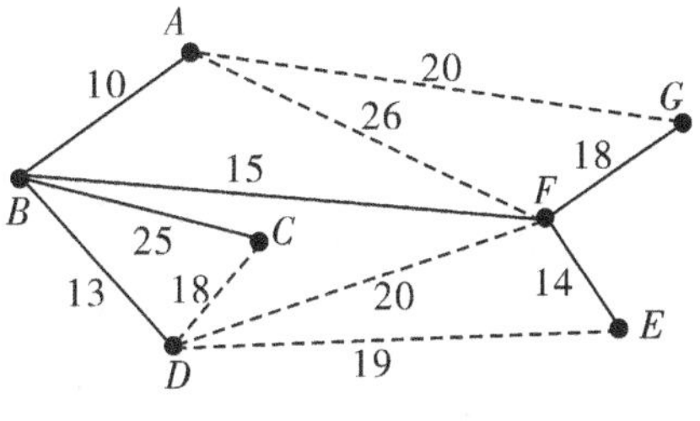

图 7－7　优化后的各镇间道路连通图

2. 比例感

（1）由数到形。比与比例是中小学数学重要内容之一，从小学 6 年级的“比与比例”到高中 2 年级的“圆中的成比例线段”，都与比例线段有关。时间跨度长，涉及内容多，对于学生数感、空间感的形成有重要意义。从两个数相除

（除数不为零）可以写成比的形式，即$\frac{a}{b}=a:b$（$b\neq0$），如果四个数所成的两个比相等，即$a:b=c:d$，则称a，b，c，d四个数成比例。使学生认识反比例关系的意义，理解、掌握成反比例量的变化规律及其特征，能依据定义判断两种量是否成反比例关系。

比例感的要求是，学生应该认识比例的意义，包括认识四个数成正比例的意义；认识成比例的四个数的性质，包括内项积等于外项积，如果$a:b=c:d$，则四个数写成$ad=bc$；认识两种关联的量中，如果一种量变化，另一种量也随之变化，而且这两种量中相对应的两个数乘积一定，则这两种量就叫作成反比例关系的量。

四个数成反比例的意义，能把数的比转化成线段长度的比，进一步转化成相似三形对应边成比例；熟练运用圆幂定理，与三角形相似的一组定理，包括平行线截比例线段定理、切长定理、切割线定理、相交弦定义等。

（2）圆幂定理。

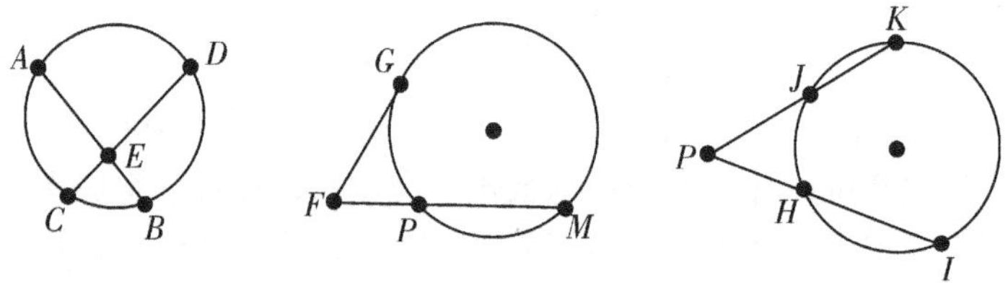

（a）相交弦定理　（b）切割线定理　（c）割线定理

图7－8　与圆相关的成比例线段定理

相交弦定理的意义：圆内两弦AB，CD交于点E，则$AE\cdot EB=CE\cdot ED$，即有成比例线段$\frac{AE}{CE}=\frac{ED}{EB}$，同理，切割线定理可表示为比例形式$\frac{FP}{FG}=\frac{FG}{FM}$；割线定理也可以表示为比例形式$\frac{PH}{PJ}=\frac{PK}{PI}$，从而导出若干组相似三角形。

向量的坐标表示为$\alpha(x_1, y_1)$，用矩阵形式可以表示为$\alpha=\begin{pmatrix}x_1\\y_1\end{pmatrix}$，用向量表示点的平移变换，则坐标原点$P(0, 0)$经过平移变换$\alpha=\begin{pmatrix}x_1\\y_1\end{pmatrix}$后，变成点$P_1(x_1, y_1)$，从而向量$\overrightarrow{OP}$也变换为$\overrightarrow{OP_1}$，那么点$P_1$的坐标用矩阵表示为$\alpha(x_1, y_1)=\alpha\begin{pmatrix}x_1\\y_1\end{pmatrix}$。

3. 运动感

以形表数，由静到动——几何变换是高中数学的新领域。引入矩阵后可以用矩阵变换的观点解决图形变换的表述问题。可以用矩阵描述几何变换，从而使几何变换有了新含义，矩阵成了表示平移、旋转、放缩、位似、反射等变换的有力工具，矩阵变换有了新的几何意义。数与形结合起来，形又得到数的表征。

（1）平移变换。常用的平面变换可以用矩阵表示。如已知三角形 ABC 绕坐标原点旋转，可以先建立这个三角形顶点坐标的矩阵，利用矩阵的乘法，得到经过旋转变换后三角形顶点坐标的矩阵。

（2）旋转变换。以原点为中心，绕点 A 逆时针旋转 90^0，则 AB 变为 AB'，变换的矩阵为 $\begin{pmatrix}0 & 1\\ -1 & 0\end{pmatrix}$，在矩阵 $\begin{pmatrix}0 & 1\\ -1 & 0\end{pmatrix}$ 的作用下，变 $B(4,5)$ 变为 $B'(-5,4)$，矩阵的运算如下：

$\begin{pmatrix}0 & -1\\ 1 & 0\end{pmatrix}\begin{pmatrix}4\\ 5\end{pmatrix}=\begin{pmatrix}0\times 4+(-1)\times 5\\ 1\times 4+0\times 5\end{pmatrix}=\begin{pmatrix}-5\\ 4\end{pmatrix}$，从而点 $B(4,5)$ 变为 $B'(-5,4)$。

（3）反射变换。

以直线 $y=x$ 为镜面，把 $\triangle ABC$ 反射为 $\triangle A'B'C'$，其中变换的矩阵是

$\begin{pmatrix}0 & 1\\ 1 & 0\end{pmatrix}\begin{pmatrix}x\\ y\end{pmatrix}=\begin{pmatrix}0\times x+1\times y\\ 1\times x+0\times y\end{pmatrix}=\begin{pmatrix}y\\ x\end{pmatrix}$，从而 $\triangle ABC$ 的三个顶点，$A(1,0)$，$B(1,-3)$，$C(3,-2)$

变为 $\triangle A'B'C'$ 的三个顶点 $A'(0,1)$，$B'(-3,1)$，$C'(-2,3)$.

例5　用矩阵表示几何变换。

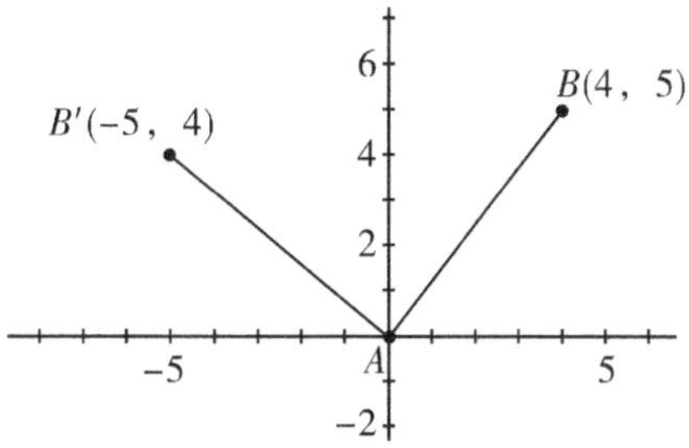

图7－9　线段 AB 绕点 A 逆时针选旋转 90°

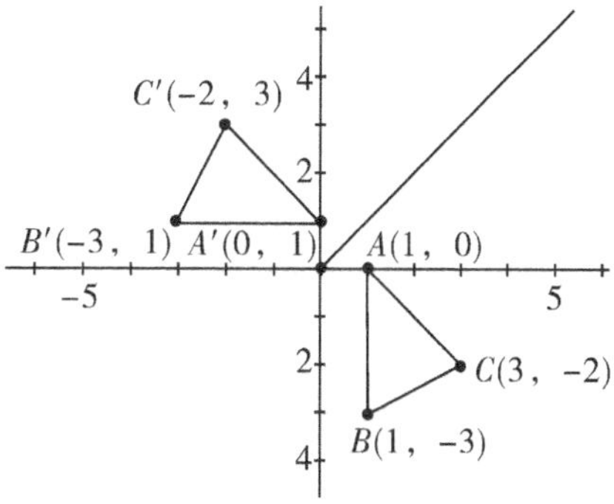

图7－10　利用矩阵执行反射变换

4. 函数感

函数是高中数学的核心领域，高中数学的五大必修课中，有三个领域与函数有关。从常量发展到变量，从静止图形发展到动态图形，图形变换反映了量的动态变化，学生的数感发展到运动变化新形式。

例6　分析有理函数 $f(x)=\dfrac{2x^2+11x+6}{x-2}$ 的特征。学生的解法分别有以

下三种：

（1）用计算机代数系统。

（2）用长除法把函数式转化为$f(x)=2x+15+\frac{36}{x-2}$。

（3）用图形法，如图7－11至图7－13所示。

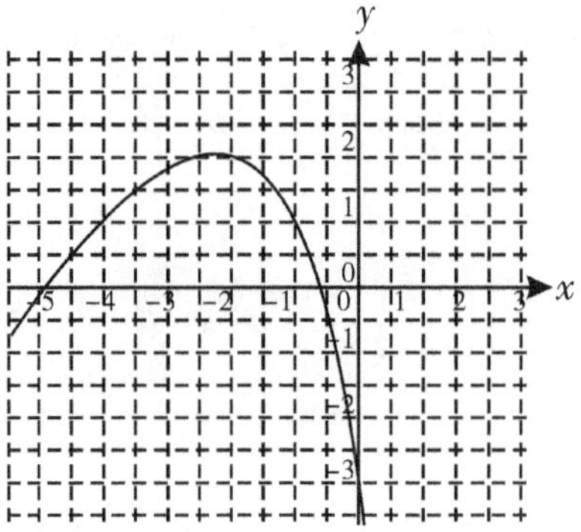

图7－11　函数$y=2x+15+\frac{36}{(x-2)}$

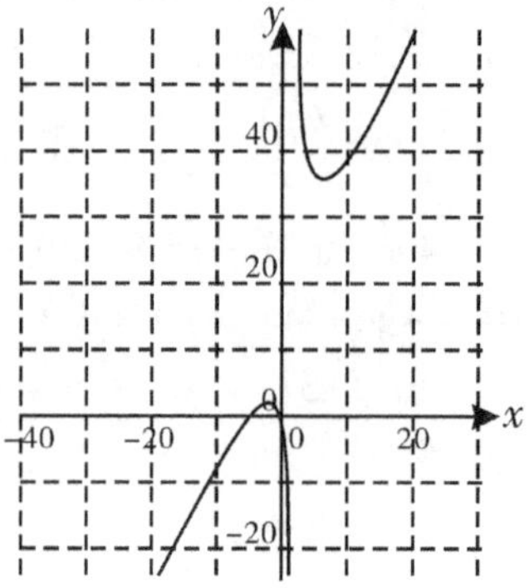

图7－12　在直线$x=2$附近处图像间断

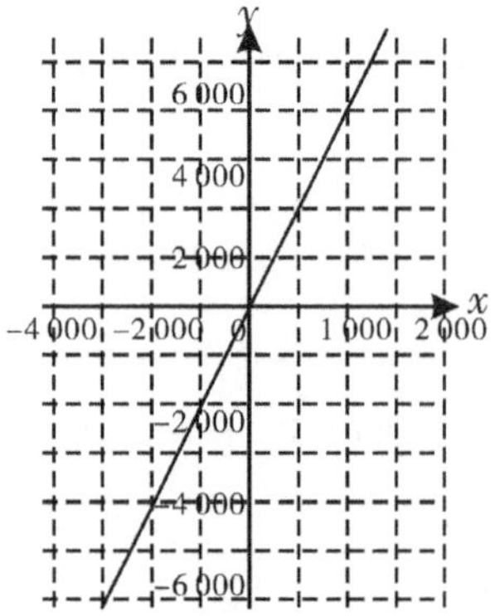

图7－13　函数$y=2x+15$的图像

直线$x=2$是曲线的渐近线，点（2，19）是图像的一个间断点，当x的绝对值取值很大时，图像非常接近$y=2x+15$。

7.1.6　数感的系统化——部分到整体

中学生应该在矛盾产生和解决的过程中了解新数产生的需要。例如，方程$x^2=-1$在实数集范围无解，就产生了虚数，因而数的范围就从实数扩张至复数。了解复数运算的代数、三角与向量形式，体会各种表示形式的几何意义。例如，代数形式对于加减乘除运算比较方便；三角形式对于乘、除、乘方、开方运算有一定的优越性。各种运算都可以予以几何解释。在数的扩展过程中，要抓住每一步的要领，例如：

（1）非负整数：100 以内非负整数的四则运算原理、过程与结果。

（2）有理数：负数的引入，分数与小数的等价转化。

（3）实数：无理数的引入，方根与指数幂的意义法则与相互转化。

（4）复数：虚数、复数的意义，它们的各种表达形式与相互转化。

学生在认识数、执行数的运算的基础上，把数组织起来进行分类，逐步认识各类数的特点与性质以及它们之间的联系与区别。例如，整数与分数，有理数与无理数，实数、虚数与复数；从整除性方面考虑，又有质数与合数，约数与倍数，最大公约数与最小公倍数等。

数的整体感就是对数系的整体认识，并做出合理的分类，区分各类数的联系与区别，认识各类数的性质与运算，把握它们的共同性质，了解各类运算的相互关系，认识它们当中哪一对运算是互逆运算，互逆运算的转化条件等。学生应认识如何用合适的符号表示特定的数集，理解数与集合的从属关系，集合与集合的相等关系与包含关系。比如整数有各种各样的类型，如素数与合数。例如，大于 1 的整数，如果它的正约数只有 1 和它自身，没有其他约数，那么它就称为素数。例如，$2=2\times 1$，2 就是素数；如果某个正整数，除了 1 和自身，还有其他约数，就称为合数。例如，10 具有 1 以外的其他约数，$10=2\times 5=1\times 10$，那么 10 就是合数。

7.2　发展学生的数学符号意识

培养学生的计算能力、逻辑思维能力和空间想象能力都离不开符号操作，而各类考试也以符号操作作为其表述手段，但若把符号操作放在过于突出的位置，则有碍于数学教学目的的全面实现。本节内容主要选译了以色列数学课程文献《正式数学中的非正规感知》。

20 世纪 90 年代以来，培养学生良好的数学符号意识成为引人注目的课题。符号意识（symbol sense）也称为符号感，我国义务数学教育课程标准把符号感看作重要的数学素质。本节结合中外数学教育的情况，对数学符号意识（简称符号意识或符号感）的意义和要求作一探讨。

7.2.1　数学符号意识有待发展

符号意识是比单纯的符号操作更高层次的数学素质。发展符号意识，是为实现数学教学目的、培养人才的需要而提出来的。

1. 走出教学的误区，重视意识的培养

学生从开始学习代数时起，就经常与数学符号打交道。尽管接受了有关符号操作的反复训练，然而计算错误却屡屡发生，更对数学符号缺乏深刻的理解和灵活的运用。专家认为，这是由于学生缺乏符号意识所致。因此，培养学生良好的符号意识成为当前数学教学的迫切任务。

热衷于符号操作是数学教学的一个误区。机械化的练习往往使学生在呆板的操作过程中忘记了符号本来的意义，这就把数学的精髓丢掉了。我们要走出误区，提倡对符号的正确认识、理解和活用。

2. 符号意识是良好的数学素质之一

本节论及的符号，是数学符号的泛指。它既有性质符号，又有运算符号；既指与数学概念和专用术语相关的记号，又指表述各种数学对象相互关系的符号。数学符号既是数学学习的重要内容，又是数学应用的重要工具。人们借助它思考数学问题，交流研究成果，进行抽象与概括。

在数学教学中，我们要全面利用符号作为工具的作用，提倡深刻理解，少死记硬背；提倡灵活运用，少套步骤程式。

3. 符号意识的基本成分

对于符号意识的基本成分人们尚未形成全面一致的见解。Fey（1990）提出的见解有较好的参考价值。

符号意识应该包括：

（1）认识与鉴别能力。对于以数字、图表表示的数学模式，能够粗略地估计其分析表达式，鉴别以某个法则表示某个模式是否恰当。

（2）估算能力。对以符号法则表示的某种函数，如幂函数，能对函数值做出非正式的估计与比较。

（3）验算与预估能力。对运算结果做算术估计，或对已进行运算的正确性做出判断。

（4）选择能力。对一个特定的问题，从几个等价的解答形式中选出最合适的形式。

以下，我们从理解能力、鉴赏能力、探究能力方面来阐述发展学生的符号意识的问题。

7.2.2　数学符号的理解

数学是由大量的概念和命题构成的符号体系。由于数学符号的抽象性，使学生的学习增加了难度。如果回避这一困难，对符号的意义和作用缺乏理解，将对学生以后的学习造成更大的障碍。

1. 理解符号的意义

著名的数学教育家费赖登塔尔指出："学生必须有意识地使用代数的语言，

不仅会使用公式，还要知道为什么这样用而不那样用，否则代数将成为无意义的游戏。”事实上，他的话对于其他数学符号的学习，也有同样的意义。

理解符号的意义包括了解符号引入的必要性与优越性，理解与符号有关的数学概念，明确使用该符号的条件等。

2. 说明符号的内涵

数学符号比文字语言简洁，它的丰富内涵没有由符号本身明示，而要另用文字语言叙述。因此，教师要引导学生经常从具体现象概括为用符号表示，又从形式符号回到其具体内容。解释说明数学符号包含的两重意义，其一是符号与文字（或口头）语言的互译，其二是说明新旧相关符号的关系，如指数符号与对数符号的关系等。

3. 领悟符号的暗示

数学符号本身常含有对运算方法的指示，甚至含有对运算结果的暗示。帮助学生形成认真阅读符号的习惯，尽可能从中获得丰富、准确的信息，就能摆脱单纯符号操作的盲目性。

例如，解方程 $3x+5=4x$。有学生认为：“由左边的 $3x$ 到右边的 $4x$，即增加了一个 x，因而 x 的值应为5。”这种思路与常规的移项法在数学上难以区分，但是在心理上具有微妙的、重要的差异。这种认识打破了自动化的例行公事，通过阅读理解数学符号直接找到答案，这有助于符号意识的健康形成。

又如解方程 $\frac{2x+3}{4x+6}=2$。通过阅读可知，只要分式有意义，方程左边的值恒为1/2，因而此方程无解。如果又有学生用常规办法解得 $x=\frac{3}{2}$，那么解决有关分式方程的增根问题和验根问题，就成为接下来的学习要求，通过进一步的研究，学生将对解分式方程为什么要验根产生深刻的印象。

4. 排除符号的迷惑

对旧符号的理解可能给对新符号的理解和使用带来困扰和迷惑。例如，学生学习对数符号 $\log_c(a+b)$ 时，就会受到代数运算律 $c(a+b)=ca+cb$ 的干扰，而误认为等于 $\log_c a+\log_c b$。教师要帮助学生弄清新旧符号的区别，并通过特殊值来验证，排除学生的误解。良好的符号意识应该包括及时检查错误、纠正错误的健康习惯。

例1 教授与学生问题。Clement（1992）对美国某大学一年级的一些学生考查了如下问题：以 P 和 S 分别代表教授人数和学生人数，尝试用含有 P 和 S 的方程表述命题；本校学生人数6倍于教授人数。

150名受测试的学生中有30%不能正确解答上述问题，其中典型的错误是 $6S=P$，题目中关键词的顺序可能起一些迷惑作用。

我国也有类似的情况，例如，1995年全国高考理科第24题第一问要求“将平衡价格 x 表示为政府补贴 t 的函数”，根据对广东考生的考卷抽样检查，竟有

40%的考生理解为"把 t 表示为 x 的函数"，从而写成 $t=f(x)$ 的形式。可能是把 x 看成是自变量的传统习惯起了迷惑作用。可见，在正确使用符号表示用文字语言给出的数学关系方面，各国学生有类似的毛病。

阅读、检查、反思、排惑，树立警觉性，使学生不要在符号的错觉中误入迷途，这是数学符号意识的重要方面。

7.2.3 数学符号的鉴赏

培养数学符号意识，应该超越于对符号的记忆、解释和常规应用，应包含对其精美、魅力及其威力的鉴赏，还应包含借助符号去欣赏数学美的能力。

1. 数学符号的简洁美

利用数学符号，能排除歧见，以简洁的形式，准确地表示结果。

例2　如果矩形的一边长增加10%，其邻边长减少10%，那么，该矩形的面积如何变化?

学生最初的反应有："没有变化。"（认为一多一少，互相抵消）"面积的变化与哪一边增加，哪一边减小有关。"（把矩形的面积问题与周长问题相混）

简单的计算显示，无论在何种情况，题设的矩形面积总是减少。事实上，记原矩形两邻边的长分别为 a，b，则新矩形的面积必为 $0.99ab$。学生的认识经过三个阶段：①发现矩形的面积总是在减少；②由实验得到，矩形的面积总是减少1%；③通过符号表示明确了一般规律：无论哪边增加，哪边减少，新矩形面积总是原矩形面积的99%。利用符号表示结果，对问题的认识起到了决定作用。

2. 数学符号的统一美

借助数学符号，能沟通一些不同数学对象的内在联系，使之在形式上得到统一。例如，利用圆锥曲线的极坐标方程，把椭圆、双曲线、抛物线方程在形式上统一起来。借助负指数、分指数符号，可以使整式与分式，有理式与无理式，在某种程度上得到统一。

3. 数学符号的含蓄美

在数学教学中，教师要不断带引学生鉴赏数学符号所隐含的美的构思和美的形象。例如，积分号$\int$就是英文 Sum（和）第一个字母的长写，如能与分割求和的积分思想联系起来，就能欣赏到这个符号的深刻含义。

例3　当 a 为何值时，方程组$\begin{cases}x^2-y^2=0\\(x-a)^2+y^2=1\end{cases}$有1，2，3，4组解?

题目以方程组的形式给出，自然有不少学生倾向于代数解法。这种符号操作既费力，又易错。如果能揭示此题的几何意义，则能从中欣赏到符号所蕴含的对称美、动感美，又能找到直观而优雅的解法。事实上，这是动圆 $(x-a)^2+y^2=1$ 与两条相交定直线 $x^2-y^2=0$ 的交点的个数问题。

使用数学符号时，应该对可能的前景做出预计，培养学生去欣赏美感、优雅感和效率感。

7.2.4　数学符号的探究

通过适当的操作，可以挖掘数学符号的深层含义，借助合适的符号，又能探究数学问题的未知规律。

1. 挖掘数学符号的新含义

例4　某奇数的平方减1，所得的结果是什么数？

设该奇数为 $2n-1$（$n\in\mathbf{N}$），学生们有以下认识过程：

（1）$(2n-1)^2-1=4n^2-4n$，得数为4的倍数；

（2）原数 $=4n(n-1)$，由于 $n(n-1)$ 为偶数，当 n 为大于1的自然数时，得数为8的倍数；

（3）原数 $=8\cdot\dfrac{n(n-1)}{2}$，可见另一个因子是自然数列前 $n-1$ 项之和，又可以记为 $C_n^{\ 2}$，这是一个二项式的系数，西方称之为三角形数。在以上获取新意义的过程中，学生能分享发现的喜悦，以增强信心。

2. 探究数学问题的新规律

例5　3×3幻方板的填数问题。

	3	
2		1

图7－14

	2	
1		5

图7－15

	4	
2		2

图7－16

$s-a-b$ a_{11}	a_{12}	$s-b-c$ a_{13}
a_{21}	a_{22} b	a_{23}
a_{31} a	a_{32}	a_{33} c

图7－17

（1）在图7－14的空格上填数，要求每行、每列，以及对角线上三个方格的数字和为9。学生轻松地完成了。

（2）在图7－15的空格上填数，方法如（1）所示，但和改为6。学生也迅速完成了。

（3）填写图7－16的空格，方法如（1）所示，但和改为8。此时学生受阻，经过多次试验，有人认为此题不可解。

（4）教师启发，学生议论、猜想、举例或反驳，终于有人建议使用数学符号，从中发现更深刻的规律，如图7－17所示，设已知三个数分别为 a，b，c，和为 s，按题意依次得

$$a_{13}=s-a-b,\ a_{11}=s-b-c,$$

$$\left.\begin{aligned}a_{21}&=b+c-a\\ b_{23}&=a+b-c\end{aligned}\right\}\Rightarrow a_{21}+a_{22}+a_{23}=3b,\ b=a_{22}。$$

因此，要想方阵各数符合题目的条件，必须 $s=3b$，这正是题目的可解条件。图 7－16 不满足条件，故不可解。良好的符号意识应包括能利用合适的数学符号去探索规律，验证猜想，这正是数学符号威力之所在。

7.3　发展学生的数据分析能力

数据分析与概率是我国义务教育和高中数学课程标准的主干内容，如何发展学生的数据分析能力，受到数学教师的广泛关注。然而，当前在有些学校的教学中，把数据分析等同于代入公式进行计算，这就使学生失去了感知数据、认识数据、探索与发现规律的机会。本节指出数据分析能力的构成，提出发展数据处理能力的要领。

7.3.1　数据分析能力的构成

高中生应该在初中构建数据分析的基础上，学习更复杂的统计问题。例如，思考总体与样本的关系，以及在一个总体或同一样本中二元变量的关系问题。学生还应该学会一些新的统计表述方法，如盒图，可以用来比较两个或多个样本，例如比较两个不同班级的学生的高度；散点图，可以用来研究在一个样本中某两个变量之间的相关性，例如在一个班中，学生的高度及其两手臂之间的宽度的相关性。随着学习深入，学生对数据统计的分析问题将加深理解。数据分析能力由以下方面构成。

1. 数据的认识能力

现实世界里充满数据。学生应该在现实世界的线索中感知和识别数据，把数据的集合看成一个整体，可以看到数据中所蕴含的信息。学生应该感知和认识各种来源的数据，并用度量来反映一组数据的特征。在已有经验的基础上，学生对一些数据的表述工具应该相当熟练，他们应该认识反映一组数据集中趋势的度量，如平均数、中位数、众数等；认识反映一组数据差异的度量，如全距、四分位距、极差、方差与标准差等；识别用统计图所反映的数据的特征，如点线图、条形图、扇形图以及直方图等，并能够借助图表和公式回答有关数据特征的问题。

2. 数据的收集能力

学生应该学习用多种方法收集数据，包括根据问题的需要，设计调查问卷收集数据；设计实验，产生数据，收集数据。能够比较在同一个或不在同一个总体中的数据特征。例如，教师要求学生测定所设计的各种纸飞机的特征，如飞机的尺寸、飞机前部纸夹数，以及其他因素对飞行距离的影响如风力方向与放飞方向的一致性等。

数学教师与物理、化学、生物等科目的教师合作，可能有益于实验设计的连贯性，沟通各学科间的联系。例如，在科学实验中收集数据，然后用数学方法对数据予以分析。

3. 数据的整理能力

学生应能说明：通过收集、组织和陈列数据来处理问题，包括阐述问题，设计研究方案，收集两个总体共同特征的数据，或一个总体有不同特征的数据；说明集中趋势度量和差异度量。根据问题的需要，对数据做进一步的整理，如事件发生的频数分布，按照机会的大小对数据进行排序等。

4. 数据的表述能力

学生应该学习选择合适的统计方法来分析数据，包括能够根据问题的需要，用多种方法揭示所收集的一组数据的特征，通过平均数、中位数、众数揭示一组数据的集中趋势，用极差、方差和标准差表示一组数据的差异特征；能够适当地选择图像方法，包括直方图、盒图和散点图，形象地描述一组数据的特征；能够讨论和理解数据集合及其图像之间的对应性，特别是用直方图、茎叶图、盒图以及散点图等，表述一组数据的特征。

5. 数据的探究能力

学生应能发展与评价在分析数据的基础上得到的某些推论，并做出预告，包括从总体选两个或多个样本，观察其特征差异；根据样本的散点图及其近似直线，做出对样本两个特征的可能关系的猜想；利用猜想阐述新问题，设计新方案，用以回答问题。

数据分析能力的各种构成之间是紧密联系、相辅相成的。数据分析能力也与其他数学能力有紧密的联系。中学阶段应对学生的数据分析能力进行全面而系统的培养。

7.3.2 发展数据分析能力的方法

数据分析能力是一种高层次的思维品质，其在解决问题的需要中，在动手实践的探索中，才能得到充分的发展。

1. 加强感知理解，思考比较优劣

平均数、中位数和众数等，都是描述数据集合的集中趋势的度量。教师需要帮助学生理解这些概念的联系与区别。例如，改变一组数据中某些数据的值，是否对该组数据集合的平均数、中位数或众数产生影响。为此，可以让学生使用计算器构建一个数值表，然后计算其平均值和中位数。接着改变表中一个数据的值，再看平均数、中位数或众数是否也改变。也可利用统计软件，学生控制一个数据的值，并且观察平均值和中位数受到怎样的影响。事实上，改变一个数据的值，往往不能从根本上影响中位数，而增加或减少一两个极端数值点，对于平均数的影响是非常敏感的，反之，中位数对于这种变化的敏感性就差多了。

通过比较，可以认识各种方法在直观表示数据集合方面的优越性和局限性。例如，图像法比列表法更容易看到数据集合的对称性或偏斜性。然而，图像表示可能会漏掉数据的某些性质。

2. 贴近现实生活，增加学习兴趣

作为对自己所收集的数据的补充，学生还应该学习从其他资源中收集数据，如从网络上，从其他大众出版物中收集数据。如花生酱的特性，电池的成本、型号，充电电池的使用期限，汽车的尺码和耗油功效等。当使用其他来源的数据时，学生应该决定需要什么数据，理解如何收集数据，考虑哪些数据信息具有局限性，可能影响到对数据的解释。

3. 实验收集数据，加强动手能力

学生应当学习如何使用绝对频率和相对频率条形图以及直方图表示所收集的数据，根据不同目的选择合适的表示方法。

例 1　纸飞机飞行距离与纸夹数的关系。考虑以下问题：用一张纸折出一只纸飞机，使用了一个纸夹；用同样的纸折出另一只纸飞机，使用了两个纸夹。试比较两只飞机在室内的飞行距离。

学生执行实验以回答上述问题。一个学生放飞该飞机 40 次，同组组员测量与记录每次的飞行距离；接着该学生用另一架飞机做同样的实验。然后，教师要求学生用相对频率直方图去表述数据，如图 7 – 18 所示。对于单夹飞机，教师建议学生使用盒图同时陈列两组数据，如图 7 – 19 所示。学生讨论哪种图像能够更好地表示数据集合的性质。例如，图 7 – 18 和图 7 – 19 的单夹飞机，盒图不能传达有关数据集合的许多特殊信息，如哪些位置数据成群出现等，而直方图能够反映这种性质。但是盒图能够提供两个数据集合的有效比较，因为他们能够描述数据集合的中位数、四分位数，直观地反映数据集合的范围。

大部分学生都会观察到纸飞机的飞行距离在 15 ~ 21 尺之间，与出现在 24 ~ 33 尺之间差不多。但是他们对频率的这些描述不是非常精确的。在教师的引导下，学生做出更精确的描述："纸飞机的飞行距离在 15 ~ 21 尺之间的次数约占总次数的 45%。"

盒图常常用于对两组数据总体的比较。从两个图形的相对位置，学生能够推断，双夹飞机一般比单夹飞机飞得略远些，学生能够利用数据分布回答第二个问题，通过盒图能够说明，单夹飞机在飞行距离方面比双夹飞机变化更大。当他们思考如图 7 – 18 所示的相对频率直方图的时候，教师可以提出以下有关盒图的问题：如图 7 – 18 所示，哪种类型的飞机飞得更远？哪种类型的飞机在飞行距离上更为一致？

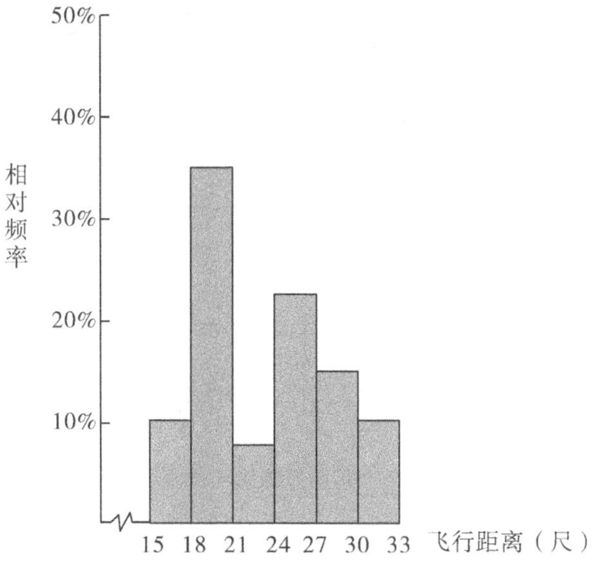

图 7－18 纸飞机飞行距离数据的相对频率直方图

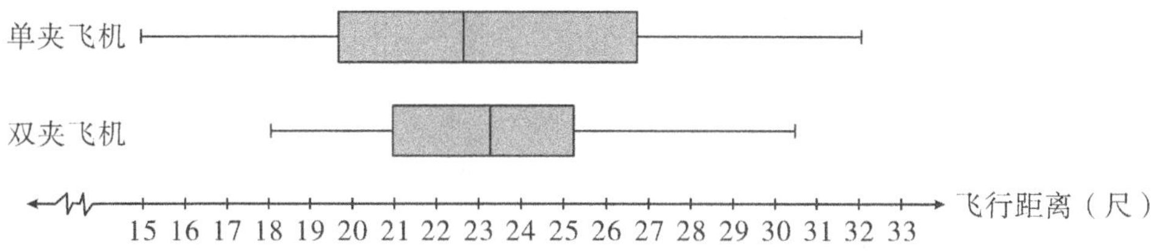

图 7－19 单夹飞机与双夹飞机的飞行距离数据盒图

4. 探索蕴含规律，加强学习信心

利用散点图和线性回归方法，可以在测定和检验某个总体中的两个变量之间是否存在线性相关关系。对这种关系的探索，可以发展学生的科学精神。

例 2　鸟蛋的长与宽之间的关系探索。猜测鸟蛋的长与宽是否存在某种关系。教师给学生提供一些鸟蛋，学生通过测量获得一组数据，他们通过讨论，把每个鸟蛋的长与宽记录下来，用点的坐标显示，据此作出散点图，如图 7－20 所示。

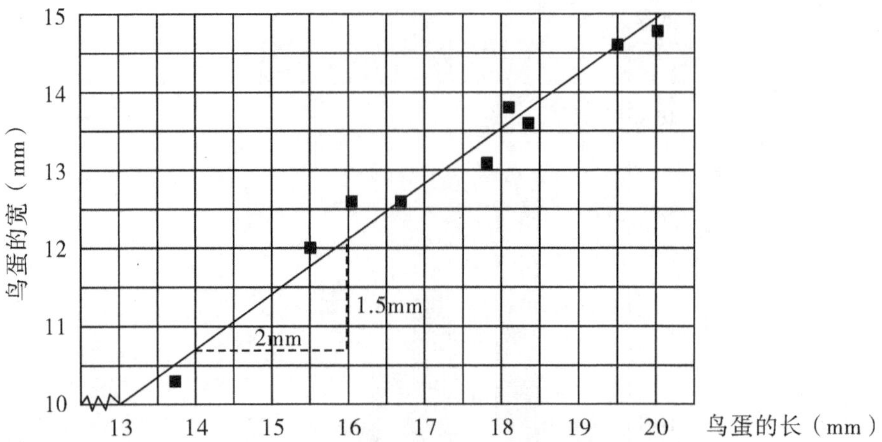

图 7－20　鸟蛋长与宽的关系的散点图

大部分学生注意到鸟蛋的长度和宽度的关系看来是正相关，也就是说，鸟蛋的长度随着鸟蛋的宽度的增加而增加。大部分学生也注意到散点图上的点近似地分布在一条直线上。也就是说，鸟蛋长度和宽度的关系近似成线性相关关系。为了使得这种线性关系更加明显，教师要求学生画出一条近似直线，使之适合所测定的数据，如图 7－20 所示。在这个过程中学生能够利用直线的斜率知识，确定斜率近似等于 3/4，因此鸟蛋的长度和宽度的比就近似等于3∶4。在收集与表述数据的过程中，教师应该引导学生以数据为基础回答问题的愿望，在这个过程中进行观察、推理和猜想，提出新的问题。他们能够运用不断发展的有关有理数、比例等知识与技能，提高观察与猜测能力。教师也能够帮助学生学习利用散点图研究不同总体的两个变量之间的关系。

5. 联系多种情境，抓住一个原理

教师应该鼓励学生描绘数据，从图中寻找关系，计算机绘图软件和图形计算器对学生绘制统计图是十分有用的。学生应该看到绘制数据集合的一系列例子，它们反映了线性关系、非线性关系，以及不十分明显的关系。

例3　高中生组与初中生组身高与肩宽关系的比较。学生可以分为初中组和高中组，度量两个不同年龄的学生组的身高和肩宽，分别画出身高和肩宽的散点图，其中初中生小组的数据点用红色，高中生的数据点用蓝色，学生能够观察两个不同样本的差异。例如，高中生身高样本一般高于初中生身高样本，学生通过画图检查两个不同样本可能的相似性。特别是，如果学生分别对每一组点的集合画出一条近似直线，他们能够确定两条直线的斜率是否近似相等（即两条直线是否近似平行）？这种平行关系指出了无论是初中生或是高中生，身高与肩宽的关系大约是相同的。

高中生应该有许多机会接触具有近似于线性分布的散点图，还应该接触某些非线性关系的散点图。例如，学生可以联系几何与度量的学习，测量若干个相似三角形的底与高，并用公式来表述它们的面积，也可以用绘图纸估计三角形的面积。学生可以画出相似三角形的底与面积的关系的散点图，并且可以明显地看出，相似三角形对应边长与面积的关系是二次型的关系。这种扩展开阔了学生的视野，让他们看到现实世界中变量关系的多样性，又在更大的范围内领悟了曲线拟合的原理。

6. 沟通已有知识，提高综合能力

在教学中要帮助学生在简单问题情境中认识和运用概率思想。例如，可以提出如下的问题：一个盒子内含 100 张纸片，分别写上从 1 到 100 的数字。如果你从中随机地选出一张纸片，那么这张纸片上的数字是 5 的倍数的概率是多少？是 8 的倍数的概率是多少？不是 5 的倍数的概率是多少？既是 5 的倍数又是 8 的倍数的概率是多少？

学生利用概率的概念和数论的知识，探讨所选纸片上的数字是 5 的倍数以及不是 5 的倍数的概率。为了促进班级课堂讨论，学生应该正确运用数学术语说明他们的观点。学生应该知道“选出一个数是 5 的倍数”以及“选出一个数不是 5 的倍数”是互补事件，“选出一个数是 5 的倍数”以及“选出一个数是 8 的倍数”不是互斥的。因为 40 既是 5 的倍数，又是 8 的倍数。学生应该利用概率概念分析问题，把相对频率直方图作为对事件的概率做估计的根据。

例 4　一个直方图的启示。根据图 7 - 19，如果单夹飞机行程多于 21 尺就算试飞成功，飞机行程不多于 21 尺就算试飞失败，那么，如果单夹飞机连续试飞两次，一次成功而另一次失败的概率是多少？

为了解决这个问题，学生需要理解图 7 - 18 的数据所表示的意义，并且利用百分数来估计事件发生的概率。每次试飞失败的概率是 45%，成功的概率是 55%。连续两次试飞是相互独立事件，可以根据相互独立事件的概率公式解决问题。并且注意到这样的事实：每一次试飞都存在两种可能的情况，可以借助树图估计例 4 题设的事件发生的概率。如图 7 - 21 所示，无论是先失败后成功，或先成功后失败，事件发生的概率都是$\frac{11}{20}\times\frac{9}{20}=\frac{99}{400}$，从而全概率是$\frac{99}{400}+\frac{99}{400}=\frac{198}{400}$，或 0. 495。解决上述问题，既要利用以样本的频率估计总体概率的思想，还要理解概率概念以及独立事件的概率计算公式。

计算机模拟给学生提供相对的大样本试验，能迅速产生数据，也容易对数据做出修改。其一，可以利用大样本，使其分布更加接近实际总体的分布。这样就减轻了试验样本的基础上得出不正确推论的可能性；其二，容易产生数据样本，这样学生可以集中精力分析数据，而不至于把精力分散在对收集数据的要求上。

要提高学生的数据分析能力，就应该让学生感受与数据相关的问题情境，让他们了解数据的实际意义，体验数据的产生、整理、分析、表述过程，用样本估计总体的过程，做出预测的过程，对预测进行检验的过程，纠正偏差、做出调整的过程。这样，通过实践尝试，理性思考，辨析提高，学生的数据分析能力就能得到健康的发展。

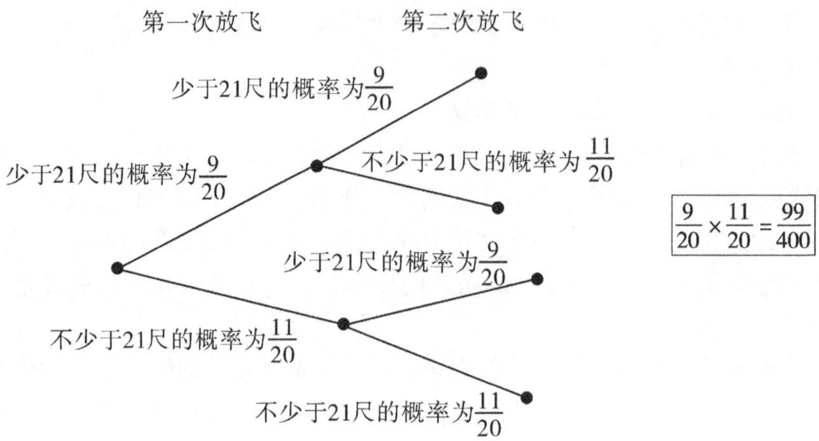

图 7－21　根据给出的简单数据，确定复合事件概率的树图

7.4　空间观念的基本构成与培养

培养学生的空间观念，对于帮助他们理解、解释和欣赏现实的几何世界是十分重要的。培养学生的空间观念，是中小学数学课程的主要目标之一。美国在推理能力的训练方面比我国弱，而在培养学生的空间观念方面比我国有较高的要求，他们的许多理念和做法很有参考价值。

7.4.1　空间观念的基本成分

学生的空间观念是与学习者对图形及其相互关系的感知、识别、判断、操作、表述、建构、想象、变换及运用紧密联系在一起的。在中小学的数学学习中，空间观念应该包含以下基本成分。

1. 图形的识别与理解能力

学校数学课程要求学生正确识别图形，理解图形的特征性质，根据图形特征把它与其他图形区别开来；能够由实物的形状想象出相应的几何图形，又由几何图形想象出实物的形状。识别与理解图形，是培养空间观念的基础。

例 1　对特殊平行四边形性质的思考。课本中往往从四边形对边的关系或对角的关系来定义平行四边形，其实也可以用对角线为线索，思考各类特殊平行四边形的性质，使之与其他类型的四边形相互区别。

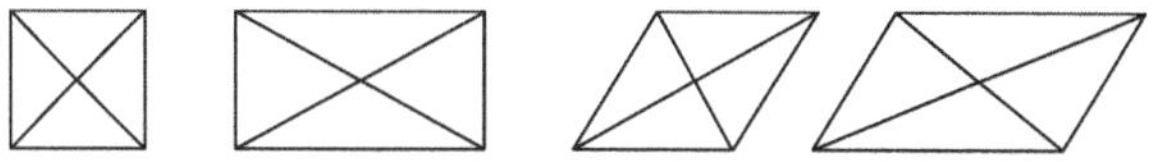

图 7－22 从对角线的角度思考特殊的平行四边形

表 7－2 对特殊平行四边形对角线性质的思考

特殊四边形的种类	对角线总能互相平分吗	对角线总能相等吗	对角线总能互相垂直吗
平行四边形	是	?	?
矩形	是	?	?
菱形	是	?	?
正方形	是	?	?

2. 图形的分解与重组能力

中学生应该具有对图形的观察、分析、分解和重组能力，包括能够从较复杂的图形中分解出较简单的图形，又能够把若干简单的图形组合为复杂的图形。这种能力是空间观念得以健康发展的基本条件。

3. 图形的构建与探索能力

中学生应该具有对图形阅读、探究与理解的能力，包括能够读懂和画出草图，用尺规作图的方法或用动态软件画出图形（包括平面图、简单立体图形的三视图、透视图、截面图、表面展开图）。根据坐标描出点的位置，根据点的位置写出该点的坐标。中学生应该掌握推理和证明的基本方法，能够根据图形的某些已知性质推导其他性质。良好的图形构建与探索能力，是空间观念得以发展的标志。

4. 对图形的运动与变换的欣赏

学生对图形运动的认识逐步深化，这是他们空间观念逐步成熟的前提。高中生应能把对变换的认识扩大到位似，并且能够用定量的方法，如使用向量、矩阵的方法描述图形的变换。

5. 利用几何直观解决问题能力

几何直观就是根据问题的条件，利用合适的图形、图像描述数学对象，描述其他学科以及日常生活的问题，思考解题思路，预测所得结果。几何直观为利用图形的性质解决问题创造了有利条件。运用几何直观的能力，是空间观念成熟的标志。

例 2 探索立体图形表面中两点间的最短路线。已知（a）$ABCD-EFGH$ 是棱长为 a 的立方体木块，在顶点 D 有一点食物，一只蚂蚁正在棱 EF 的中点 I 上。求蚂蚁经过上述立方体表面或沿着棱到达点 D 的最短路线的长度。（b）正四面

体的棱长为 a，点 N，O 分别为对棱 PK，LM 的中点，求由点 N 出发，经过表面到达点 O 的最短路线的长度。

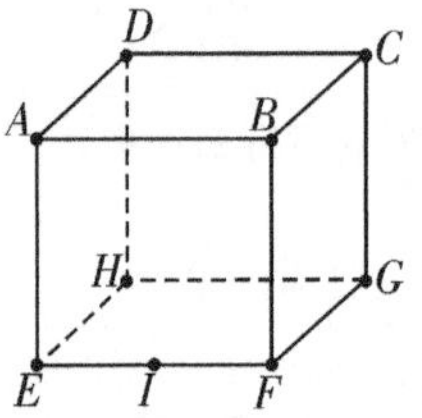

（a）立方体中两点间的最短路线

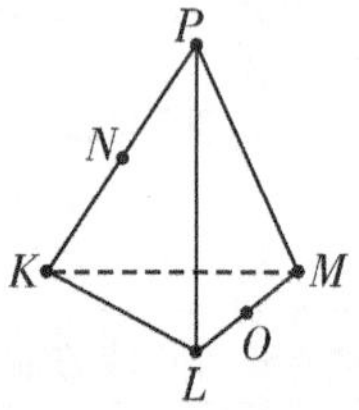

（b）正四面体中两点间的最短路线

图 7-23

学生可以通过实验探索不同的路线，通过测量找出最短路线；也可以通过几何直观，把相邻的两个侧面展平，再求出展开图中 N，O 两点间最短路线的长度。前者需要用勾股定理，后者需要利用菱形的性质。

7.4.2 空间观念的阶段特征

空间观念与其他数学能力共同发展，相辅相成。在不同的学段，学生的空间观念呈现不同的发展特征。

1. 空间观念的启蒙阶段——图形的操作与感知

小学生的空间观念开始建立时，能够使用一些非正式的语言说明图形的某些特点。通过观察、触摸、实验和操作逐步感知和识别各种几何图形，他们的空间观念随着数学经验的积累与丰富，打下初步的基础；六岁左右的儿童，已具备对图形的认识能力，小学低年级是几何启蒙的最佳时期。小学生应该初步认识二维、三维基本几何图形的名称、形状、性质和特点。

2. 空间观念的形成和发展阶段——图形的认识与推理

初中生处于空间观念的形成和发展的关键阶段。他们应该能够学会用演绎推理，并用正式的数学语言阐述与解决数学问题。在对图形的观察、实验和研究的基础上，建立某些猜想，学会用演绎方法证明某些数学命题，能够对解决问题的过程做出有说服力的解释。初中生应该理解定义、公理和定理在数学推理中的作用，通过推理论证，对图形特征更深入的理解，促进空间观念的进一步发展。初中阶段的末期，学生的空间观念应该建立起来，初步形成合理的几何直观。

3. 空间观念的完善与运用阶段——图形的联系与构建

高中生的空间观念有待继续完善。他们对图形进行更多独立的探索，并从中体会推理和证明在数学理解方面的作用。

运用动态几何软件，有助于研究图形运动的特点与规律；利用坐标法，把曲线和方程联系起来；通过探索动点运动的规律，用轨迹方程予以表示；利用向量的方法，探索图形的几何特征及数量关系，灵活运用数形结合的方法；通过对几何变换的研究，发现图形运动的某些不变性质。

学生空间观念的发展不是同步的，各个学段之间并不存在明显的界线。每个阶段的学习，都是上一学段认知的强化，又为下一学段做铺垫。发展空间观念要根据学生的实际水平有针对性地进行。

7.4.3 发展空间观念的教学要领

学生的空间观念应该建立在他们对图形丰富的感性认识的基础上。为了建立这种认识，学生要从低年级开始通过多种途径感知与认识图形、模型与实物，能观其外形，触其表面，读其名称，辨其特征，分拆重组，进行分类。在实验与操作中，让学生有充裕的时间，建立有关几何图形的表象。

1. 加强实验操作，发展直观感知

在实验与操作的基础上，认识图形的特征性质，开展有关几何关系的数学论理，包括归纳推理和演绎推理。直线的平行与垂直，图形的全等与相似，是空间关系的重要组成部分。

例 3　由制作风筝引起的猜想。观测图 7－24 右边几个相似的小三角形，把它们贴成左图风筝的形状。研究这些相似三角形的对应角、对应边长比、对应周长比、对应面积比，得到什么发现？

以上探索能给学生提供许多机会，让他们发展并评价所得到的猜想。学生可以发现并概括相似三角形的许多性质。他们也可以利用动态软件验证猜想，用规范的数学语言表述猜想，还可以用演绎推理的方法证明其猜想。

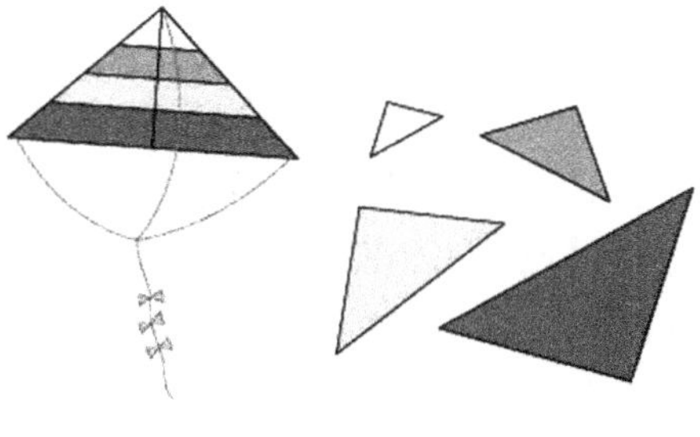

图 7－24　由重叠相似三角形制作风筝所引起的猜想

2. 说明图形的定位，描述空间关系

小学生非正式地学习几何变换，在诸如弹射、转动、滑动和放缩等运动中，描述图形的大小、位置和方向。初中生从图形全等和空间定位的角度学习平移、旋转和轴对称。高中生在动态软件的帮助下，从定量方面了解几何变换的性质，进一步学习变换的合成及变换的数学表示。

例4　对反射与旋转的探索。教师分别向学生展示轴对称和旋转的图形，并让学生观测分析：

（1）在反射变换中，原象和象与反射轴有何位置关系，如图7－25（a）所示。

（2）在旋转变换中，原象和象与旋转中心的联系，如图7－25（b）所示。

利用动态软件，学生可以看到，在反射变换中，每一组对应点与反射轴的距离相等，每组对应顶点的连线被反射轴垂直平分；如图7－25（a）所示，$CG=C'G$，$CC'\perp EF$；类似地，在以点K为中心的旋转变换中，对应顶点与变换中心K的距离相等。每一组对应顶点关于对称中心的张角等于旋转角，如图7－25（b）所示。

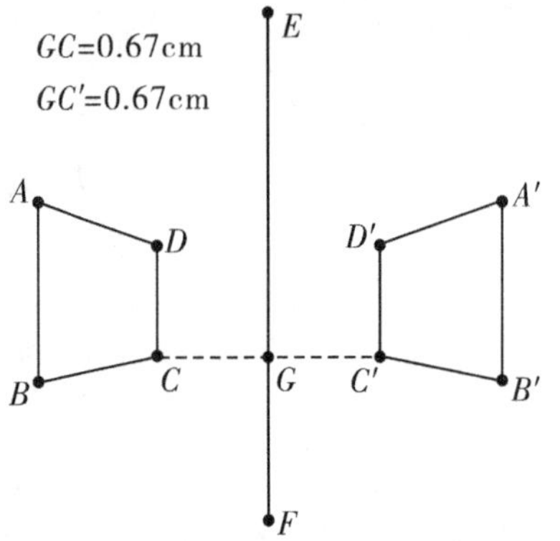

（a）学生利用动态软件探索反射变换

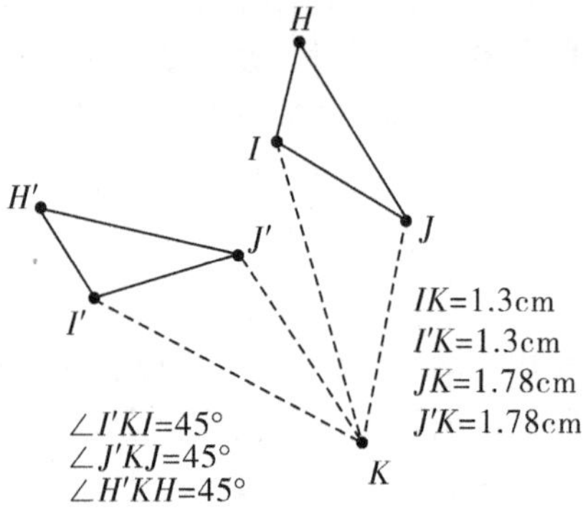

（b）旋转变换的结果

图7－25

3. 重视逆向思维，多方表示变换

既可以给出已知图形，要求学生根据变换的定义和性质，做出变换后的象；也可以根据原象和象，反思相应的变换，从而提高学生空间观念的灵活性。

例5　如图7－26所示，已知三组图形全等。分别为每组全等图形确认相应的变换，使得根据这个变换，从一个图形变为该组中的另一个图形。

图7－26　全等图形的产生

具有丰富几何变换经验的学生，可以看出第一组图形与反射变换相关，第二组图形与平移变换相关，第三组图形既可以与反射变换相关，也可以与旋转变换相关。教师可以建议学生更精确地描述这些变换，例如，对于第一组图形，确定对称轴的位置；对于第二组图形，确定平移距离和方向；对于第三组图形，确定旋转中心和旋转角等。在研讨的过程中，学生将对几何变换有更深入、更灵活的理解。例如，对于第二组图形，所对应的变换，是沿着与水平线成45°角的平移，平移的距离是1.5cm。

高中生应该学习用多种办法表示变换，包括利用矩阵说明变换。用函数符号表示变换，理解变换合成的效果。无论哪一个年级，都要重视对称性在艺术上和建筑方面的应用。

4. 重视维数转化，突出内在联系

传统的教材把几何内容划分为平面几何、立体几何、平面解析几何、空间解析几何。这样做虽然有利于探讨二维图形与三维图形各自的性质，但又往往忽视了不同维数的紧密联系和转化。美国数学课程重视二维、三维图形的转换，它们是被联系在一起学习的。例如，小学生能够用纸制的展开图包封三维图形，通过平面图形折叠造成三维图形；初中生可以通过剖截面和展开图，使三维图形转化为二维图形，并说明一个立体的俯视图和侧视图；高中生则要求根据给定的正视图、侧视图而画出相应的结构图。这就对学生的能力产生挑战，促使他们的空间想象力健康发展。

例6　给出一组立方体积木结构的侧视图和正视图，分别如图7－27（a），图7－27（b）所示。试利用方块积木构造出符合条件的图形。

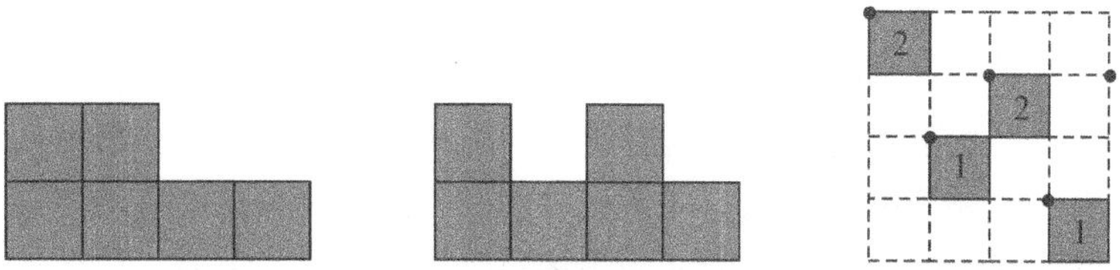

（a）侧视图　（b）正视图　（c）满足条件的积木结构的俯视图

图7－27　积木结构的视图

3~5年级学生能够确定，是否有多于一个建筑物同时满足上述两个条件。初中生应该思考至少需要多少积木才能构成符合条件的图形。然后学生惊喜地发现，至少需要6块积木才能够构成满足条件的积木结构。图7－27（c）就是符合题目要求结构图的一个俯视图，方格内的数字是在该位置上堆积的立方积木数。事实上，满足条件的图形不止一个！

5. 联系现实生活，渗透数学思想

美国数学教学涉及较宽广的知识面，而且有较强的生活气息。例如，图论与优化问题，我国在高中选修 4－8 才学习，而当前开设该选修专题的学校并不多见。然而，类似的网络问题，却是美国初中数学的内容。

例 7　卡罗琳的收款路线。卡罗琳的工作是定期到附近几个停车场的收款机处收集车主所缴纳的停车费。她想寻找一条有效的收款路线，使得起点和终点都在同一处，而且所有街道都只走过一次。

（1）图 7－28（a）指出她所需要走过的街道，试设计她所想要走的合理路线。

（2）图 7－28（b），比图 7－28（a）增加了一条街道 BG，因而卡罗琳需要经过的街道也增加了。你能够找出一条有效的路线把新增的街道也包含进去吗?

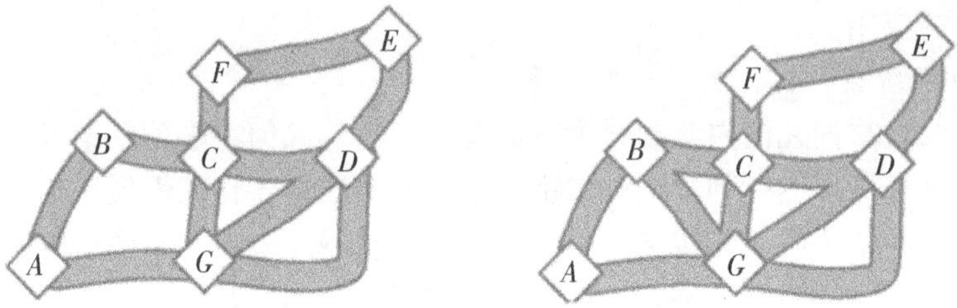

（a）　　　　（b）

图 7－28　利用网络解决有效路线问题

为了说明网络的效用，可以让学生思考上述两个问题。教师可以要求学生在图 7－28（a）中决定一条或几条卡罗琳可以使用的收款路线。鼓励学生说出各自的解答，让同学分享。如图 7－28（a）所示，按照顺序 *ABCDEFGA* 就是一条有效路线。学生还要说明自己是如何找出这些路线的。学生应该注意到每一条路线的始点和终点，确定他们所找到的不同有效路线的数目。

然后，教师又让学生在图 7－28（b）中寻找有效路线。学生最后断定，在图 7－28（b），找不到适合条件的路线。为了解决学生的困惑，教师可建议他们计算与每个节点相连的路径数，让学生理解找不到适合条件路线的原因。

上述这类课外探究活动，为在高中学习哈密顿回路问题做了有益的铺垫。

7.4.4　美国教学经验的若干启示

（1）空间观念是数学课程的主线，起步早、坡度缓、循环多、方法活，由浅入深，逐步培养。

（2）本节例题生活气息浓厚，题材新颖，与青少年学习的心理特点相适应。

（3）突出数学的内在联系，渗透近现代数学思想，含而不露，入口浅而寓意深。

（4）用多种语言分别表达同一数学对象，使学生领悟数学的多样性与统一性。

7.5 谈数学推理与证明能力的培养

7.5.1 打开数学推理与证明的国际视窗

20 年来，数学推理与证明一直是数学教育界争论的热点问题，有些人说它是学生数学学习困难的原因，然而，人们也认为，它是数学美的源泉，是数学活动的核心方面。尽管数学推理与证明在课程中的地位时有变化，人们对它还是兴趣盎然。在美国，数学推理与证明曾在数学课程受过冷落，但在 2000 年后，它又被放到了数学课程的中心地位。21 世纪初，一个由意大利、英国、德国、俄罗斯、中国五国专家组成的小分队，分别对各国数学推理与证明的教学状况进行了考查，并在第十届国际数学教育大会上报告了调查成果，引起同行的广泛兴趣。纵观近年多次国际数学教育心理研讨会（PME），都集中研讨了数学推理与证明的教学现状、意义价值和难点化解等问题。

各国设计了丰富的问题情境，提高教与学的兴趣；研究成果反映了数学推理和证明教学的新视角，在动态的几何学习环境中，数学推理与证明教学发生了积极的变化。本节在以上国际背景的基础上，探讨数学推理与证明能力培养的几个方面。

7.5.2 认识数学推理与证明的意义

数学的推理与证明为人们提供了表述各种现象的强有力途径。人们进行思考和推理时，往往倾向于关注模式、结构和规律，并借助数学语言表示相应的情境。学生常常思考，这些模式是偶然的，还是有道理的？他们做出猜想，进行推理。最终，一个数学证明就成为用以表述特定的推理和判断思维过程的规范方式。

在教学中应该让学生看到，数学是讲道理的，是可以理解的。小学数学已经含有丰富的推理成分，初中数学推理和证明的机会显著增多，而高中生要加深对数学争论的理解，进行更加严谨的推理，并掌握灵活多样的推理和证明的技能。

能否进行推理，是理解数学的重要条件。在数学教学中，要发展思维，探索现象，进行猜想，判断结果。学生从小就开始学习初步的推理技能，并带到学校，在此基础上，教师帮助小学生学习必需的数学推理。在初中，学生能够对他们的数学主张和猜想做出更深入的评价，利用归纳推理和演绎推理去陈述他们的数学见解，从而磨炼并扩展他们的推理技能。高中生应该理解并且能够做出数学的证明，即由假设出发，通过严格的演绎推理导出结论，他们能够进行独立思考，判断各方在数学争论的根据是否合理，并能够领会这种争论的价值。

7.5.3 夯实数学推理与证明的基础

推理，就是要根据一个或几个数学判断而得出一个新的数学判断的思维形式。学生所学过的数学基础知识，常常作为数学判断的根据。掌握数学概念、定理、公式，以及它们之间的相互联系，是进行数学推理必不可少的基础。为了正确地进行数学推理，高中生还应掌握命题结构和逻辑推理的知识，理解并掌握证明的基本方法。与原有教学大纲相比，我国高中数学课程对推理与证明的要求有所提高：

（1）分别在高中不同阶段设立了“推理与证明”专题，对推理与证明提出了系统的学习要求。

（2）新教材中，对于合情推理与演绎推理、直接证明与间接证明，以及数学归纳法做了系统的阐述。举例阐明合情推理的意义和价值，全面渗透推理与证明的思想方法。

（3）通过具体例子阐明合情推理与演绎推理之间的联系与区别，鼓励合理的数学猜想。以上说明，我国高中课程，力求为发展学生的推理与证明能力打下坚实基础。

7.5.4 激发数学推理与证明的动机

推理和证明不是在特定时间或者特定专题的特殊活动，它应该是课堂教学中自然的、不可分割的活动。人们欣赏数学美的原因是，感到出现了有兴趣的、值得研究的东西。

提出诸如“你正在做什么”“为什么这是有意义的”等问题，就是让学生对自我提出挑战。在中小学，要通过适当的情境，提出疑问，促进思考，澄清见解，播种数学推理与证明的种子。

在所有年级水平上，尽管数学的学习要求有所不同，然而，系统地进行推理，是数学课程的固有特征。例如，小学一年级学生会注意到奇数与偶数是相间出现的；小学三年级的学生就能够通过折纸，非正式地判断，正方形的对角线互相垂直；初中生很可能要确定，当滚动两个骰子并把骰子上方的数相乘时，其积是奇数或偶数的概率；高中生可能要考虑，在自变量的线性变换下，函数表达式系数的变化。对数学美的鉴赏，对模式与规律的探索，解决现实问题的需要，都可以激发数学推理的动机。

例 1　数据变换的统计效果——特例的启发。美国哈密顿老师的数学班和中国前进中学的高二甲班结成姐妹班，他们用电子邮件交换两校的学生人均居住面积的数据，并希望进行比较。两班学生分别列出了各自家庭的居住面积，分别计算了两班住房面积数据的平均数、中位数、众数和标准差，并且用电子邮件分享数据。收到美国朋友的数据后，高二甲班学生犯难了。因为中国是用平方米作为面积单位，而美国的数据是用平方尺作为面积单位。如何比较呢？学生取得共识，要把两班的面积数据化为面积单位相同的数据，才能进行比较。由于1平方米≈10.9平方尺，所以，把米转化为尺，容易进行比较。学生在转化过程中产生了争论：对于双方的数据，是先统计后转化，还是先转化后统计？

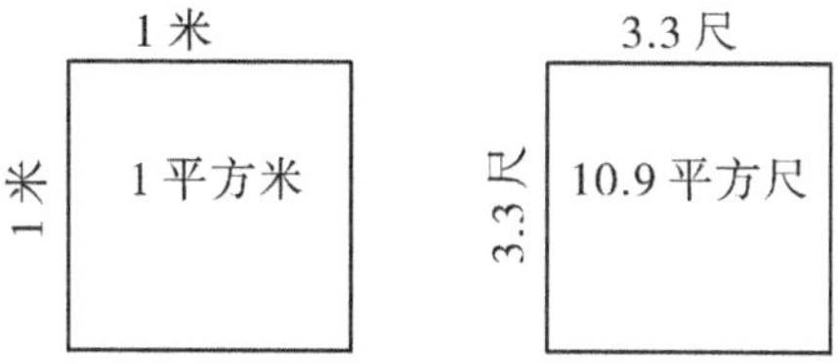

图7-29 从平方米到平方尺的度量单位转换

由于众数、中位数都是实际住房面积的度量，化为相同的面积单位后，就可以进行比较。于是，平均数和标准差在统计前后的变化就成了学生关心的问题。先从平均数入手。不妨设三家人的住房面积分别为 x_1，x_2 和 x_3（单位：平方米），化为平方尺之后分别是 $10.9x_1$，$10.9x_2$ 和 $10.9x_3$（单位：平方尺）。

原平均数 $\bar{x}=\frac{1}{3}(x_1+x_2+x_3)$，设 $y_i=10.9x_i$（$i=1,2,3$），

单位转化后的平均数 $\bar{y}=\frac{1}{3}(10.9x_1+10.9x_2+10.9x_3)=10.9\bar{x}$。

可见，如果一组数据集合中每一个数都乘以同一个常数 C，则所得的新一组对应数据的平均数 $\bar{y}$，等于原来该组数据的平均数 $\bar{x}$ 乘以该常数 C。

一般地，对于一组观测值 x_1，x_2，…，x_n，如果每一个 x_i（$i=1,2,\cdots,n$）都乘以同一个常数 C，则所得一组对应值的平均数 $\bar{y}$，等于原观测值的平均数 $\bar{x}$ 乘以这个常数 C，即 $\bar{y}=C\bar{x}$。

证明：若 $y_i=Cx_i$（$C\neq0$），则有 $\bar{y}=\frac{1}{n}\sum_{i=1}^{n}Cx_i=\frac{C}{n}\sum_{i=1}^{n}x_i=C\bar{x}$。

经过讨论，学生还发现，对标准差也可以做类似的研究。

一般地，对于一组观测值 x_1，x_2，…，x_n，如果每一个 x_i（$i=1,2,\cdots,n$）都乘以同一个常数 C（$C>0$）后，即 $y_i=Cx_i$，则所得结果值的标准差 S_y，等于原观测值的标准差 S_x 乘以这个常数 C，即 $S_y=CS_x$。

证明：若 $y_i=Cx_i$（$C>0$），则有 $S_y=\sqrt{\frac{1}{n}\sum_{i=1}^{n}(y_i-\bar{y})^2}=\sqrt{\frac{1}{n}\sum_{i=1}^{n}(Cx_i-C\bar{x})^2}=\sqrt{\frac{C^2}{n}\sum_{i=1}^{n}(x_i-\bar{x})^2}=C\sqrt{\frac{1}{n}\sum_{i=1}^{n}(x_i-\bar{x})^2}=CS_x$，即 $S_y=CS_x$。

上例从单位转换的具体问题开始，研究在线性变换下数据样本统计值的变化，解决问题的需要成了数学推理与证明的动力。

7.5.5 开阔数学推理与证明的视野

在一些国家传统的数学课中，把推理与证明的重担压在几何课上，而代数只侧重于计算和解析式变形，这就让学生产生错觉，似乎推理与证明只是几何课的任务。这也是学生害怕几何，谈“证”色变的原因。一些大学本科生也感到证明是如此困难，因为他们仅有的做证明的经验来源中学的几何课。推理论证是数学课常见的心智活动，教师应该坚持不懈地通过大量的线索而发展学生推理与证明的能力。

为了使推理与证明能力得到健康发展，应该开阔推理视野，加强推理的训练。从逻辑方面看，推理包括演绎推理、归纳推理和类比推理；从数学思想方法看，推理包括必然推理、或然推理和统计推理。学生还应该掌握常用的数学证明方法，从逻辑顺序而言，数学证明方法有直接证法和间接证法；从因果关系的思维顺序而言，数学证明方法有综合法和分析法；从所使用的数学工具而言，数学证明方法有代数法、几何法、坐标法和向量法；从依次递进的关系而言，数学证明方法有迭代法、递归法和数学归纳法。把数学教学作为一个整体，共同培养学生的推理意识，就能有效地提高学生的证明能力。

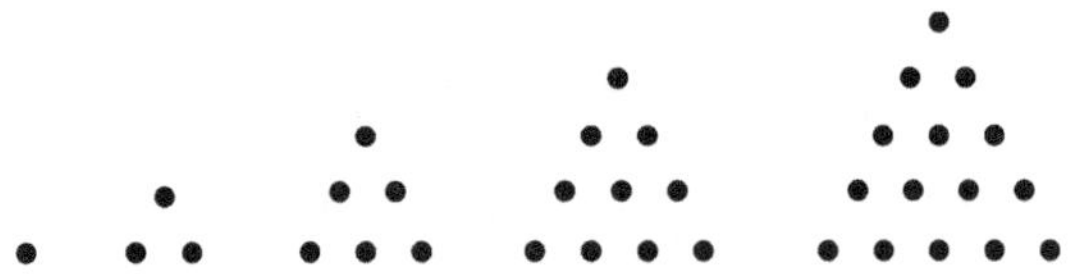

图 7-30 前五个三角形点阵的点数

表 7-3 点阵序数 n 与三角形数 $f(n)$ 的关系

点阵序数 n	1	2	3	4	5	6
三角形数 $f(n)$	1	3	6	10	15	21
和上一个点阵的点数差		2	3	4	5	6

例 2 三角形点阵点数的研究——推理方法的多样性。教师展示三角形点阵图案，如图 7-30 所示，要求学生观察前五个三角形点阵的点数（简称三角形数）的规律。学生看到每个三角形点阵都在前一个的基础上在底部加上一排，这一排点数比上一排多 1。教师要求学生预告第 6 个三角形数（不必画出）。经过思考，学生发现，第 6 个三角形数应该比第 5 个三角形数多 6。这时学生所从做的已经是关于数列结构的递归推理，就是利用当前的点阵产生下一个点阵。继续这个过程，可以得到第 7 个三角形数。教师建议记 $f(n)$ 为第 n 个点阵的点数，要求学生求第 100 个三角形数 $f(100)$。大部分学生知道第 100 项点数比第 99 项多

100，但不知道第 99 项是多少而感到为难。教师建议列表记录所观察的三角形数，寻找模式，发现规律，化解困难。学生通过观察列表发现，相邻两点阵点数的积恰好为所对应的较小的三角形点阵点数的两倍。例如，4 与 5 的积恰为 10 的两倍。根据这个规律，学生发现：$n(n+1)=2f(n)$，从而 $f(n)=\frac{1}{2}n(n+1)$，所以 $f(100)$ 应该是 $\frac{1}{2}(100)(101)=5\ 050$。

以上课例在归纳推理和递归推理的基础上得到猜想，还可以用高斯方法对猜想给予直观证明。

7.5.6　洞悉数学推理与证明的联系

根据某些（个）数学命题的真实性而确认另一个数学命题真实性的思维过程称为数学证明。待证的命题称为论题，作为根据的真命题称为论据。把论题和论据用一系列推理连接起来的思维过程就是证明。由此可见，推理是证明的基础和构件，证明是推理的连接和系统表述。推理和证明有紧密的联系，同一个命题的不同证法常常有紧密的联系，洞悉这些联系，学生的数学推理能力将得到显著的提高。

如例 2，有关三角形数证明，可以用高斯方法清晰地表示为 $f(n)=1+2\cdots+(n-1)+n$，把 $f(n)$ 写成前 n 个自然数之和，$f(n)=n+(n-1)+\cdots+2+1$，把 $f(n)$ 写成前 n 个自然数倒序和，$2f(n)=(n+1)+(n+1)+\cdots+(n+1)=n(n+1)$，上述两数列对应项分别相加，得 $f(n)=\frac{1}{2}n(n+1)$。

例 3　对矩形的等积剖分的动态联想。如图 7－31 所示，教师展示矩形 $ABCD$，要求学生把矩形切割成面积相等的两部分。学生提出了各种各样的方法，其中最常见的方法是：①连结对角线，如 AC，得到全等的直角三角形 ABC 和 ADC，如图 7－30（a）所示；②依次连结矩形 $ABCD$ 对边 AB 和 CD 中点 E，F，得到全等的矩形 $AEFD$ 和矩形 $BEFC$。学生容易看到 $S_{\triangle ABC}=S_{矩形AEFD}=S_{矩形ABCD}/2$。在此基础上，教师引导学生思考 $\triangle ABC$ 和矩形 $AEFD$ 有什么联系。

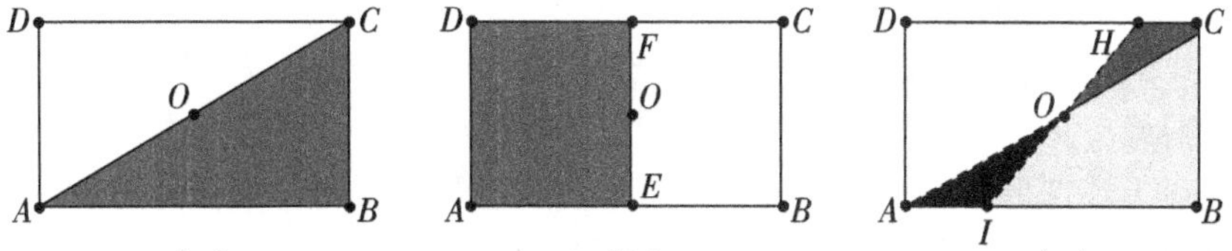

（a）　　（b）　　（c）

图 7－31

小学五年级学生会说明 $\triangle ABC$ 和矩形 $AEFD$ 等积，因为它们的面积都是矩形

$ABCD$ 面积的一半。初中生可以用旋转的观点发现上述图形的联系，设 O 为对角线 AC 的中点，若直线 AC 绕点 O 旋转某一个角度 α，且动直线与矩形的对边 AB，CD 分别交于 I，H，则 $IO=HO$，所以 $\triangle OAI \cong \triangle OCH$，从而用割补法证得：梯形 $AIHD$ 面积 = 梯形 $CHIB$ 面积。高中生可以发现，把矩形推广为一般的中心对称图形，则过对称中心的任意直线，都可以把该对称图形分割为两个全等图形。

7.5.7 纠正推理与证明过程中的疏漏

为了帮助学生提高数学猜想的能力，教师可以启发学生思考：某个命题总是成立吗？是有时成立，还是从来不成立？这样延拓到一般的情况，就能够培养学生具有更高水平的数学知识，这些知识将随着年级的升高而逐步积累起来。教师要设计适合学生特点与兴趣的任务，引导学生推理，产生与整理数据，据此做出、验证或驳倒某个猜想，并及时地纠正学生在推理过程中的疏漏，这有利于提高学生的反思能力。

例 4　归纳推理的局限性——令人意外的发现。已知边长是 5 个单位的正方形几何板，其中钉子均匀分布在各单位格点上。用线段连接几何板上的钉子，能够画出多少条不同长度的线段？

因为线段的数目太多，学生不容易系统地发现几何板上的线段数，教师可鼓励学生先从简单的情况开始，有步骤地产生不同长度的线段。学生分别考察 1×1，2×2，3×3，4×4 几何板中不同长度的线段数，如图 7－32（a）所示。在考察连续一系列正方形的基础上，学生发现，3×3 几何板的线段数，等于 2×2 几何板的线段数 $(2+3)$ 加上 4。教师引导学生讨论表 7－4 所列出的数，大部分学生迅速发现了一个生成模式，并预言 5×5 几何板中不同长度的线段数为 20，因为 $(2+3+4+5)+6=14+6=20$。事实上，许多学生甚至准备好提出更一般的猜想：在 $N\times N$ 几何板上不同长度的线段数等于 $2+3+\cdots+(N+1)$。对于学生的上述猜想，教师要求他们通过实际操作予以检验，在 5×5 几何板上，做出所有可能的不同长度的线段。多数学生认识到，他们只需要计算“新增的”线段，并且检查这些新增线段的长度是否彼此不同即可，而原有的线段前面已经数过。他们认为，共有 20 条不同长度的线段，与原来的预言一致！但此时，还有学生发现，根据勾股定理，在图 7－32（b）中，$AB=CD=5$，也就是说，总共只有 19 条不同长度的线段。通过争论，学生终于认识这个发现才是正确的，尽管这个发现推翻了原来的猜想，使一些人感到失望，但仍然使全班学生感到兴奋和吃惊！

通过上述课例，学生领悟：利用归纳方法进行推理时，如果只考查了少数情况就进行概括，就要特别谨慎，因为不完全归纳法有其局限性。这是一堂重要的数学课，它使得学生对用归纳推理寻找模式、概括规律的可靠性产生了怀疑，而这种怀疑精神是值得肯定的。教师的启发与引导，对学生推理和证明能力的提高，发挥了重要的作用。

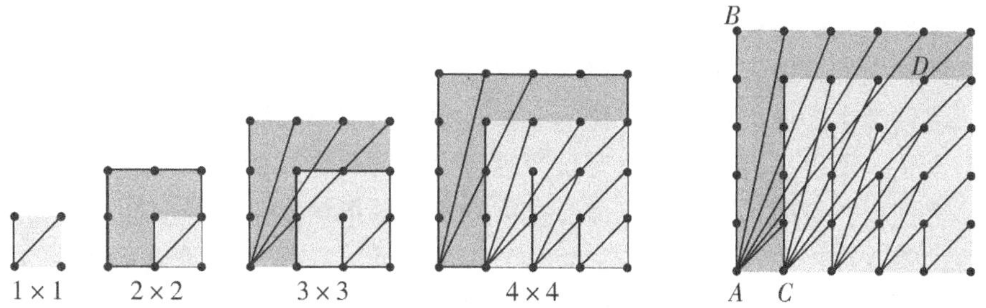

（a）不同长度的线段　　（b）5×5 几何板上的线段

图 7－32

表 7－4　学生记录整理不同长度的线段数的数据

正方形维度	长度不同的线段数：原有的线段数＋新增的线段数	不同长度的线段总数
1×1	2	2
2×2	2＋3	5
3×3	(2＋3)＋4	9
4×4	(2＋3＋4)＋5	14
5×5	?	?

7.6　数学计算能力的培养

在建设面向 21 世纪的数学课程中，人们对培养学生的计算能力十分关注，然而，对于如何培养计算能力，各国有不同的方法。美国把数与计算作为数学教学的一个首要目标，并且把计算能力的培养与数学知识与方法的教学紧密结合起来。笔者认为，新颖的能力理念、深厚的知识底蕴、多样的计算工具、灵活的计算方法，以及先进的计算思想，是美国培养学生计算能力的合理途径。他们的一些理念和做法，对我们有重要的参考价值。本节阐述如何利用多种途径，培养学生的计算能力的问题。

7.6.1　更新能力理念，发展多种素质

我国历次的中学数学教学大纲都要求，中学生处理计算问题应该力求准确、迅速，并且掌握熟练的计算技能。美国数学课程标准越过了传统的计算理念，他们认为，高中生的计算能力应该以丰厚的知识底蕴以及宽广的数学视野为基础，发展多样化的、熟练的、解决问题的技能。他们阅读与运用数学术语的能力，观

察、描述和分析问题情境的能力应该不断加强。他们需要学习运用范围广阔的函数，包括用递归的方法定义函数，以便建立他们周围世界的模型。理解这些函数的性质，将使学生形成把现象模式化的意识。学生对概率和统计的理解将提供给他们一种方法，用以思考一系列具有重要社会含义的问题。例如，大众传媒把一些轶事作为证据，可能引起健康恐慌，故大众传媒的可信度是值得推敲的。

传统的写读算能力不能满足 21 世纪公民的要求。美国数学课程标准认为，高中生应该发展一种鉴别数学陈述的能力，提供猜想的能力，利用符号进行推理的能力，做出、说明和鉴别某个判断的能力，以及与别人合作时有效进行交流的能力。他们也应该熟练地运用技术工具，如电子数据表、数据整理设计、计算机代数系统、绘图功能等。在解决含有大量信息的问题时，如果用笔算，就需要花费大量时间，如联邦预算、学校预算、资金交互值以及地方汽车车牌等，这些大工作量的计算问题，都可以利用计算机来解决。熟练运用技术工具能帮助学生利用数据、分析数据。一些几何猜想，也能够借助坐标方法而以得证明。

7.6.2　扩展数学视野，提高计算能力

学生对于数及其运算应该具有敏捷的感知与深入的认识，美国把这种素质称为数感，这是良好的计算能力的基础。对于数的深入理解，是学好代数的必要条件。学生进入高中时，应该理解基本运算，以及熟练地进行整数、分数和小数的运算。在 9 ~ 12 年级，他们应该发展对算术运算的结果进行估算的能力，并且能够探讨，显示在计算器或计算机上的数的运算结果的合理性。学生应该掌握实数并且学习足够的复数知识，说明有些复数是某个二次方程的根。7.1 节谈数感认识的发展，本节则从提高计算能力方面进行阐述。

高中生应该更清楚地理解数系的概念，了解不同数系之间的联系，认识一个数系的性质在另一个数系中是否仍然成立。随着运用代数符号能力的不断增长，他们能够发现有关数的一般性质。他们不仅应该学习与运用向量和矩阵，而且需要加深对计算技能的理解，这些技能又有助于对概率的概念性的进一步理解。

高中生应该越来越熟练地处理非常大和非常小的数，这是深入理解数的重要组成部分。这些数频繁地出现在科学中，例如，化学中的阿弗加德罗常数6.02×10^{23}是非常大的数；又如，在生物学中用来描述细胞核大小的数是非常小的。作为未来的公民，学生应该掌握兆与一百万兆的差别，前者可以表述政府中等规模项目的花费，后者可以表述国家大型预算的重要部分。

掌握数的不同表述方法，是发展熟练技能的条件之一，学生应该对计算器或计算机所显示的数字答案逐渐熟练。他们应该认识到，1.051 684 75$E-12$ 是一个在科学上非常小的数的记号，6.666 666 67 是 20/3 的近似结果，而误差是由近似数的运算产生的。

学生应该理解数系的发展，从非负整数到整数，从有理数到实数，进而从实

数到复数。对于数的敏感性是寻求确定类型的方程解的基础。学生应该理解一些类型的方程能够在某个数系中有解，在另一些数系中无解。例如，方程 $3x=1$ 没有整数解，但是它有有理数解；方程 $x^3-2=0$ 没有有理数解，但是它有实数解；方程 $x^2+4=0$ 没有实数解，但是它有复数解。鉴于初中生已经学过无理数，高中生应该发展对实数系的理解，如果给出了原点和单位度量，数轴上的每一个点都对应一个实数，反之亦然。学生应该理解有理数和无理数的联系与区别，无理数只能由分数、有限小数或循环小数近似表达。学生对无理数的理解，应该超越对 π、e 和 $\sqrt{2}$ 的理解。

高中生能够利用他们对于数的理解去探索新的数系，如向量与矩阵等。通过利用力与速度等进行工作时，学生能够理解，向量既能够表示数量，又能够表示方向。利用矩阵，学生不仅能够洞察数学不同部分的联系，还能解线性方程组，表述几何变换（某些变换能够用计算机绘图而产生），分析图形的边和棱。

某些系统所具有的性质在另一些系统中未必具有，因此，教师和学生应该清晰地讨论在某个数系中的运算是否满足交换律、结合律和分配律。对矩阵性质的探索应该是特别有趣的，因为在矩阵系中，乘法交换律不成立。

7.6.3 熟悉数的性质，指导数的运算

加深对数（包括函数）的性质的理解，能够帮助学生敏捷地解决诸如下面的问题：

如图 7－33 所示，函数 $f(x)=x$，$g(x)=\sqrt{x}$，$b(x)=x^2$，$j(x)=x^3$。

例 1　哪个函数对应于哪个图像？为什么？

例 2　已知函数 $f(x)=\dfrac{30}{x^2}$ 且 $a>0$，试比较 $f(a)$ 和 $f(a+2)$ 的大小，并说明原因。

只要注意到 x 在 0 与 1 之间，且 $x^3<x^2<x<\sqrt{x}$，例 1 的问题就容易解决。

为解决例 2 的问题，学生也许必须认识到，当 $x>0$ 时，x^2 是增函数。

说明当 $x>0$ 时，$\dfrac{30}{x^2}$ 随着 x 的增加而减少，所以当 $a>0$ 时，$f(a)>f(a+2)$。

在 9～12 年级，学生在许多领域能够利用代数进行推理，利用合理的符号选择，可以更有效地探索数的性质。例如，思考如下简单的数论问题：将一个奇数的平方减去 1，是个怎样的数。

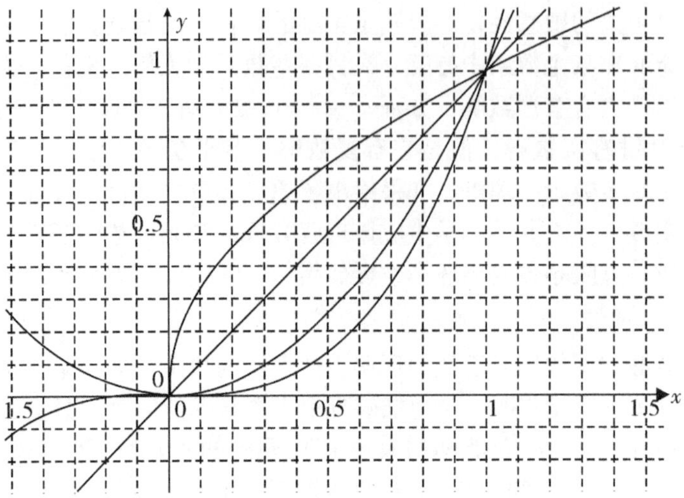

图 7－33

学生应该提高恒等变换的能力，把某些代数式表示为替换的形式。这些技能构成了学生准确地求解方程的能力的基础，而解方程常常是代数课程的核心。甚至解诸如$(x-1)^2+(x-2)+7=3(x-3)^2+4(x+5)+1$的方程，也要求一定程度的熟练性。又如，学生应该懂得用换元法解如下特殊的指数方程。

例 3　解方程 $e^{4x}=4e^{2x}-3$。

通过代换 $u=e^{2x}$，把该方程转换成二次方程（值得注意的是，对应的二次方程有一个根是负根，而 $u>0$），当他们解方程时，无论是用心算、笔算或用计算机（计算器）计算都应该发展一种使用符号的灵活性，选择合适的解法，判断结果的合理性。

同样重要的是，在进行代数符号运算的时候，对代数表达式进行重写的能力，使得学生有可能用另一种途径表示函数，从而揭示有关函数的不同方面的性质。例如，对于二次函数$f(x)=x^2-2x-3$，我们以前曾经讨论过它的图像的性质。学生应该能够把$f(x)$表示为$f(x)=(x-1)^2-4$，根据这种形式，容易判断抛物线的顶点，学生也应该能够把$f(x)$表示为$f(x)=(x-3)(x+1)$，根据这种形式，容易判断函数的零点是 $x=3$ 和 $x=-1$。

7.6.4　突出算理算法，重视近似估算

在高中，学生理解数，对于他们理解代数是非常重要的。熟练地掌握数的运算，是正确地进行符号运算的基础。学生进入高中时，应该理解基本运算，以及熟练地进行整数、分数和小数的运算。在 9～12 年级，他们应该提高对算术运算结果进行估算的能力，并且能够理解，显示在计算器或计算机上的数的运算结果的合理性。他们应该会使用实数并且学习足够的复数知识，说明有些复数是二次

方程的解。

学生应该能够确定，一个问题是否只要求一个粗略的估计，一个合适程度的近似，还是一个准确的答案。他们应该从心算、笔算，以及计算机或计算器计算等法中，选择一个合适的计算方法，并且熟练地使用其中的每一种计算方法。电子计算技术为学生处理现实问题与执行困难的计算提供了方便，例如，计算一个数的幂与方根，或者执行一项向量与矩阵的运算等。然而，心算能力仍然处于解决简单计算问题的中心地位，它有利于做出合理的预估，进行反思，纠正错误。

例4 一个学生求49的立方根，他在计算器中键入了表达式49^1/3，从而在计算器中显示16.333 333。试判断该学生的计算是否正确，并说明理由。

此时，学生应该立刻意识到发生了错误，因为49的立方根应该在3和4之间，而16×16×16远远大于49。因而学生应该醒悟到利用计算器进行立方根的运算，他应该键入49^(1/3)。

7.6.5 重视数形结合，提高计算效率

在数学教学中，美国教师并不拘泥于获取准确的答案，他们认为，培养学生的理性思维，对于良好的科学素质的形成，也许有更重要的意义。考虑运算的一般原理与方法方法，比仅仅做特殊计算往往更有价值。

例5 在图7-34的数轴上给出表示数 a，b，c，d，e，f，g，h 和 f 的点，试分别指出最接近于 ab，$|c|$，$1/f$，$\sqrt{e}$，$\sqrt{h}$ 的点，并说明理由。

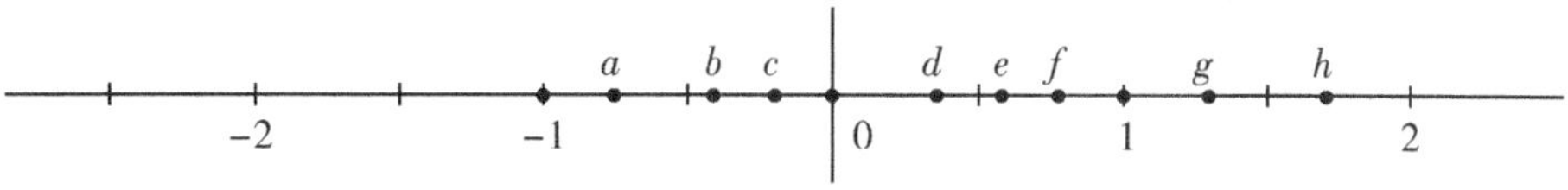

图7-34

解决上述问题，要求利用数轴的性质进行推理，这比遵循步骤获取准确答案要好。这种推理对于鉴别答案的合理性是重要的，虽然上述问题可以通过代入近似值 a，b 而获得结果，但教师应该鼓励学生通过思考数的性质获得与鉴别他们的结论。例如，为了确定坐标最接近 ab 的点，教师也许会建议考虑 ab 的符号，究竟 ab 的量值大于还是小于 b？同样地，学生应该能够解释，在图7-34中，$\sqrt{e}$ 大于 e，当听取学生的理由时，教师既能了解他们争论的情况，也能了解他们对概念的理解程度。

例6 如图7-35所示，试出给证明勾股定理的一种方法。

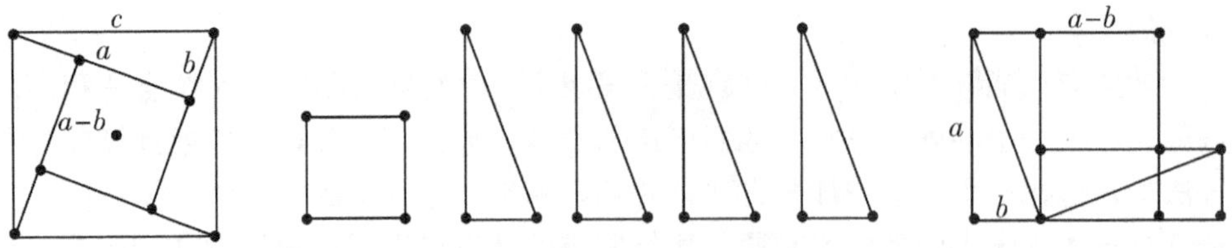

图 7－35　勾股定理的面积法证明

美国课程标准所提出的勾股定理的证法，正是在我国古代数学名著《九章算术》中刘徽所注解的证法。直接利用代数推理可以说明，当样本的度量从平方米转换成平方英尺的时候，数据的平均值和标准差如何改变。通过编制表格和树图，学生将能利用在低、中年级计数的结果，或者计算概率时要用到高中的排列组合计算。

7.6.6　发展理性思维，渗透数学思想

不过分强调问题的复杂性和结果的准确性，更加重视计算的过程性和算理的一般性，注重用先进的数学思想处理计算问题，这是美国数学课程处理计算问题的一个鲜明特色。事实上，美国高中数学在解决数学问题的过程中，已经正式或非正式地引入了多种数学思想方法，如迭代与递归、图论与组合、坐标与向量、概率与统计、序列与极限、微分与积分等。这些近现代的数学思想方法，为解决数学问题提供了宽广的思路。

例 7　已知圆锥底面半径为 5，高为 10，求该圆锥的体积。

学生在初中已经学习过正圆柱的体积公式 $V=\pi r^2 h$，于是产生的问题是，利用所学过的圆柱的体积公式能否解决上述体积问题?

一个重要的度量思想能够帮助学生建立某些微积分思想的网络，这种度量思想是，某些量的度量可以由序列来决定，这些序列的近似准确程度不断增加。

平行线截相似三角形给学生许多启发，如图 7－36 所示，他们提出每隔两厘米，用平行于底面的平面把圆锥截成四个圆台和一个小圆锥，每一个几何体分别完全在高为 2 厘米，下底面半径相同的小圆柱内。因此，这些几何体的累加体积小于 $2(\pi\times5^2+\pi\times4^2+\pi\times3^2+\pi\times2^2+\pi\times1^2)=110\pi$ 立方厘米。同时，这五个几何体的每一个又包含一个子集，它们分别是一个小圆柱，其半径与几何体的上底面半径相等，因而这些几何体的累加体积大于 $2(\pi\times4^2+\pi\times3^2+\pi\times2^2+\pi\times1^2+\pi\times0^2)=60\pi$ 立方厘米。

按照间隔为 1 厘米的薄片，重复上面的截割过程，能够帮助学生看到，当把圆锥截割成更薄的薄片时，圆锥体积的不足估计值与过剩估计值越来越接近（事实上，圆锥体积的不足估计值与过剩估计值的平均值更加接近圆锥的真正体积）。无论这些思想在后来的课程中是否得到延续，它们都能够引入思考数学现象强有

力的方法，并且能够帮助学生建立对微积分思想的基本了解。

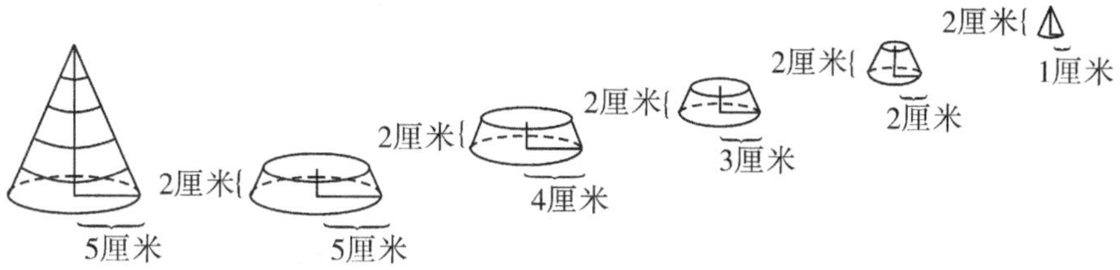

图7－36　圆锥体积的近似值

7.7　正确对待高中数学的形式化

数学中的形式化，就是用特定的数学语言，包括数学的符号语言、图像语言和文字语言，来表达自然现象和社会现象的空间结构和数量关系。数学的表现方式大都是形式化的思想材料。“强调本质，注意适度形式化”是高中数学课程的一个基本理念。在高中数学教学中应该如何处理形式化的要求呢？对形式化的要求如何才算“适度”？这是数学教师关心的问题。本节就此问题提出一点看法，并提出相应的教学建议。

7.7.1　端正认识，走出误区

有些人认为，数学中的形式化是虚无缥缈的东西，摸不着，看不到，考不了，因而没有给予特别关注。有些人对于陈重穆教授的名言“淡化形式，注重实质”产生了误解，把它等同于“不看形式，只重实质”。

事实上，数学抽象的形式外壳，隐含着精彩纷呈的内容，数学的实质内容又必须用一定的形式来表示。数学离不开一定的形式，陈重穆先生所说的“淡化形式”是相对于在中小学数学教学中，过分强调规范化的文字叙述而言的，是为了纠正在中小学数学教学中，盲目强调只能照教科书的表述，甚至死记硬背，要求一字不差的错误倾向而言的。

无论是数学概念或原理的表述，还是数学问题解决过程的思路分析，都离不开一定的数学形式表述。换言之，学生在每一堂数学课上，在解每一道数学题的过程中，都在运用相关的数学形式。学生在数学学习中的错误，源于把数学的形式和实质分隔开来，对数学形式缺乏正确理解。因此，在数学教学中，需要帮助学生领悟各类数学形式的含义。结合数学知识的学习，适当地引导学生经历数学形式化的过程。在此过程中，逐步学会数学地思考，从而使思维能力和表述能力得到逐步提高。

7.7.2 含而不露，寓于其中

数学来源于具体的材料，一旦抽象出来，就变成独立的数量关系。学习形式化的表达是数学教学的一项基本要求。然而，教师不必正面宣讲数学形式化的意义和特点，应该把它寄寓于数学具体内容的教学中，或者隐含在数学思想方法的运用中。随着学生年级的升高和数学经验的丰富，他们对数学的形式与内容的关系的认识将会变得更加宽广、更加深刻。高中生对数学形式化运用水平，应该比初中生提高一大步。

小学生懂得对数的大小排序，了解数的运算满足一定的运算律，这是对数的形式及其性质的初步认识。初中生学会用字母表示数，认识常量与变量，认识两个变量之间的函数关系。这时，他们拓宽了对于数的认识，初步接触了数学的抽象化和形式化的表示。高中生学习了数系的概念，认识到数系对于一定的代数运算是封闭的，认识到向量的运算、矩阵的运算也具有代数运算的某些性质。他们所接触的数学知识更为丰富，抽象化和形式化的程度应该有显著的提高。

高中数学不必直接阐述数学的形式和实质的关系，不必在课堂上直接宣讲抽象的数学哲理。这样做，不但不符合学生的年龄特征，而且也会加重学生的学习负担。因而，通过丰富的例子，说明各种数学对象的意义，剖析各种数学符号的内在含义，预防对数学形式的误解，校正混淆。这确实是数学教学中的重要任务。

7.7.3 化隐为显，化虚为实

在教学中需要逐步渗透、逐步揭示数学的形式化特征。把隐藏在数学形式中的实质内容揭示出来，这就是化隐为显；用具体的数学实例说明抽象的数学形式，这就是化虚为实。数学的形式化与数学的教与学息息相关，相互支持，又相互制约。如果在教学中对数学的形式化置之不理，或者处理不当，就只能照本宣科，盲目操练，枯燥无味，缺乏魅力；如果学生对数学的表达形式缺乏理解，甚至产生误解，那么，就会不求甚解，错误百出，从而带来无穷的苦恼。

1. 正确说明意义

教师要帮助学生了解数学语言的意义与价值，说明数学形式的丰富含义；指导学生理解数学符号似虚而实的内涵，灵活运用数学语言，正确表达自己的思想，解决有关数学问题。例如，反三角函数 $\arcsin x$ 中的 x，表示的是正弦函数值而不是角。理解符号的意义包括了解符号引入的必要性与优越性，理解与符号相关的数学概念，明确使某个表达式有意义的条件。例如，对数式 $b=\log_a N$ 与指数式 $N=a^b$ 表示同样的数量关系，其中底数 $a>0$，$a\neq 1$ 等。

2. 多方揭示内涵

数学符号比文字语言简洁，它的丰富内涵没有由符号本身明示，而要另用文字语言叙述。因此，教师要引导学生从具体现象概括为用符号表示，又从形式符号回到其具体内容。解释说明数学符号包含的两重意义，其一是符号与文字（或口头）语言的互译，其二是说明新旧相关符号的关系，如指数符号与对数符号的关系等。

3. 读懂符号暗示

数学符号本身常含有对运算方法的指示，甚至含有对运算结果的暗示。帮助学生形成认真阅读符号的习惯，从中尽可能获得丰富、准确的信息，就能摆脱单纯符号操作的盲目性。

例1　已知函数 $f(x)=\frac{x^2}{1+x^2}$，求 $f(1)+f(2)+f(\frac{1}{2})+f(3)+f(\frac{1}{3})+f(4)+f(\frac{1}{4})$ 的值。

如果分别把1，2，$\frac{1}{2}$，3，$\frac{1}{3}$，4，$\frac{1}{4}$等 x 的七个取值分别代入 $f(x)$ 的表达式进行计算，则工作量偏大。注意到 $f(x)+f(\frac{1}{x})=1$，则容易得到答案为$\frac{7}{2}$。在这里，条件中的结构形式 $f(x)+f(\frac{1}{x})$ 的特殊性，就是对计算方法的暗示，而发现 $f(x)+f(\frac{1}{x})=1$，则获得对结果的最重要暗示。

4. 排除干扰迷惑

学生原有的学习经验可能会干扰对新的问题情境的处理。

例2　求函数 $f(x)=x^3-3x^2+1$ 是减函数的区间。

有些学生会尝试对函数 $f(x)$ 的表达式进行因式分解，进而求函数 $f(x)$ 的单调区间。然而，因式分解遇到困难。这时学生应该想："减函数也是单调函数，因而应该考察函数 $f(x)$ 的单调性。"优先考虑导函数正负符号的变化，需要对导函数 $f'(x)$ 的表达式进行因式分解，这样，解不等式 $3x(x-2)<0$ 就成为自然的思路。

教师要帮助学生弄清新旧数学形式的联系与区别，如函数 $f(x)$ 及其导函数 $f'(x)$ 的联系与区别，导数与不定积分的联系与区别等。通过具体例子，探索各种数学形式之间的关系，排除干扰与误解，就能够更好地把握数学形式的实质。

7.7.4　返璞归真，体验过程

在数学教学中要努力揭示概念、法则、结论的发现和发展过程，阐述数学形式所反映的本质。通过精选典型例子，帮助学生自主探索，理解数学概念的形成过程、数学法则的发现过程、数学问题的求解过程；通过体验生动活泼的数学思维活动过程，领悟蕴涵的思想方法。

例如，通过指出虚数单位 i 的意义以及人们对复数的认识过程，学生可以认识到虚数的存在及其实际意义；通过椭圆、双曲线、抛物线等基本轨迹的探究，通过曲线方程的建立以及逐步规范化的过程，学生可以认识到，空间形式和数量关系分别是初等数学的两大主要对象，坐标方法在数和形之间构建了桥梁；通过寻找某类问题的算法，并且以框图形式规范地表示某类算法，学生认识到数学形式是需要逐步抽象、逐步精确化的。

总之，亲身体验这些过程，能够感受数学形式化、抽象化的发展踪迹，能够感受到数学形式化的外表下，蕴含着丰富多彩的内容；数学形式的外壳，需要逐步凝练，去粗取精，去伪存真，从而更精确、更概括地表达人类理性思维的结果。

7.7.5　剖析外形，把握联系

高中数学比初中数学更注意形式化的数学表述。同一个数学对象可以使用不同的表述形式。例如，平面上的点可以用直角坐标表示为（x，y），也可以用极坐标表示为（ρ，θ），还可以用复数表示为 $x+yi$；一条平面曲线的方程可以表示为直角坐标形式、极坐标形式、复数形式、参数形式等。同样，某个复数 z 可以表示为代数形式 $z=x+yi$，三角形式 $z=r(\cos\theta+i\sin\theta)$，向量的形式 $z=(a，b)$；一个函数可以用显式、隐式、迭代形式、级数形式等不同的形式予以表述。

在教学中要帮助学生看到不同数学形式之间的内在联系，特别是数与形的联系。从而体会到数学形式的多样性、关联性和统一性，认识到数学是一个不可分割的整体。

为了促进学生认识不同形式之间的联系，学生需要解决一定分量的综合性问题，包括现实生活的问题，来自其他学科中与数学相关的问题。这种演练有助于学生熟悉数学的多种形式、多种方法，从而体会到数学形式化的威力。

7.7.6　合理选择，灵活运用

应该注意指导学生根据问题的条件和特点，根据解决问题的需要，选择合理的表述形式，从而提高解决问题的效率。以复数的运算为例，选择复数的代数形式 $z=x+yi$，有利于进行加、减运算；选择复数的三角形式 $z=r(\cos\theta+i\sin\theta)$，有利于进行乘、除、乘方、开方运算，此时运用棣莫弗定理，可以迅速得到结果；在计算动点的轨迹方程时，如果合理选择坐标系，可以使所得的方程简洁、工整、漂亮。可见，选择合理的形式体系，能够更好地反映数学对象的实质。

7.7.7　掌握分寸，注意适度

所谓掌握分寸，就是正确掌握内容和形式的关系，不要片面地强调某一个方

面而忽视了另一方面。如果片面强调内容而忽视形式，可能使数学内容得不到简明而正确的表示。例如，数列 $\{a_n\}$ 的极限是 A，需要用冗长的数学语句才能说明："随着 n 无限增大，数列的第 n 项 a_n 和唯一的常数 A 无限地接近"，"对于任意小的正数 ε，存在正整数 $\mathbf{N}$，当 $n>\mathbf{N}$ 时，$|A-a_n|<\varepsilon$"，等等。这时，用形式符号 $\lim\limits_{n\to\infty}a_n=A$ 表示极限的过程，就显示了巨大的优越性。反之，如果片面强调形式而忽视内容，可能会陷入盲目的符号操作，或者对相关的文字语言死记硬背，不求甚解。例如，有些学生，反复进行极限符号操作，有时也会做对，但其实他们并不知道极限为何物。无论出现哪一种情况，都会导致进入数学学习的误区，从而出现诸多错误。

例 3　（运用二项式定理易犯的一类错误）求 $\left(x^2-\dfrac{1}{2x}\right)^9$ 展开式中 x^9 的系数。

解答该问题，需要使用二项式定理，它的标准形式是

$$(a+b)^n=C_n^0a^n+C_n^1a^{n-1}b+C_n^2a^{n-2}b^2+\cdots+C_n^ra^{n-r}b^r+\cdots+C_n^{n-1}ab^{n-1}+C_n^nb^n。$$

只要注意到 $\left(x^2-\dfrac{1}{2x}\right)^9$ 展开式中的第 $r+1$ 项为 $T_{r+1}=C_9^rx^{18-3r}\cdot(-2)^{-3}$，容易解得 $r=3$，因而 x^9 的系数是 $-\dfrac{21}{2}$。

然而，在 2003 年全国高考广东考区中，有 70% 的考生不能得到此题的正确答案，其原因是对二项式定理的标准形式缺乏正确的理解，例如，未能正确地确定二项式的项、项数、指数、系数等，因而在运用上产生诸多错误。

所谓注意适度，就是数学形式化的学习要求，要符合学生的实际水平和认识能力。例如，关于导数概念，新课程要求通过大量例子，让学生认识从平均变化率到瞬时变化率的变化过程，认识过曲线上某一点的割线的斜率到过这一点的切线的斜率的变化过程，把导数作为一种变化趋势来理解，而不要求用抽象的 $\delta-\varepsilon$ 语言表述极限的过程。如果一定要用精确化的数学语言表述极限的过程，即使花费较多的教学时间，学生对这样的数学语言也不容易弄懂，反而干扰了对极限实质的认识。

所谓注意适度，就是解决问题所选择的数学形式，应该较好地反映问题的实际情境。例如，通过收集数据，作出散点图，经过观察图像，寻找适当的函数模型，使之较恰当地反映所收集到的数据。然而用以拟合数据的函数模型有很多种，试图从中找出能完全准确地反映所得数据的模型，是不容易的，因此只能在不同的模型中找到最佳的拟合函数。用数学模式来描述某种自然现象，始终要经历逐步精确化的过程。

7.7.8　探索数学教学中适度形式化的要求

数学中的形式化，就是用特定的数学语言，包括数学的符号语言、图像语言

和文字语言，来表达自然现象和社会现象的空间结构和数量关系。数学表现方式，大都是形式化的思想材料，而不是具体的某种现实。

1. 寓于教学，用在其中

数学来源于具体的材料，一旦抽象出来，就变成独立的数量关系。学习形式化的表达是数学教学中的一项基本要求。然而，教师不必正面宣讲数学的形式化的意义和特点，而应该将其寄寓于数学具体内容的教学中，或者隐含在数学思想方法的运用中。

2. 重视形式，学会运用

数学教学需要体现形式化的特征。因此，教师要帮助学生了解数学语言的意义与价值，说明数学语言的丰富含义，还要帮助学生学习数学的形式化表达，包括理解符号的意义，说明符号的内涵，领悟符号的暗示，排除符号的迷惑。教师要指导学生欣赏数学符号美的内涵，灵活运用数学语言表达自己的思想，解决有关数学问题。

3. 返璞归真，揭示本质

在数学教学中要努力揭示数学概念、法则、结论的发展过程和本质。数学课程要讲逻辑推理，更要讲道理。通过精选典型例子，帮助学生自主探索，理解数学概念的形成过程、数学法则的发现过程、数学问题的求解过程；通过体验生动活泼的数学思维活动，领悟蕴涵的思想方法。

7.7.9　寻踪溯流，感悟真谛

1. 追寻数学的历史踪迹

数学文化是多姿多彩的，它受到人类文明的各种影响。为了帮助学生体现数学的文化价值，除了开设《数学史选讲》等专题的选修课外，在日常的数学教学中，教师还要注意联系相关的数学内容，适当揭示数学知识产生和发展的过程、数学方法形成与运用的过程；适当介绍数学家的故事和数学发展的重大事件，让学生体会到人们认识数学的曲折过程，认识到科学家对数学发展的贡献。教师还应该介绍我国数学家的成就，弘扬我国古代数学重视应用的传统，珍惜我国数学文化的瑰宝，增进学生的民族自豪感。

2. 欣赏数学的美学价值

教师要结合数学的内容，揭示数学美的内容、美的图形、美的构思、美的方法，从而体现数学的美学价值。例如，利用圆锥曲线的极坐标方程，可以把椭圆、双曲线、抛物线的方程在形式上统一起来；借助坐标法和向量法，可以构建“数”“形”结合的桥梁；利用牛顿—莱布尼兹公式，能沟通定积分与不定积分的联系，等等。通过揭示数学的内在联系，体现数学的统一美。解决问题的成功感受，能让学生体会到数学的魅力。

3. 认识数学的实用价值

要让学生了解数学概念产生的历史背景，了解数学思想方法的理性精神，体会数学家的创新意识，以及数学文明的深刻内涵。通过各章节的教学内容，揭示数学与日常生活的广泛联系，体会数学的实用价值，逐渐形成正确的数学观。

7.8 试卷中数学美的蕴含

2010年全国高考数学试题广东卷（简称2010年试题），重视对基础知识的掌握，注重考查对数学思想方法的理解与运用，以丰富的数学美学蕴含为特色，对新课程的实施与教学有良好的参考价值。

7.8.1 弘扬时代审美精神

2010年试题鼓励数学应用，树立环保意识，反映时代精神，颂扬科学进步，体现了美的数学构思，如理13题、文11题，把统计与算法结合起来，从一个侧面反映了节约用水，加强用水管理，环保意识深入人心。试题分别反映了概率统计在产品质量控制（理17题）和大众心理调查（文17题）方面的应用。文19题、理19题以营养师为学生设计营养配餐为背景，考查不等式与线性规划的实际应用，也反映了对学生健康的关怀。理18题以亚运灯饰为题，研究实现一次不同彩灯闪烁所需要的时间，考的是计数原理，考生在求解过程中会想象出五个彩灯相继闪烁的种种情境，绚丽多姿的情境浮现在脑海中，可以不自觉地受到数学美的熏陶。

7.8.2 普及数学思想方法

1. 情境新颖立意美，平等机会人共享

集合与函数、几何与空间、概率与统计、计算与算法是高中数学的四条主线，也是2010年高考的重点内容。新课程提倡积极主动、勇于探索的学习方式，因而催生了高考中的新题型。例如，2007年高考广东卷理科第8题是定义一个新运算的问题，让考生平等地置身于新的情境中，引导考生独立阅读理解新运算的定义，并根据定义判断该运算的某些性质。2010年试题文科卷第10题也是定义新运算的问题。

（文10题）在集合上定义两种运算$\oplus$和$\otimes$如下：

⊕	a	b	c	d
a	a	b	c	d
b	b	b	b	b
c	c	b	c	b
d	d	b	b	d

⊗	a	b	c	d
a	a	a	a	a
b	a	b	c	d
c	a	c	c	a
d	a	d	a	d

那么 $d\otimes(a\oplus c)=$（　　）

A. a　　B. b　　C. c　　D. d

考生需要认真阅读理解用表格定义的运算，根据定义判断出正确的运算结果是 A。

该题目主要考查学生的基本阅读理解能力，需要把表格所提供的信息，转化为对新运算定义的理解，并且根据定义和运算顺序的要求，正确得出运算结果。

2. 使用符号化语言，展示数学化魅力

（理/文 19 题）某营养师要为某个儿童预定午餐和晚餐。已知一个单位的午餐含 12 个单位的碳水化合物、6 个单位的蛋白质和 6 个单位的维生素 C；一个单位的晚餐含 8 个单位的碳水化合物、6 个单位的蛋白质和 10 个单位的维生素 C。另外，该儿童这两餐需要的营养中至少含 64 个单位的碳水化合物、42 个单位的蛋白质和 54 个单位的维生素 C。

如果一个单位的午餐、晚餐的费用分别是 2.5 元和 4 元，那么要满足上述的营养要求，并且花费最少，应当为该儿童分别预订多少个单位的午餐和晚餐？

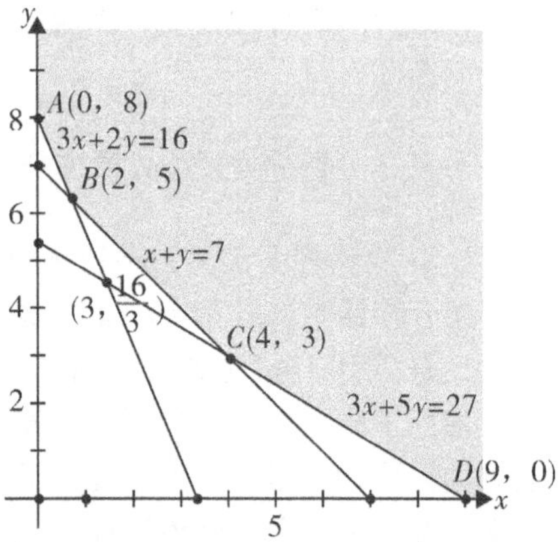

设要为该儿童预定满足要求的午餐 x 个单位，晚餐 y 个单位，记碳水化合物为 a，蛋白质为 b，维生素 C 为 c，所需要费用为 z，则目标函数为 $z=2.5x+4y$，x，y 满足以下不等式组表示的约束条件。

把约束条件转化为对（x，y）的可行域的表述：在第一象限内，由 x 轴，y 轴以及如右图的折线 AB，BC，CD 所围成的平面闭区域的外部。

$$\begin{cases}x\geqslant 0,\ y\geqslant 0\\12x+8y\geqslant 64\\6x+6y\geqslant 42\\6x+10y\geqslant 54\end{cases}\text{把约束条件化简为}\begin{cases}x\geqslant 0,\ y\geqslant 0\\3x+2y\geqslant 16\\x+y\geqslant 7\\3x+5y\geqslant 27\end{cases}$$

由于目标函数 z 与 x，y 正相关，故函数 z 最小值应在可行域的右下角的顶点

$A(0, 8)$，$B(2, 5)$，$C(4, 3)$，$D(9, 0)$ 之一达到。比较 $z_A=32$，$z_B=25$，$z_C=22$，$z_D=22.5$，得知，当为该儿童预定满足要求的午餐 4 个单位，晚餐 3 个单位时，花费最小且符合儿童对营养的要求。以上解决问题过程，把文字表述的问题情境，转化为用符号化的数学语言表示的目标函数与约束条件，再用数形结合的方法转化对（x，y）可行域的几何表示，从而找到符合题设要求的最优解，充分展示了数学方法的魅力。

7.8.3 观察变化规律，发现美的结构

数学是研究现实世界空间形式和数量关系的有力工具。利用它，可以探索点的运动，分析图形的变化，寻找数学对象在运动中的规律性。新课程提倡自主探索，独立思考，动手实践，积极探究等新型的学习方式。2010 年试题给考生提供了独立思考的广阔空间，让考生在多种水平上探索数学美的结构，寻找数学美的规律。

（理 20 题）已知双曲线 $\frac{x^2}{2}-y^2=1$ 的左、右顶点分别为 A_1，A_2，点 $P(x_1, y_1)$，$Q(x_1, -y_1)$ 是双曲线上不同的两个动点。

（1）求直线 A_1P 与 A_2Q 交点的轨迹 E 的方程。

（2）若过点 $H(0, h)(h>1)$的两条直线 l_1 和 l_2 与轨迹 E 都只有一个交点，且 $l_1\perp l_2$，求 h 的值。

由双曲线$\frac{x^2}{2}-y^2=1$ 的顶点出发，分别引出两条动直线 A_1P 与 A_2Q，探究两条动直线交点 $R(x, y)$ 的轨迹，它恰好是与已知双曲线$\frac{x^2}{2}-y^2=1$ 在结构上对称的椭圆 $\frac{x^2}{2}+y^2=1$（如下图所示）。即使在紧张的应试过程中，能发现这样对称的图形、美妙的规律，也会获得美的感受。

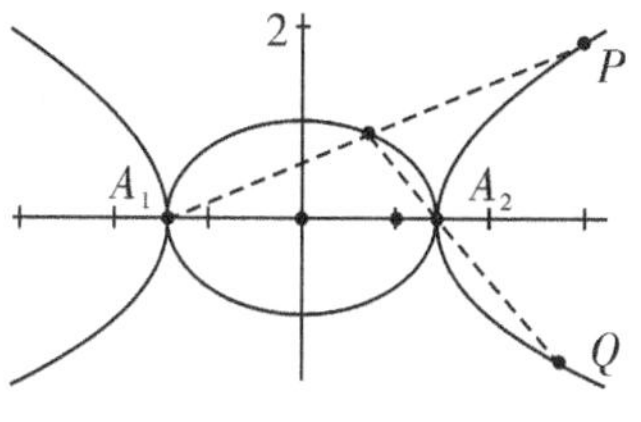

考生在探索与该椭圆相关的几个特殊点时，有不少差错或漏洞，在求轨迹的过程中也遇到不少障碍。例如，不能够有效地利用原有的双曲线方程；求出轨迹方程后，许多考生不能根据题目条件 $x\neq0$ 且 $x\neq\pm\sqrt{2}$排除 A_1，A_2两点等。这说明考生的基本运算能力有待提高。

7.8.4 探运动不变性质，暗含对立统一观

2010 年试题展示了一幅幅动态变化的图画，反映了丰富的数学思想，包括以样本探知总体（理 17 题，文 12 题），函数的分段周期性变化（文 20 题），三

维图形的二维表示（理6题，文9题），二维图形的三维转化（理18题，文18题），图形运动中的不变性质（文21题），利用特殊化发现一般的规律（文20题，理21题），等等。试题鼓励理性思考，从中感悟蕴含在数学中的哲理：动与静，必然与或然，变与不变，特殊与一般，最大与最小等，对立与统一的关系暗含于思考与判断中。这就是辩证的数学观，也是数学美的魅力所在。

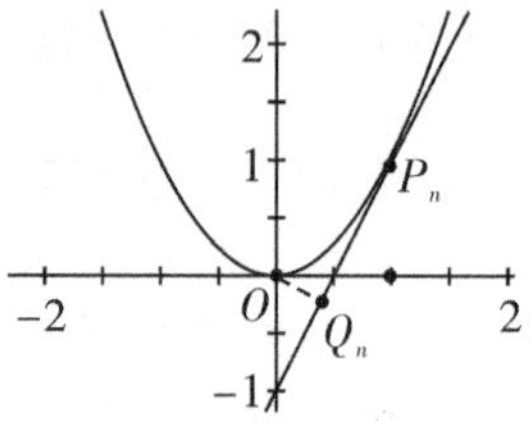

（文21题）已知曲线 C_n：$y=nx^2$，点 $P_n(x_n, y_n)$（$x_n>0, y_n>0$）是曲线 C_n 上的点（$n=1, 2, \cdots$）。

（1）试写出曲线 C_n 在点 P_n 处的切线 l_n 的方程，并求出 l_n 与 y 轴的交点 Q_n 的坐标。

（2）若原点 $O(0, 0)$ 到 l_n 的距离与线段 P_nQ_n 的长度之比取得最大值，试求点 P_n 的坐标(x_n, y_n)。

题中所给的曲线是由二次函数生成，曲线随着 n 而改变，点 $P_n(x_n, y_n)$（$x_n>0, y_n>0$）是曲线 C_n 上的动点，具有可变性。随着点 P_n 在曲线上位置的变化，切线 l_n 的斜率、线段 P_nQ_n 的长、原点 O 到切线 l_n 的距离 OQ_n 也都在改变，因此线段长度的比 $\dfrac{d(x_n)}{|P_nQ_n|}=\dfrac{nx_n}{1+4n^2x_n^2}$ 也在发生变化（如上图所示）。然而，当 $P_n(x_n, y_n)$（$x_n>0, y_n>0$）在某个位置 $P_n(\dfrac{1}{2n}, \dfrac{1}{4n})$ 时，上述长度之比具有最大值，这恰恰反映了运动图形的不变性质。在解决问题的过程中，需要用到求导、导数的几何意义、切线方程、点到直线距离、不等式、最大值等一系列重要的基础知识，和隐含在这些知识中的数学思想方法。该试题能够检查考生的探索能力与综合运用能力。

7.8.5 从特殊获得启示，悟出一般原理

数学的一般规律寄寓于特殊的情境中，通过把某些条件特殊化，可以简化某些条件，从而获得解决问题的许多启示。

（文20题）已知函数 $f(x)$ 对任意实数 x 均有 $f(x)=kf(x+2)$，其中常数 k 为负数，且在区间$[0, 2]$上，有表达式 $f(x)=x(x-2)$。

（1）求 $f(-1)$，$f(2.5)$ 的值。

（2）写出 $f(x)$ 在$[-3, 3]$上的表达式，并讨论函数 $f(x)$ 在$[-3, 3]$上的单调性。

（3）求出 $f(x)$ 在$[-3, 3]$上的最小值与最大值，并求出相应的自变量的取值。

函数 $f(x)=kf(x+2)$ 具有周期性变化的特色，但在一般情况下它不是周期函数，而且常数 k 为负数，k 取不同的值时，函数的图像和变化情况各不相同。

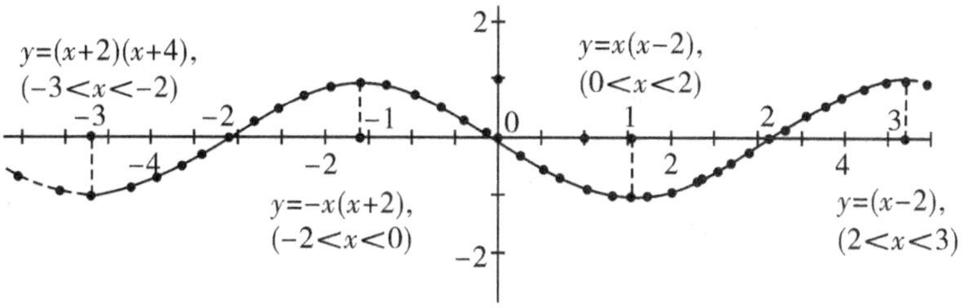

图 7-37　当 $k=-1$ 时，函数 $f(x)=kf(x+2)$ 的图像

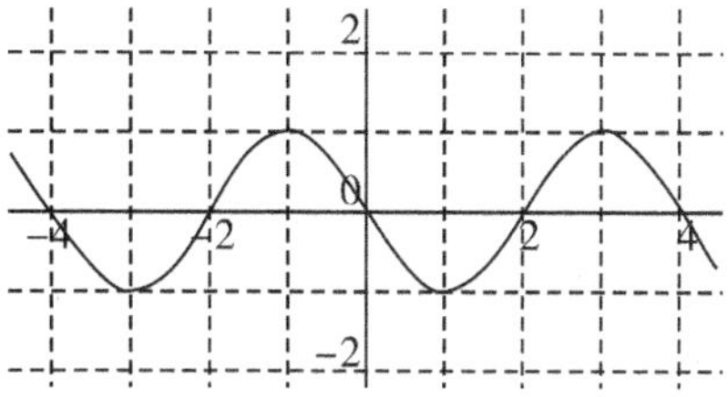

图 7-38　$y=\sin(\frac{x}{2\pi})$ 的图像

但是当 $k=-1$ 时，函数 $f(x)$ 恰为以 4 为周期的周期函数，则 $f(x)$ 在区间 $[0,2]$ 上仍有表达式 $f(x)=x(x-2)$。在区间 $(2,3]$ 上有表达式 $f(x)=-(x-2)(x-4)$，在 $[-2,0]$ 上有表达式 $f(x)=-x(x+2)$，在区间 $[-3,-2)$ 上有表达式 $f(x)=(x+2)(x+4)$。当 $k=-1$ 时，函数 $f(x)=-f(x+2)$ 的周期性变化情况，可近似用正弦函数 $y=\sin\left(\frac{x}{2\pi}\right)$ 来表示（图 7-38）。

一般地，函数 $f(x)$ 在 $[-3,3]$ 的表达式为

$$f(x)=\begin{cases} k^2(x+2)(x+4), & -3\leqslant x<-2 \\ kx(x+2), & -2\leqslant x<0 \\ x(x-2), & 0\leqslant x<2 \\ \frac{1}{k}(x-2)(x-4), & 2\leqslant x\leqslant 3 \end{cases}$$

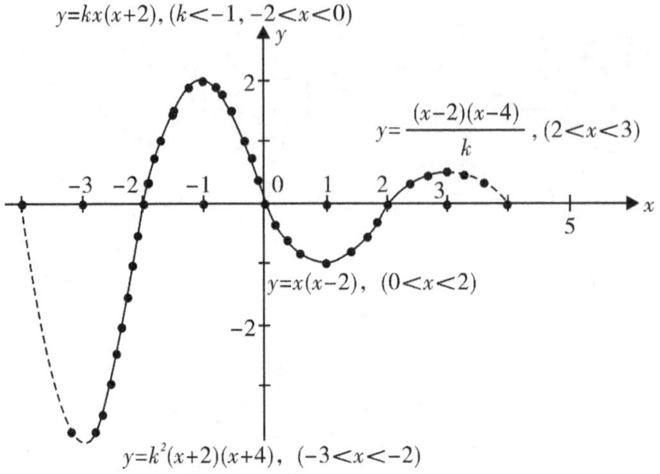

图 7 - 39

有了对特殊情况 $k=-1$ 的把握，函数的单调区间以及可能的最值点已经基本明了，不难求出题设函数 $f(x)=kf(x+2)$ 在 $[-3,3]$ 上的分段表达式与图像，从而为问题的解决奠定了基础。这是特殊化思想的威力，也是数学美的启示。

7.8.6 奇异出自平凡，发现源于联想

高中数学课程的目标是："理解基本的数学概念，数学结论的本质，了解概念产生的背景，应用，体会其中所蕴含的数学思想和方法。"这既是课程的目标，也是教学的目标。2010 年试题很好地体现了这一目标，展示了数学美的无穷魅力。例如，理 21 题，既站得高，看得远，也能落实于最基本的概念。试题给考生设计了思考与探索的广阔空间，也预留了得分的多种途径。

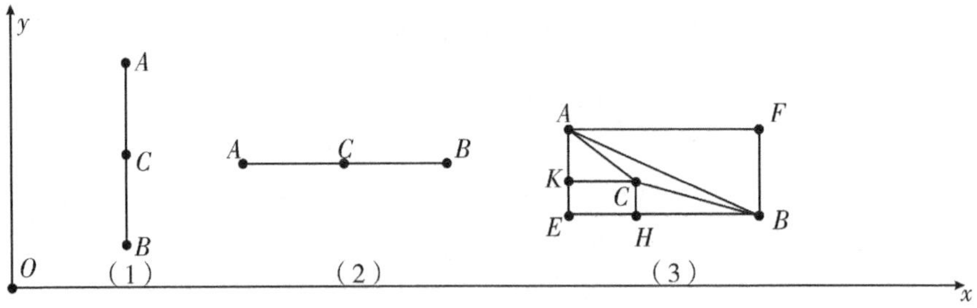

图 7 - 40

（理 21 题）设 $A(x_1,\ y_1)$，$B(x_2,\ y_2)$ 是平面直角坐标系 xOy 上的两点，现定义由点 A 到点 B 的一种折线距离 $\rho(A,\ B)$ 为 $\rho(A,B)=|x_2-x_1|+|y_2-y_1|$，对于平面 xOy 上给定的不同的两点 $A(x_1,\ y_1)$，$B(x_2,\ y_2)$：

（1）若点 $C(x, y)$ 是平面 xOy 上的点，试证明：$\rho(A, C)+\rho(C, B)\geqslant\rho(A, B)$。

（2）在平面 xOy 上是否存在点 $C(x, y)$，同时满足①$\rho(A, C)+\rho(C, B)=\rho(A, B)$；②$\rho(A, C)=\rho(C, B)$。

若存在，请求出所有符合条件的点；若不存在，请予以证明。

试题先提出两点 $A(x_1, y_1)$，$B(x_2, y_2)$ 间折线距离的定义，即用直角形折线长定义两点间的距离，这与过去学的两点间的线段距离大不一样。试题以奇异的情境，对考生提出更高的要求。为了解决问题，需要阅读定义，研究问题的条件，弄清需要证明什么，探究什么。考生需要把题设的距离与课本中的两点的线段距离联系起来，把题设不等式化为用绝对值不等式表示，然后利用绝对值不等式的性质完成待证的第（1）小题。试题精心地设计了对数学奇异美的审美与研究过程。只有当考生感悟到两种距离的联系与差别时，也就感悟了数学美的力量。

距离，是数学中的基本概念，具有①非负性；②自反性；③三角形性质，这些性质具有一般性。本题所说的折线距离，也具有这些性质，试题要求考生用所学过的知识证明其中第③个性质。可见该试题立意高而落点恰当。

第（2）小题是研究性问题，按题意，要求找出满足条件的点 $C(x, y)$，使 $C(x, y)$ 到 $A(x_1, y_1)$，$B(x_2, y_2)$ 两点的折线距离相等；点 $C(x, y)$ 到 $A(x_1, y_1)$，$B(x_2, y_2)$ 两点折线距离之和，恰好等于 $A(x_1, y_1)$，$B(x_2, y_2)$ 两点的折线距离。这个性质与过去所学过的线段中点的性质非常接近。容易想到把题中的距离与过去学过的距离进行比较。

为了满足条件①，只要限制 x，y 的范围：$x_1\leqslant x\leqslant x_2$，$y_1\leqslant y\leqslant y_2$，如图 7－40（1）所示。

为了满足条件②，容易想到特殊情况，即 $x_1=x_2$，$y_1\neq y_2$ 或 $x_1\neq x_2$，$y_1=y_2$，就可把直角形折线割去一段，转化为线段距离了，此时点 C 是线段 AB 的中点。事实上，如果 $x_1=x_2$，$y_1\neq y_2$，可求出 $x=x_1=x_2$，$y=\dfrac{y_1+y_2}{2}$，如图 7－40（2）所示；如果 $x_1\neq x_2$，$y_1=y_2$，可求出 $x=\dfrac{x_1+x_2}{2}$，$y=y_1=y_2$，如图 7－40（3）所示。

当然，还要就 $x_1\leqslant x\leqslant x_2$，$y_1\leqslant y\leqslant y_2$ 的一般情形，找到点 $C(x, y)$ 的坐标应该满足的条件。这是对考生提出的较高要求。

2010 年试题提供了一个数学审美的平台，也给数学的教与学提出了有益的启示。我们并不以为，在紧张的应考过程中，考生都能自觉地感悟到数学思想方法的魅力。笔者相信，只要把数学思想方法寓于教与学的过程中，让学生学会自觉认识和运用数学思想方法，潜移默化地受到数学美的熏陶，转化为解决问题的理性思考，就能在形成科学世界观方面产生积极作用。

参考文献

［1］中华人民共和国教育部．全日制义务教育数学课程标准（实验稿）．北京：北京师范大学出版社，2001．

［2］中华人民共和国教育部．普通高中数学课程标准（实验）．北京：人民教育出版社，2003．

［3］数学课程标准研制组．普通高中数学课程标准（实验）解读．南京：江苏教育出版社，2004．

［4］中华人民共和国教育部．全日制义务教育数学课程标准（修改稿）．北京：北京师范大学出版社，2010．

［5］中华人民共和国教育部．义务教育数学课程标准（2011 年版）．北京：北京师范大学出版社，2012．

［6］吴开朗．数学美学．北京：北京教育出版社出版，1993．

［7］陈昌平，黄建弘，邹一心．数学教育比较与研究．上海：华东师范大学出版社，1995．

［8］王林全．中学数学思想方法．北京：生活・读书・新知三联书店，2003．

［9］高中数学学力基本要求（初稿）（2014）．［2015－11－21］．澳门教育暨青年局：课程发展资讯网．http：//www. dsej. gov. mo/crdc/edu/senior_ math. pdf．

［10］初中数学学力基本要求（初稿）（2013）．［2015－11－21］．澳门教育暨青年局：课程发展资讯网．http：//www. dsej. gov. mo/crdc/edu/junior_ math. pdf．

［11］二年级团队．台湾初级中学二年级数学领域教学计划．台北，2012．

［12］三年级团队．台湾初级中学三年级数学领域教学计划．台北，2012．

［13］王林全．数学课程要帮助学生形成正确的学科观念．数学通报，2000（5）．

［14］王林全．义务教育中美几何标准的比较研究．数学通报，2011（9）．

［15］王林全．近十年美国数学课程思想的演进．课程・教材・教法，2000（10）．

［16］柳苗，杰瑞米・基尔帕特里克．《美国州共同核心数学标准》的简介——美国数学教育家基尔帕特里克的访谈．数学教学，2010（9）．

［17］王林全．英国《国家数学课程》评介．数学通报，1992（5）．

［18］王林全．中美英数学教育的主流和时弊的若干比较．数学通报，1991（10）．

［19］王林全．英国数学教学的三种策略及其评价．数学教学，1992（3）．

[20] 王林全. 数学应用能力的系统化培养——英国数学课程研究. 中学数学, 1993 (2).

[21] 王林全. 英国师范教育实习评价. 高等师范教育研究, 1993 (3).

[22] 王林全. 课程交叉与素质教育——英国数学课程设计思想. 数学教师, 1993 (8).

[23] 王林全. 关于第十届国际数学教育大会的简介及启示. 数学通报, 2004 (12).

[24] 王林全. 发展中的国际数学教育热点问题——第11届国际数学教育大会问题简介. 中学数学教学参考, 2007 (12).

[25] 王林全. 与时俱进的国际数学教育热点问题: ICME-10研究问题评介. 数学通报, 2004 (3).

[26] 王林全. 国际数学教育的大奖——它的设立、机制与影响. 数学通报, 2008 (10).

[27] 王林全. 第12届国际数学教育大会预览. 中学数学教学参考, 2011 (10).

[28] 王林全. 发展学生数学符号意识的要领. 数学通报, 1996 (5).

[29] 王林全. 发展学生计算能力的途径. 数学通报, 2003 (11).

[30] 王林全. 美国几何教学改革的启示. 学科教育, 2000 (9).

[31] 宋乃庆, 陈重穆. 再谈"淡化形式, 注重实质". 数学教育学报, 1996 (2).

[32] 王林全. 数学课程要帮助学生形成正确的学科观念. 数学通报, 2000 (5).

[33] 王林全. 空间观念的基本构成即培养. 数学通报, 2007 (10).

[34] 王林全. 数学美的丰富蕴含——10高考数学试题(广东卷)的特色. 数学通报, 2011, 50 (3).

[35] NCTM. Principles and standards for school mathematics. Reston, Virginia: National Council of Teachers of Mathematics, 2000.

[36] MARANER, P. A spherical Pythagoras theorem. Mathematical intelligencer, 2010, 32(3).

[37] National Governors Association, Council of Chief State School Officers. Common core state standards for mathematics. (2010-06-02). http://www.corestandards.org/assets/CCSSI_Math%20Standards.pdf.

[38] Massachusetts Department of Elementary & Secondary Education. Massachusetts curriculum framework for mathematics. Boston, Massachusetts, 2011.

[39] Grade 10-12 mathematics: western and northern Canadian protocol. Canada, 2008.

[40] MCASKILL B, HOLMES G, FRANCIS-PELTON L, et al. WNCP mathematics research project: final report. Victoria, BC: Holdfast Consultants Inc., 2004.

[41] NCC. The national curriculum for England: mathematics. London, 2000.

[42]NCC. Mathematics in the national curriculum. London:HMSO,1996.

[43]AQA. Mathematics A,advanced subsidiary advanced level. UK,2000.

[44]Department for Education. National curriculum in England: mathematics programmes of study. (2013 - 09 - 11). https://www. gov. uk/government/publications/national-curriculum-in-england-mathematics-programmes-of-study.

[45]MICHAEL WILSHAW. Mathematics: Made to measure. (2012 - 05 - 01). https://www. gov. uk/government/uploads/system/uploads/attachment_data/file/417446/Mathematics_made_to_measure. pdf.

[46]National Council for Curriculum and Aassessment of Ireland. Mathematics syllabus foundation,ordinary & higher level,junior certiticate,for examination in 2015 only. (2012). https://www. education. ie/en/Schools-Colleges/Information/Curriculum-and-Syllabus/Junior-Cycle-/Syllabuses-Guidelines/Mathematics Junior Certificate Project Maths Syllabus for - 2015. pdf.

[47]XU B Y(East China Normal University). ICME - 12 Daily News Letter,July 10,2012.

[48]ATIGUE M(Universite Paris Diderot-Paris 7). ICME - 12 Daily News Letter, July,13,2012.

[49]MORONY W(Australian Association of Mathematics Teachers). ICME - 12 Daily news letter,July11,2012.

[50]BURRILL G(Michigan State University). ICME - 12 Daily news letter,July13,2012.

[51]HANNULA M(University of Helsinky). ICME - 12 Daily news letter, July 10,2012.

[52]KAISER G(University of Hamburg). ICME - 12 Daily news letter, July 9,2012.

[53]HWANG S,et al. A study on the tentative plan of revised mathematics curriculum and the improvements of future - oriented mathematics contents focusing on creativity. Seoul: Korea Foundation for the Advancement of Science & Creativity,2010.

[54]The national school curriculum: mathematics of Korea . ICMI history website.

[55]Objectives of the syllabus of mathematics in secondary level,Nepal,2014.

[56]The Australian Curriculum, Assessment and Reporting Authority(ACARA). http://www. acara. edu. au/curriculum_liancurriculum. edu. au/.

[57]The Australian Curriculum, Assessment and Reporting Authority(ACARA). http://www. acara. edu. au/curriculum_1/learning_areas/mathematics. html.

[58]The home of mathematics education in New Zealand. http://www. nzmaths. co. nz/.

[59]The 12th international congress on mathematics education. http://icme12. org/.

[60]The ICMI Felix Klein and Hans Freudenthal Awards,2008.

[61] Abstracts Plenary Lectures, ICME - 10, July4 - 11, 2004, Copenhagen, Demark.

[62] International Mathematical Union (IMU). http://www. mathunion. org/icmi/home.

[63] ICMI Studies & Klein Project. ICME - 12 Daily Newspaper, July 9, 2012.

[64] 3rd Announcement. http://icme12. org/.

[65] USISKIN Z. The shapes of geometry and their implications for the school geometry curriculum, TSG 10, Seoul: 12th International Congress on Mathematical Education, 2012.

[66] JONES K. Promoting productive reasoning in the teaching of geometry in lower secondary school: towards a future research agenda, TSG 10, Seoul: 12th International Congress on Mathematical Education, 2012.

[67] ABRAHAM A. Symbol sense: informal sense-making in formal mathematics. For the learning of mathematics, 1994, 14(3).

[68] SIERPINSKA A. "in Context", "Pure", or "with Application": a contribution to the question of transfer in the learning of mathematics. For the learning of mathematics, 1995, 15(1).

[69] ICME - 10. Reasoning, proof, and proving in Mathematics Education. Plenary and regular lectures abstracts, Copenhagen, Denmark: ICME - 10, 2004.

[70] http//www. dsej. gov. mov. mo/ ~webdsej/www. gtrc/course/course_outline. htm.

[71] http://www. wncp. ca/english/subjeect-area/mathematics/ccf. aspx.

[72] http://www. education. gov. uk/schools/teachingandlearning/curriculum/nationalcurricul.

[73] http://ukcatalogue. oup. com/product/9780199665518. do.

[74] Park, SunHwa/Korea Institution for Curriculum Evaluation/shpark@kice. re. kr.

后　记

在华南师范大学和本校数科院的大力支持和指导下，专著《数学教育发展的国际视野》将顺利出版。该专著写作期间，由我担任数学科组长的广东省《中小学数学课程教材改革与发展研究》重点课题已经于2015年顺利结题（编号J13-003），通过了以张景中院士为首的专家组的优秀审定。我根据自身几十年的专业知识和教学经验写成这本书，也是对华南师范大学数学科学学院的一些微薄贡献。

我校各部处、数学科学学院和历届校领导，对本校、本院的科研和教学工作一贯给予巨大支持。尽管我已于2006年退休，数学科学学院仍拨出两万元的“建设高水平大学的经费”支持本书的出版，对此，我表示衷心感谢。

回想我退休前，一贯得到历届校领导的大力支持，在参加各次国际会议时分别得到我校数学科学学院、人事处、教务处、科研处、研究生处等部处，在不同时段给予的支持。特别是学校与数学科学学院的支持，为本书有关课题研究打下了坚实的基础，促进了科研与教学工作的开展，令人欣慰。现在我虽已退休，但仍然初心不改，继续努力做一些力所能及的工作。

本人谨对关心笔者教学、科研的同志们表示衷心的谢意。感谢我的亲人对我研究国外数学教育的支持。例如，我出国参加国际学术会议期间，五次途经美国，受到外甥崔毅博士的热情接待；外甥女魏嘉硕士邀请我访问澳大利亚，使我有机会了解澳大利亚的数学教育；侄子王润欣博士从爱尔兰通过电子邮件发给我该国数学教育的网址，使我有机会了解爱尔兰数学教育的新进展。

感谢我的学生、朋友对我的一贯支持与帮助。例如，为本书联系出版的吴有昌、苏洪雨、谢益民等博士，提供给本书技术支持的彭上观、谢益民、韩裕娜等博士，他们回答了笔者诸多技术问题，如函数与几何绘图、技术链接等。对本书相关研究工作提出过有益建议的还有许世红博士、王爱珍副教授、吴凯斌老师和吴华东老师，他们邀请我参加各校有意义的数学教育研究活动，使我增加了许多见识与灵感。本书的顺利完成离不开他们真诚的帮助，离不开他们的关心和建议。

感谢我的夫人强丽珠同志对我科研与教学工作给予的全力支持，分担了大部分家务，使得本书得以顺利完成，我的成果也有她的一半，我再次向她表示最衷心的感谢。我的儿子王凯也对本书写作给予有力支持。我还感谢暨南大学出版社冯琳编辑、何镇喜编辑和崔思远编辑为本书出版所付出的辛勤劳动。

王林全

2017年7月